edition summerhill
Inspirationen für ein schöneres Leben

Heinz Peter Wallner, Kurt Völkl

train the eight®
Leadership

Wie Sie ein erfolgreiches Führungssystem für hoch komplexe Situationen kreieren.

Edition Summerhill

Impressum:
1. Auflage

Umschlaggestaltung: Dodo Kresse, Wien, Österreich
www.dodokresse.com
Grafiken: Heinz Peter Wallner, Kaninchen-Illustrationen: Dodo Kresse
Coverfoto: depositphotos, YAYImages
Layout & Satz: Dodo Kresse, Wien, Österreich
Schrift: Garamond Premier Pro
Korrektorat: Christa Berger, Korrekturdienst Graz, Österreich
Druck und Bindung: Bookpress
Printed in Europe
ISBN 13: 978-3-9504636-4-4
www.summerhill.at
E-Mail: office@summerhill.at

Wir bemühen uns in unseren Büchern um eine möglichst geschlechtergerechte Sprache.

Inhaltsverzeichnis

Vorwort

Dieses Buch von Heinz Peter Wallner und Kurt Völkl ist schon auf den ersten Blick anders. Es zeichnet sich durch eine inspirierende, verständliche Sprache und fachliche Tiefe aus und ist durch den Kaninchen-Begleiter kurzweilig zu lesen. Die künstlerischen Bilder und eigenhändigen Illustrationen runden das Lesevergnügen ab.

Eine sehr hilfreiche Aussage für mich in meinem bisherigen Leben war der Satz: *Alles hat seine Zeit.* Und ich möchte an dieser Stelle gerne ergänzen: *Alles hat seine Zeit und seine Werte, die sich im Laufe des Lebens auch verändern dürfen.* Wenn bisherige Führungsmodelle nicht mehr so richtig greifen, ist es an der Zeit, darüber nachzudenken und auszuprobieren, was zielführender und sinnstiftender wäre als das bisher Gewohnte und Gelernte. Einige wollen sich das Führen gar nicht mehr antun, weil es immer komplexer wird, doch es darf auch leicht gehen. Gewusst wie, lenken uns Heinz Peter Wallner und Kurt Völkl durch den Dschungel der Führung. Und ja, es darf auch mal – für eine begrenzte Zeit – chaotisch zugehen. Vorausgesetzt, wir finden danach wieder zu unserer Steuerung zurück - dann ist alles im grünen Bereich. Wie gesagt: *Alles hat eben seine Zeit.*

Das Bild von Führung hat sich verändert und das flexibel einsetzbare *„train-the-eight-Modell"* der Autoren nützt dabei geschickt das kollektive Wissen aller am Prozess Beteiligten. Es ist nicht mehr die oder der Einzelne, die oder der Entscheidungen allein trifft. Führung verteilt sich mittlerweile auf viele Schultern - auf das fein abgestimmte Zusammenspiel kommt es an. Dafür ist es bedeutend, gut miteinander in Kommunikation zu sein, einander wertschätzend Feedback zu geben und keine zu rasche Bewertung der Lage abzugeben, um Entwicklungen nicht gleich im Keim zu ersticken. Reflexion zahlt sich aus, der Abgleich der Bilder ist wichtig, um niemanden auf dem Weg zu verlieren und dabei gute Ergebnisse zu erzielen.

Wenn wir einerseits mit Herz (Empathie) führen, erreichen wir die Mitarbeitenden. Wir alle sind Menschen und wollen auch im Job als solche behandelt werden - nicht als Nummer oder Mittel zum Zweck. Andererseits brauchen wir auch unser Hirn, um entscheiden zu können, was in der jeweiligen Führungssituation angebracht ist und klarer Weise den Verstand, um auch den nächsten Schritt zu gehen.

Egal welches Führungsmodell, es sollte zu uns selbst und dem jeweiligen Unternehmen passen, damit wir uns selbst und unser Umfeld authentisch erleben. Dafür braucht es von Zeit zu Zeit einen Werte- und Visionsabgleich. Zudem sollte uns eine Portion Hausverstand immer begleiten. Damit wir auf Kurs bleiben, ist Feedback von außen sehr hilfreich.

Was die Zeit von uns verlangt ist Flexibilität. Wir müssen optimieren können und das Beste aus den Ressourcen herausholen und wir müssen die Transformation meistern und mit Kreativität neue Wege erkunden. Heute wird diese Fähigkeit Ambidextrie genannt. Für uns Führungskräfte bedeutet das, mit „beiden Händen" zu führen, also zu managen und in den Lead zu gehen und durch Veränderungen zu begleiten.

Wird es Ihnen nun zu kompliziert oder zu komplex? Wenn Sie ins Schwanken kommen, was jetzt was ist, dann führen Sie Heinz Peter Wallner und Kurt Völkl sehr anschaulich an die Unterschiede der komplizierten und komplexen Führungswelten heran. Hier verhält es sich ähnlich wie bei Effizienz und Effektivität: Wenn man einmal den Durchblick hat, was beide Begriffe bedeuten, bemüht man sich, die effektiven Dinge so effizient wie möglich zu machen. Und wenn die Bilder im Unternehmen dazu gut ausgetauscht sind, dann sind Sie bereits auf einem sehr guten Weg. Ich wünsche Ihnen spannende Erkenntnisse durch die Lektüre. Mein Rat: Nehmen Sie die Kaninchen-Herausforderungen getrost an, es wird sich lohnen!

Michaela Kreitmayer
Leitung Hernstein Institut
www.hernstein.at

1 Die Entwicklung von ‚train the eight'

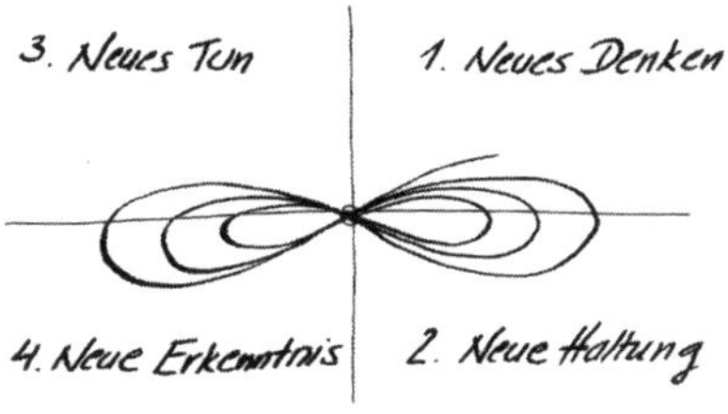

Abb1: train the eight - Zyklus

Ende 2008 kam unser erstes gemeinsames Buch auf den Markt. In ‚*Das LILA Management Prinzip*'[1] haben wir erstmalig den ‚*train the eight*'-Entwicklungs-Zyklus präsentiert. Das dahinterliegende Konzept ist das Ergebnis unserer gemeinsamen, inspirierenden Arbeit über viele Jahre. Die Publikation hatte zur Folge, dass wir ‚*train the eight*' in vielen Vorträgen vorstellten und in teils kontroversen Diskussionen mit der Kolleg:innenschaft immer tiefer ausgearbeitet und weiterentwickelt haben. Über die nächsten Jahre folgten weitere Publikationen. Im Buch ‚*Das innere Spiel – Wie Entscheidung und Veränderung spielerisch gelingen*', das 2018 in zweiter Auflage im Verlag BusinessVillage[2] erschienen ist, gelang uns eine umfassende Neuinterpretation von Veränderung in Unternehmen und der dafür passenden Führungsarbeit. In der geplanten Trilogie ‚*Self-Leadership – Team-Leadership – Sustainability-Leadership*' haben wir im ersten Schritt mit dem Buch ‚*Fokus Self-Leadership – Gesunde und wirkungsvolle Selbstführung in Zeiten hoher Komplexität*'[3] das ‚*train the eight*'-Konzept als persönlichen Entwicklungs-Zyklus für Führungskräfte beschrieben und zum ersten Mal ein ganzheitliches Framework für die wirkungsvolle Selbstführung präsentiert. Im zweiten Schritt fokussieren wir mit diesem Buch auf Team-Leadership, also die Führung von Menschen. Dieses Buch liegt nun vor Ihnen. In diesem Band interpretieren wir Team-Führung (Team-Leadership) vor dem Hintergrund einer immer komplexer werdenden Welt als lebendiges, fluides Entwicklungsvor-

1 Link zum Verlag: https://amalthea.at/produkt/das-lila-management-prinzip/

2 Link zum Verlag: https://www.businessvillage.de/das-innere-spiel/eb-923.html

3 Link zum Verlag: https://summerhill.at/produkt/fokus-self-leadership-gesunde-und-wirkungsvolle-selbstfuehrung-in-zeiten-hoher-komplexitaet-2/

haben. Wir betten die Führungsarbeit in eine komplexe Umwelt ein und bieten Ihnen als Leser:in vielfältige Einblicke, Sichtweisen und ganz konkrete Hilfestellungen an, die damit einhergehenden Herausforderungen bestmöglich zu meistern.

Ein Hauptergebnis unserer Arbeit ist das Entwicklungsmodell, das wir *'train the eight®'* nennen. Das Modell beschreibt Entwicklungsvorgänge von Menschen und Organisationen als Zyklus entlang einer liegenden Acht. Den Zyklus nennen wir auch 'Zyklus der Manifestation', weil er beschreibt, wie aus unseren Visionen und Ideen konkrete Formen werden und wie sich aus unseren Gedanken Wirklichkeiten manifestieren. Das Entwicklungsmodell ist ganzheitlich, weil es den Menschen in seiner Komplexität integriert. Es geht in der Entwicklung um Geist-Herz-Resonanz, um Ratio und Intuition, um wegweisende Entscheidungen, um konkretes Handeln und um das Lernen.

Seit vielen Jahren setzen wir das Modell in der Führungskräfteentwicklung und in der Change-Beratung in unseren Rollen als Trainer, Berater und Manager mit großem Erfolg ein. Kürzlich ist ein Beitrag von uns in einem englischen Buch im Verlag Springer Nature erschienen. Die Editoren haben ein umfassendes Werk zum Thema Navigation einer Organisation in Bewegung (sog. 'Traveling Organization') vorgelegt. Unser Beitrag lautet: '*The Leader's Personal Approach to Navigating a Traveling Organization*' (Wallner, Völkl, 2022, Springer)[4].

Wir freuen uns sehr, dass Sie sich für dieses Buch entschieden haben! Sie können sich bei Fragen gerne an uns wenden. Ebenso sind wir an Feedback zu unseren Konzeptionen interessiert. Wir wünschen Ihnen eine spannende Lesereise durch die 'train the eight'-Leadership-Welt.

Dr. Heinz Peter Wallner & Prof. DI Kurt Völkl
Kontakt: office@trainthe8.com

4 Link zum Verlag: https://link.springer.com/chapter/10.1007/978-3-030-95326-3_7

2 Folgen Sie dem weißen Kaninchen!

Abbildung 2: Die Wege des Kaninchens – oder die Durchquerung der Wurmlöcher. Der schnellste Weg von der Komplexität in einen geeigneten Lösungsraum!

In Anlehnung an die fantasievolle Geschichte ‚*Alice im Wunderland*' von *Lewis Caroll* stellen wir Ihnen ein weißes Kaninchen zur Seite. Wenn Sie sich ihm anvertrauen wollen, wird es für Sie ein wertvoller Reisebegleiter werden. Es führt Sie allerdings nicht durch eine Phantasiewelt, sondern durch die sehr wirklichkeitsnahe Welt der Komplexität. Aber auch diese Welt ist voller Überraschungen und Irritationen, sodass ein weißes Kaninchen keine schlechte Gesellschaft bietet. Unser Kaninchen wird Ihnen an bestimmten Stationen des Buches immer wieder eine Frage stellen. Es blickt aus seinem Bau und lädt Sie ein, ihm zu folgen. Ganz nebenbei bemerkt, durchqueren Sie mit dem Kaninchen keine gewöhnlichen Kaninchenhöhlen, sondern Wurmlöcher[5]. Und zwar jene Wurmlöcher, die Sie aus Science-Fiction-Filmen kennen, also Abkürzungen im Raum-Zeit-Kontinuum des Universums, um unglaublich schnell von einem Ort zum anderen zu gelangen oder eine Reise in die Zukunft anzutreten. Es braucht also einiges an Mut!

Unsere Erkundung der Welt des Komplexen beginnt mit der Erkenntnis, sich in einer offenen und dynamischen Welt zu befinden. Wir realisieren die Situation und deren Instabilitäten und revidieren unsere Überzeugung, in einer stabilen, geordneten Welt zu leben. Die Umwelt, so wird Ihnen das Kaninchen zeigen, ist nicht nur schützende Hülle, sondern sie zeigt auch eine unangenehme oder gar toxische Seite, voller Tücken und Überraschungen. Als Führungskraft werden Sie beides erleben, Sie werden stabile Phasen durchmachen und sich über Ihren Einfluss auf das Geschehen und die Steuerungsmöglichkeit freuen, aber Sie werden auch instabile Phasen erleben, wo Sie ohne Navigation durch stürmische Gewässer fahren, wo sich der Boden, auf dem Sie stehen, zu bewegen beginnt und nichts mehr sicher und berechenbar erscheint.

Aber keine Sorge! Die Komplexität hat zwei Seiten, eine unfreundliche, umschlingende, vor der Sie sich besser in Acht nehmen, und eine unterstützende, aufregende und kreative, die sich als Geschenk erweisen kann und auf deren Potenzial Sie als Führungskraft keinesfalls verzichten sollten. Und je mehr Sie über das freundliche Gesicht der Komplexität wissen, desto mehr können Sie in ihm lesen und desto wirksamer werden Sie als Führungskraft werden.

Vielleicht möchten Sie dem Kaninchen auch gleich eine Frage stellen, nämlich, warum es dauernd von Komplexität und derartigen Dingen spricht und Sie durch eine Welt führen will, die Sie selbst zunächst gar nicht so interessiert. Immerhin sind Sie ja hier in diesem Buch gelandet, weil Sie Führungskraft sind und Ihre Führungsarbeit verbessern wollen.

5 Wurmlöcher: https://www.swr.de/wissen/1000-antworten/wissenschaft-und-forschung/was-ist-ein-wurmloch-100.html ein Beitrag von Gabor Paal

Warum also so viel Komplexes?

Wir können vorwegnehmen, was das Kaninchen antworten wird:

„Liebe Leserin, lieber Leser, willkommen in meinem Bau. Vertrauen Sie mir und investieren Sie ein wenig Zeit, lassen Sie sich selbst einmal führen und zeigen Sie Vertrauen. Es kann sein, dass Sie einige Dinge gar nicht interessieren, andere nicht gleich verstehen und die ganze Reise sich auf einigen Strecken sogar mühsam anfühlt. Es liegt der komplexen Welt im Blut, nicht verstanden zu werden. Am Ende, wenn wir wieder aus dem Bau auftauchen und Sie in Ihre Führungswelt zurückkehren, wird sich schrittweise ein neues Universum öffnen. Genauer gesagt, werden Sie sich selbst eine neue Welt erschließen können und als Führungskraft neue Wege gehen. Danke für Ihren Mut und Ihr Vertrauen, mir zu folgen!"

Ist Führung denn keine Konstante und invariant gegenüber allen Umweltentwicklungen?

Übergang vom Landweg zum Meer der Transformation

3 Einstimmung auf die neue Führung

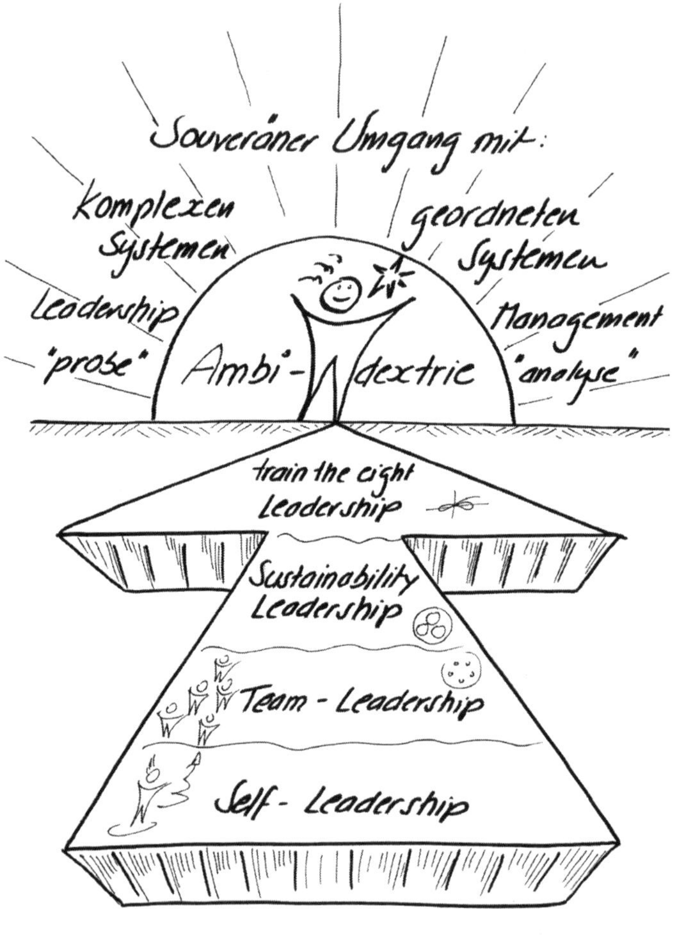

Abbildung 3: Der Dreiklang der Führung (Quelle: Wallner, Völkl, 2017, Fokus Self-Leadership).

Was ist richtige Führung? Viele Menschen hätten gerne eine klare Antwort auf diese einfache Frage. Wir können der Antwort ausweichen und von wirkungsvoller Führung sprechen, von einer Führung, die situationsabhängig ist und den Gedanken an ‚Richtigkeit' durch ‚Wirksamkeit' – am besten vielleicht an der Zielerreichung erkennbar – ersetzen. Wenn wir Führung aus ihrem großen Kontext herausschneiden und nur auf die Organisation beziehen, dann machen solche Überlegungen natürlich Sinn. Wenn wir Führung aber als komplexe Aufgabe in einer hochdynamischen Welt verstehen, dann kann wirksame Führung nicht nur an Zielen der Organisation gemessen werden. Jede Führungskraft hat eine größere Verantwortung, die zu erkennen ein erster Schritt ist. Ein Aspekt dieser Verantwortung ist es, Menschen in eine gemeinsame Sinnkonstruktion zu integrieren. Führungskräfte sorgen für den Erfolg der Organisation, sie erzeugen eine Atmosphäre der Zugehörigkeit für Menschen in einem Resonanzraum und sie leisten mit der Organisation einen Beitrag zur nachhaltigen Entwicklung (Sustainable Development).

Einen möglichen Zugang zu einem größeren Verständnis von Führung bietet uns der Dreiklang aus **Self-Leadership**, **Team-Leadership** und **Sustainability-Leadership**. Führung ist zunächst ein Trainings- und Übungsprozess an der eigenen Person. Ziel dabei ist eine Form der persönlichen Meisterschaft, die durch Self-Leadership erreicht wird. Führung als Team-Leadership ist ein Wechselspiel zwischen Menschen, die führen und sich führen lassen. Sie ist ein gemeinsamer Dialog- und Übungsprozess im Team. Ziel dabei ist eine hohe Performance und ein adaptiver Lernprozess der Organisation. Führung als Sustainability-Leadership ist an einem sinnvollen Beitrag zur Entwicklung der Welt zu erkennen. Dazu muss sich die Führungskraft für das größere Spiel interessieren, an dem die Organisation teilnimmt. Welchen Zweck erfüllen wir? Wie können wir gemeinsam Sinn konstruieren und Verantwortung für Umwelt und Gesellschaft übernehmen?

In diesem Buch werden wir Führung aus sehr unterschiedlichen Perspektiven betrachten und teilweise neu interpretieren. Wir können vorwegnehmen, dass wir Führung als Fähigkeit beschreiben, mit dem Team Situationen und Problemstellungen von hoher Komplexität zu meistern.

Das Ziel dieses Buches lautet:

Wenn Sie dieses Buch lesen und die Ideen und Konzepte in Ihren Übungsprozess als Führungskraft aufnehmen, dann werden Sie Ihre kreativen Potenziale und die Ihres Teams klarer erkennen und besser nutzen können. Sie werden zu einer neuen, ganzheitlichen und partizipativen Führungsarbeit finden. Diese Form der Führung wird sich als lebendiges, fluides Entwicklungsvorhaben zeigen, das Sie befähigt, mit einer immer komplexer werdenden Welt viel besser fertig zu werden.

Lassen Sie sich auf ein komplexes Denken ein. Es wird sich als großes Potenzial zu erkennen geben und Ihnen in vielfacher Weise zurückgeben, was Sie an Zeit mit diesem Buch investieren. Wir wünschen Ihnen sehr herzlich einen hohen ‚Effect on the Overall Mission'!

Die tiefgehende Transformation

Wir erleben heute eine tiefgehende Globalisierung, die uns Menschen vor ganz neue Herausforderungen stellt. Meist wird der Entwicklungsprozess als Transformation bezeichnet. „Die Welt ist im Wandel" ist dabei eine altbekannte Diagnose.

Zitat von **Fredmund Malik**, dem wohl renommiertesten Managementexperten Europas:
„Die große Transformation21: Wir werden eine grundlegende Änderung von fast allem erleben, was wir tun, wie wir es tun und warum wir es tun. In gewisser Weise wird sich sogar ändern, wer wir sind."

(Malik Letter 12/13 für Richtiges und Gutes Management)

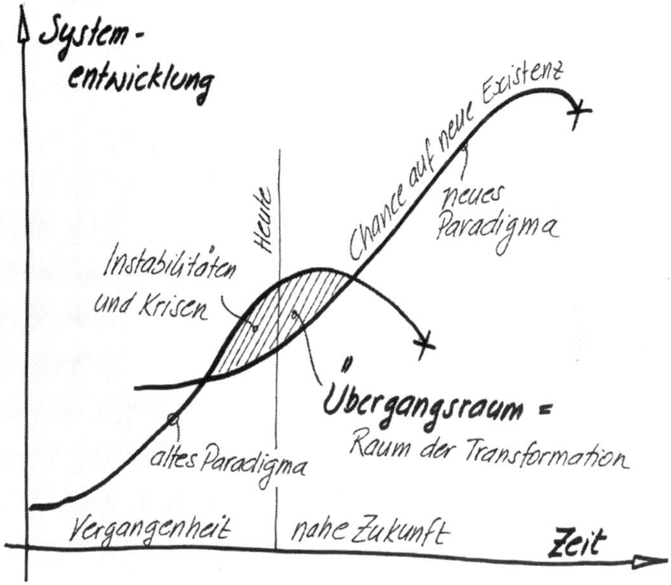

Abbildung 4: Die große Transformation nach Fredmund Malik

Was den Wandel heute aber intensiver denn je gestaltet, ist die Kumulierung mehrerer Entwicklungen. Während die terrestrische Phase der Globalisierung schon fast abgeschlossen scheint, weil die Weltwirtschaft den gesamten Globus erfasst und zum offenen Wirtschaftsraum erklärt hat, ist die digitale Phase der Globalisierung gerade noch voll im Gange. Die Welt wird dabei nicht mehr als großes Raumschiff Erde wahrgenommen, sondern als kleine, schmutzige Kugel. Digitale Kommunikation hat die Welt ihrer Raumdimension beraubt. Es dauert nur Bruchteile von Sekunden, um Informationen weltweit auszutauschen. Raum und Zeit sind keine hemmenden Faktoren mehr. Damit verbunden ist eine extreme Vernetzung aller Agent:innen der Wirtschaft, die unsere Welt hochkomplex werden lässt. Und diese Vernetzung erhöht die Dichte in unseren Wirtschaftsräumen. Kein Flecken ist mehr unberührt. Anfangen kann man nur mehr dort, wo andere schon längst aktiv sind. Wechselseitige Hemmung, Beschränkungen und Konflikte sind Folgen, die der zunehmenden Dichte geschuldet sind. Dass sich diese Entwicklungen mit abnormer Geschwindigkeit abspielen, macht es zusätzlich schwieriger für uns. Eine so hohe Dynamik ist schwer zu verarbeiten, und sie bereitet Stress.

Die Transformation ist unüberschaubar geworden, weil so viele Systeme gleichzeitig krisenhafte Situationen erzeugen. Das größte Problem ist dabei der Klimawandel, der kaum mehr aufzuhalten ist und dessen Auswirkungen auf globaler Ebene unvorhersehbar intensiv werden können. Überlagert von der Digitalisierung der Welt und der massiven Einbürgerung von künstlichen Intelligenzen, stellt der Wandel unsere Identitäten als Menschen in Frage. Die ausgelösten Migrationsströme, die aktuelle, weltweite Gesundheitskrise und neue Kriege tun das Übrige, um uns als Menschheit herauszufordern.

Wir sind an einer Grenze angekommen, deren Überwindung uns auf neue Ebenen bringen oder uns global in einen Abgrund führen wird. Wir können der Diagnose von *Peter Sloterdijk* folgen, wenn er ausführt: „Die aktuelle Welt gleicht einem gigantischen Delta... Alles fließt, indem alles stagniert“[6]. Viele Menschen teilen das Gefühl eines hektischen Treibens auf einer schiefen Ebene. Es scheint, als schenkten wir unserer tragenden Basis zu wenig Aufmerksamkeit. Die heitere Betriebsamkeit lässt uns zu leicht vergessen, dass unser ‚Tanz auf der schiefen Ebene‘ einen Abwärtstrend zeigt. Wir können heute zwar noch als Retter:innen der Welt auf die Bühnen gehen, die Situation aber bringt uns meist schnell in die Rolle zurück, die für uns heute noch offensteht. Wir eignen uns offensichtlich besonders gut als Held:innen der Zusammenbruchsvertagung[7].

Die Lichtsignale, die aber ebenso zahlreich aufblinken, lassen uns hoffen,

---

6 Peter Sloterdijk, 2014, Die schrecklichen Kinder der Neuzeit, Suhrkamp, Seite 483.
7 Peter Sloterdijk, 2017, Nach Gott, Suhrkamp, Seite 351.

die Wende doch noch zu schaffen. Die ‚Fridays for Future'-Bewegung ist ein bekanntes Beispiel dafür. Wenn die jungen Generationen das Raumschiff Erde wieder wahrnehmen und neue Betriebsanleitungen verfassen, dann sind das großartige Neuigkeiten.

Zitat von Peter Sloterdijk

> "William James' amerikanische oder neu-engländische Helden sind – wie er selbst – Helden der Zusammenbruchsvertagung. Für ihn ist Held, wer sich täglich dazu aufrafft, sich zu seiner Chance zu bekennen."
>
> Peter Sloterdijk, 2017, Nach Gott, Suhrkamp, Seite 351

Vier Leitstrategien der Zusammenbruchsvertagung

Wenn wir die vielen unterschiedlichen Ideen und Ansätze für eine neue Wirtschaft oder für lebensfähige Organisationen ansehen, so können wir einige Prinzipien erkennen, die allen Versuchen gemein sind.

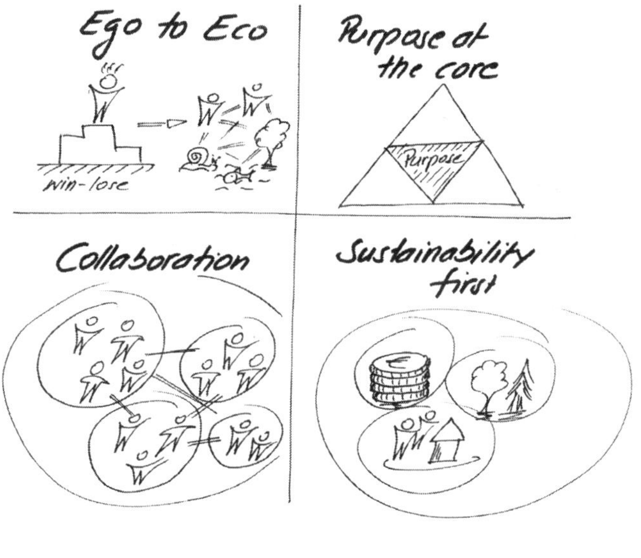

Abbildung 5: Die vier Leitstrategien in symbolischer Form

Es handelt sich um Prinzipien, die wir als Leitstrategien für die Entwicklung verstehen können. Im Kern geht es bei allen Ansätzen entweder um eine Erhöhung der Komplexität in unseren Systemen oder um die Erhöhung unseres Potenzials, mit einer steigenden Komplexität umzugehen.[8] Die ersten vier Leitstrategien wollen wir hier kurz anführen.

I. From Ego to Eco

Sich im Design und in der Entwicklung der Wirtschaft mehr an Ökosystemen zu orientieren, ist keine neue Idee. Industrial Ecosystems werden schon seit einigen Jahrzehnten beforscht. Heute aber bieten die digitalen Vernetzungsmöglichkeiten noch eine ganz neue Dimension für Digitally Enabled Ecosystems an.[9] Durch die Vernetzung wird die Komplexität der Systeme erhöht, sie werden resilienter und adaptiver. Auf diese Weise können auch Kreisläufe und Nutzungskaskaden integriert und optimiert werden. Die Flüsse aus Gütern, Ressourcen und Energien werden nachhaltiger bei sinkenden Bedarfen und unerwünschten Outputs. Der ‚feuerwerksartige Endverbrauch' unserer Ressourcen wird auf intelligente Weise beendet.

II. Purpose at the Core

Ein ‚Sinn und Zweck der Existenz' des Unternehmens können langfristiges, profitables Wachstum, mehr Sicherheit in der Transformation, höhere Attraktivität als Arbeitgeber:in und vertiefte Stakeholder:innen-Beziehungen bringen. Wenn etwas Sinn macht, ist es jemandes Sorge. Das Zusammenspiel von Organisation und Mensch wird ein intensiveres Näheverhältnis mit mehr Resonanzmöglichkeiten.

---

8 Ein ausführlicher Artikel zum Thema ist auf https://hpwallner.com/from-ego-to-eco-strategies-auswege-aus-der-krise/ zu finden.

9 World Economic Forum Report, 2019, „Digitally enabled ecosystems" und das GLOBAL PETER DRUCKER FORUM 2019.

III. Cracking the Code of Collaboration

‚From Ego to Eco' funktioniert nur in einer Kultur des Vertrauens. Die holistische Weltsicht zeigt uns auf, dass der Fokus auf die eigenen und schnellen Vorteile keine langfristig haltbare Lösung mehr bietet. Die komplexe Welt braucht eine Kultur des Vertrauens. Es ist das Vertrauen, das uns Menschen Komplexität sozial erträglich macht[10]. Unternehmen müssen den ‚Code of Collaboration' knacken und sich auf neue Kooperationen einlassen.

IV. Put Sustainability First

Seit Greta Thunberg junge Menschen aktiviert hat, sich gegen den Klimawandel einzusetzen, ist Sustainable Development wieder auf der Business Agenda gelandet. Die Grenzen der Belastbarkeit unserer Ökosysteme und der globalen Gesellschaften sind überschritten. Es liegt nun an der Wirtschaft und somit an allen Unternehmen, eine Wirtschaft mit geringem ‚ökologischen Footprint' zu forcieren und sozial und gesellschaftlich noch positiver zu wirken (‚sozial-gesellschaftlicher Wirkungsreichtum').

---

10 Luhmann, Niklas, 2000, Organisation und Entscheidung. 1. Auflage, Westdeutscher Verlag, Wiesbaden, 2000.

Ganz in die Führung kommen

Link zum Video: ‚Die Legende der Göttervögel'
https://hpwallner.com/train-the-eight-leadership-die-videos

In dieser Welt und mitten in der Transformation Führungskraft zu sein, geht weit über das bisherige Verständnis von Führung hinaus. Den Fokus auf den zu führenden Bereich zu legen, ein wenig über den Tellerrand zu schauen und die großen Ziele der Organisation mitzudenken, mehr war für gute Führung nicht erforderlich. Das mag in Unternehmen und Organisationen mit einem starken lokalen Bezug noch ausreichen, in den meisten Unternehmen aber greift das zu kurz. Dieses Herausschälen des eigenen Verantwortungsbereichs aus dem großen komplexen System führt zu einer Simplifizierung, die negative Auswirkungen haben kann.

Führung meint heute, sich der Gesamtsituation zu stellen, sich zu vernetzen, sich den Risiken auszusetzen und die Welt als komplexes System wahrzunehmen. Dabei wird Komplexität zur Quelle der Kreativität und zum Potenzial für die zukünftigen wirtschaftlichen Tätigkeiten. Diese Sicht auf die Komplexität wollen wir Ihnen mit diesem Buch eröffnen. Sie können mit gutem Recht einwenden, wie kritisch Sie komplexe Situationen sehen und welche Gefahren in dieser Art von Problemen stecken. Wo wir die Dinge nicht verstehen können, wo Unvorhersehbares immer wieder plötzlich auftauchen kann und wo der Nebel in der Landschaft den klaren Blick zum Horizont verhindert, lässt es sich nicht gelassen und entspannt leben und arbeiten. Hier wird Komplexität zu einer umschlingenden Kraft, die sich scheinbar gegen uns stellt und sich zum Feind erklärt.

Mit diesem Einwand haben Sie natürlich recht. Ein gutes Leben und ein funktionierendes Unternehmen können wir nur genießen, wenn wir Komplexität reduzieren und uns sichere, stabile Welten schaffen. Die Umwelt, die uns umgibt, zeigt aber viele komplexe Gesichter, in deren Augen wir blicken müssen. Es bleibt uns keine Wahl, als uns dieser Komplexität zu stellen. Und wir müssen darauf reagieren, in dem wir ganz gezielt in unseren Systemen die Komplexität erhöhen. Nicht überall und flächendeckend, das wäre nicht zu schaffen, sondern ganz gezielt in *‚Inseln der Komplexität'*[11], indem wir Räume schaffen, in denen wir komplexe Bedingungen erzeugen und der Entwicklung ihren freien, ungezügelten Lauf lassen.

Wer Komplexität meistern will, muss sich zunächst als Mensch und Führungskraft der Welt stellen und ‚ganz zur Welt kommen'. Damit ist gemeint, als Mensch ganz in die Führungsrolle zu gehen und sich der Offenheit auszusetzen. Das ist ein Erkundungsprozess, der Mut und Vertrauen braucht und der anstrengend ist.

---

11 Vergleiche dazu die Idee der ‚Inseln der Nachhaltigkeit': H. P. Wallner, M. Narodoslawsky, F. Moser, 1996, Islands of Sustainability: A Bottom-up Approach towards Sustainable Development, in: Environment and Planning A (1996), 10.1068/a281763.

Das ‚ganz in die Führungsrolle kommen' können wir als Folge von sieben Schritten beschreiben[12]:

1. Sich von alten Rollen entbinden und für die Führung frei machen.
2. Sich von Dringlichkeiten durchdringen lassen und lernen, Prioritäten zu setzen.
3. Eigene Initiativen ins Leben rufen und die Dinge in der Organisation und die Menschen in Bewegung bringen.
4. Zurückstellen, was nicht wichtig ist und Nebenfelder von den Hauptfeldern unterscheiden lernen. Die Dinge reifen und die Menschen lernen lassen.
5. Auf die Bühne gehen, sich authentisch zeigen und sich der Welt und der Situation als Führungskraft aussetzen. Wir können das auch ‚Show up & Speak up' nennen[13].
6. Weitergabe und Replikation der Sinnkonstruktion und der Kultur. Jede Organisation erzeugt eine eigene Kultur, die auch erhalten und entwickelt werden muss. Führungskräfte müssen für den Erhalt der substanziellen Kulturanteile sorgen.
7. Freispruch von Einengungen durch Lebendigkeit und Kreativität (‚Tune-in'). Der Kulturerhalt erfordert eine Integration in das Kollektiv. Die Führungskraft muss aber auch eine eigene Identität entwickeln und sich Freiraum schaffen.

Diese sieben Schritte beschreiben eine Form der ganzheitlichen Selbstführung, einen Übungsprozess, ein Trainingsprogramm, einen Weg zur Meisterschaft. Es ist ein ergebnisoffener Entwicklungsprozess. Überspringen Sie diese Punkte nicht vorschnell. Ihre tiefe Bedeutung gibt sich auf den ersten Blick oft nicht zu erkennen.

---

12 Die sieben welterzeugenden Gesten wurden von Peter Sloterdijk in seinem Buch ‚Zur Welt kommen – Zur Sprache kommen – Frankfurter Vorlesungen', Suhrkamp, 1988, dargestellt.

13 Nach der Harvard-Professorin Rosabeth Moss Kanter: ein Video auf YouTube: https://youtu.be/biBnvbCFmJE.

Wie sich Systeme verhalten können – die Wasser-Metapher

Welche grundsätzlichen Möglichkeiten, sich auf spürbar unterschiedliche Weise zu verhalten, hat ein System? Als naheliegendes Beispiel können wir uns ein Team vorstellen. Wenn das Team eingespielt ist, die Verantwortungen geklärt, die Prozesse bis zur Gewohnheit trainiert, die Regeln vereinbart sind und eingehalten werden, dann verhält sich das Team sehr wahrscheinlich ‚ordentlich'. Damit ist gemeint, dass es sich vorhersehbar verhält und Sie als Führungskraft planen, steuern und intervenieren können.

Es wird in dieser Phase wenig Überraschungen geben. Dann aber kann die Situation plötzlich kippen, und ein eskalierender Konflikt erfasst das Team. Hitzige Streitgespräche, emotionale Beschimpfungen, knallende Türen und Streit in den Korridoren bestimmen die Atmosphäre. In dieser Situation wird Ihnen das Verhalten des Teams chaotisch vorkommen, und nur Ihre strenge Intervention kann für Ruhe sorgen. An einem anderen Tag wird Sie das Team auf ganz andere Weise überraschen. Ausgehend von einer neuen Idee kommt plötzlich eine neue Energie auf. Eine Idee folgt der anderen und eine kreative Stimmung energetisiert die Menschen. Die Interaktionen sind energiegeladen und ‚von höheren Emotionen beseelt'. Was in diesen Stunden entsteht, bringt Sie um 100 Meilen weiter, ein Output in kurzer Zeit, für den sonst wochenlange harte Arbeit notwendig wäre. Sie sind gerade Zeuge einer Teamperformance geworden, die nur in der Welt der Komplexität möglich ist. Wir sprechen von ‚Lebendigkeit' oder moderner, von Agilität.

Diese drei, sehr kurz beschriebenen Verhaltensweisen eines Systems können wir Ordnung, Chaos und Komplexität nennen. Die beiden extremen Verhaltensweisen sind dabei Ordnung und Chaos. Das Komplexe ist das ‚Interesting In Between', der hochinteressante Zwischenzustand, der viele Vorteile aus den beiden extremen Systemverhalten integriert.

Um diese drei Verhaltensweisen besser zu verstehen, können wir eine Metapher aus der physikalischen Chemie bemühen. Es gibt einen Stoff auf dieser Welt, das Wasser, das nicht nur als Quelle allen Lebens gesehen wird, sondern das auch in drei unterschiedlichen Aggregatzuständen in unserem Alltag auftritt. Wir kennen Wasser in fester Form als Eis, in flüssiger Form als ‚Wasser' und in gasförmiger Form als Wasserdampf. Wenn Wasser gefriert, dann bilden sich regelmäßige Ordnungszustände der Moleküle in Kristallform aus. Es gibt wenig Bewegung, das System ist ruhig und stabil. Wenn wir Wasser verdampfen, dann bewegen sich die Wassermoleküle hochturbulent auf chaotischen, nicht nachvollziehbaren Bahnen. Der Zustand ist energieintensiv und von höchster Dynamik. Der Aggregatzustand dazwischen ist der für uns interessanteste. Das flüssige Wasser ist dynamisch, aber wir können darin beste Bedingungen für Leben finden. Flüssiges Wasser ist Brutstätte für Organismen, die Moleküle können komplexe Cluster bilden und Informationen aufnehmen. Metaphorisch gesprochen bietet uns flüssiges Wasser das kreative Potenzial für spontan auftretende höhere Ordnungen. In diesem Punkt ist flüssiges Wasser mit komplexem Systemverhalten vergleichbar.

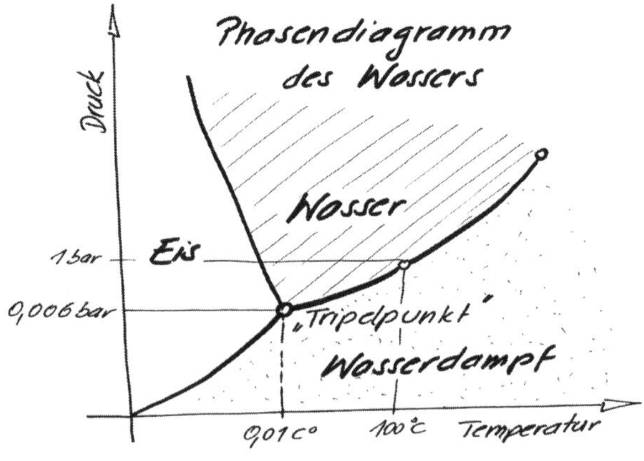

Abbildung 6: Das Phasendiagramm und der Tripelpunkt des Wassers. Die Abbildung zeigt, unter welchen Bedingungen welche Aggregatzustände des Wassers auftreten.

Diese Metapher hat viel Potenzial, uns im Umgang mit komplexen Systemen Orientierung zu geben und ein emotionales Verständnis entstehen zu lassen für Dinge und Entwicklungen, die wir nicht immer in einfache Worte fassen können. Wenn Sie Grundkenntnisse aus Chemie und Physik haben, dann wissen Sie bestimmt, dass wir diese drei Aggregatzustände des Wassers in einem Phasendiagramm darstellen können, siehe dazu die Abbildung 6.

Ein wichtiger Aspekt ist noch der sogenannte Phasenübergang. Sie wissen, wenn Sie Wasser kochen, dann beginnt es bei einer Temperatur von etwa 100 Grad Celsius zu verdampfen. Die beiden Phasen Wasser und Dampf existieren dann gleichzeitig. Erst wenn der letzte Tropfen Wasser verdampft ist, kann die Temperatur weiter steigen. Ähnliches gilt auch für Wasser und Eis. In Übergangsräumen treten also zwei Zustände gleichzeitig auf. Diese Vorstellung wird uns noch nützlich sein. Wasser bringt noch eine Besonderheit mit sich. Es gibt einen Zustand, bei einer bestimmten Temperatur und einem bestimmten Druck, an dem sogar alle drei Phasen gleichzeitig auftreten können. Dampf, Wasser und Eis teilen sich den Raum in einer seltenen Form der Ko-Existenz. Wir nennen diesen Punkt den *Tripelpunkt* des Wassers.

Die drei grundsätzlichen Systemverhalten

Ein genauerer Blick auf die drei unterschiedlichen Systemverhalten wird mehr Klarheit bringen.

Erstes Systemverhalten: Ordnung

Geordnete Systeme befinden sich in einem stabilen Zustand. Sie sind in eine ruhige Umwelt eingebettet, die sich wenig und nur langsam verändert. Geordnete Systeme verhalten sich vorhersehbar. Weil es nachvollziehbare Ursache-Wirkungsbeziehungen gibt, sind auch alle Aktivitäten wiederholbar. Es ist möglich, klare Regeln für das Verhalten der Menschen zu definieren. Das geordnete System erzwingt also durch klare Bedingungen ein ganz bestimmtes Verhalten. Und wir können sagen, das Ganze ist die Summe seiner Teile. Problemen können wir mit Analysen begegnen, und der Einfachheit halber macht es Sinn, das System in seine Teile zu zerlegen und ein Teilproblem nach dem anderen zu lösen. Organisationen versuchen möglichst viele Bereiche in Ordnungssystemen abzubilden. Diese brauchen wenig Energie, die Aufgaben können handlungsanleitend beschrieben und Prozesse können trainiert werden. Gewohnheiten bilden sich aus. In solchen Zuständen können Unternehmen eine hohe Effizienz entwickeln und somit Geld verdienen.

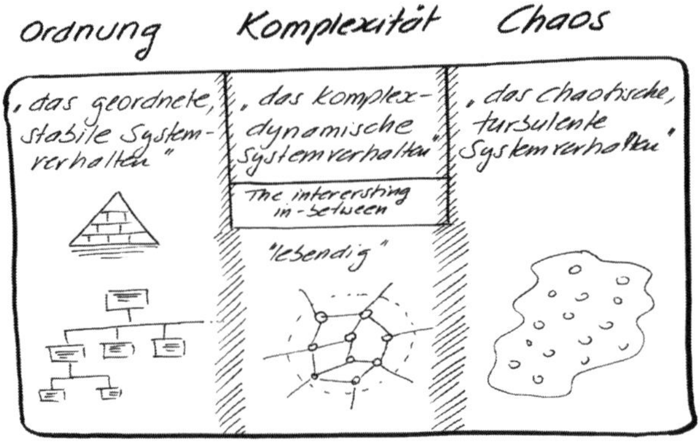

Abbildung 7: Die drei Systemverhalten ‚Ordnung', ‚Chaos' und ‚Komplexität'.

Zweites Systemverhalten: Chaos (oder Krise)

Chaotische Systeme sind in einem dynamischen, instabilen Zustand. Sie sind in eine Umwelt eingebettet, die sich stark verändert. Chaotische Systeme verhalten sich vollkommen unvorhersehbar. Wir können keine Ursache-Wirkungsbeziehungen erkennen. Ein chaotisches Systemverhalten nennen wir eine Krise, wenn das Chaos ungewollt eintritt. Im chaotischen System ist alles in dauernder Veränderung. Wenn wir es absichtlich herstellen, beinhaltet das Chaos das größte Innovationspotential. Das Problem ist nur, dass wir keine Muster im Verhalten erkennen und daher das große Potenzial nicht nutzen können. Organisationen versuchen mit allen Mitteln, chaotische Zustände zu vermeiden. Das Gute am Chaos ist, dass es niemals dauerhaft gehalten werden kann, weil es viel zu viel

Energie verbraucht. Jede Krise findet ein Ende, wenn auch nicht immer ein gutes.

Drittes Systemverhalten: Komplexität

Zwischen der Ordnung und dem Chaos finden wir ein Systemverhalten, das wir komplex nennen. Alle lebenden Systeme sind komplexe Systeme. Diese sind weder stabil noch instabil, sie sind in einem Quasi-Steady-State. Das ist eine Art hochdynamisches Gleichgewicht. In komplexen Systemen erkennen wir keine klaren Ursache-Wirkungsbeziehungen, aber wir erkennen Verhaltensmuster. Komplexe Systeme können in ihrem Verhalten nicht vorhergesehen werden, aber es gibt immer ‚Neigungen'. Diese Muster und Neigungen können wir mit einiger Erfahrung mit unserer Expert:innen-Intuition wahrnehmen und zu unserem Vorteil nutzen. Das Ergebnis, das ein komplexes System hervorbringen kann, ist immer mehr als die Summe seiner Teile. Es gibt *Emergenzen*, die sich aus den Elementen des Systems nicht ableiten lassen. Das Makro und das Mikro unterscheiden sich in ihrer Art. Daher können wir durch Analyse der Elemente nicht auf das Verhalten des gesamten Systems schließen. Der größte Vorteil komplexer Systeme ist deren Fähigkeit, sich durch Lernen an ihre immer neuen Umwelten kreativ anzupassen.

Ein Link zu einem Video-Tutorial zum Thema ‚Die drei Systemverhalten':
https://hpwallner.com/train-the-eight-leadership-die-videos/

Ordnung:	Komplexität:	Chaos:
Geordnete Systeme sind in einem stabilen Zustand. Sie sind in eine ruhige Umwelt eingebettet, die sich gar nicht oder nur sehr langsam verändert. Geordnete Systeme verhalten sich vorhersehbar. Weil es nachvollziehbare Ursache-Wirkungsbeziehungen gibt, sind auch alle Aktivitäten wiederholbar. Es ist möglich, klare Regeln für das Verhalten der Menschen zu definieren. Das geordnete System erzwingt ein ganz bestimmtes Verhalten. UND wir können sagen, das GANZE ist die Summe seiner Teile. BEISPIEL: ein Qualitätsmanagement-System mit all seinen CHECKLISTEN.	Komplexe Systeme sind weder stabil noch instabil, sie sind in einem QUASI STEADY STATE - eine Art hochdynamisches Gleichgewicht. In komplexen Systemen erkennen wir keine klaren Ursache-Wirkungsbeziehungen, aber wir erkennen Verhaltensmuster. Komplexe Systeme können in ihrem Verhalten nicht vorhergesehen werden, aber es gibt immer NEIGUNGEN. Das, was ein komplexes System hervorbringen kann, ist immer mehr als die Summe seiner Teile. Komplexe Systeme passen sich durch LERNEN an ihre immer neue Umwelt an BEISPIEL: ein Team, das unter großem Freiheitsgrad eine Aufgabe erledigen muss, die sich dabei immer weiterentwickelt.	Chaotische Systeme sind in einem instabilen Zustand. Sie sind in eine Umwelt eingebettet, die sich stark verändert. Chaotische Systeme verhalten sich vollkommen unvorhersehbar. Wir können KEINE Ursache-Wirkungsbeziehungen erkennen. Ein chaotisches Systemverhalten nennen wir eine Krise, wenn das Chaos ungewollt eintritt. Im chaotischen System ist alles in dauernder Veränderung. Wenn wir es absichtlich herstellen, beinhaltet das Chaos das größte Innovationspotential. Das Chaos kann niemals dauerhaft gehalten werden; es braucht viel zu viel Energie. BEISPIEL: ein eskalierender Konflikt in einem Team, knapp vor Abschluss des Projektes, der alle bisherigen Ergebnisse noch einmal in Frage stellt.

Tabelle 1: Die drei Systemverhalten im Überblick.

Verlieren wir die Möglichkeit zur Vorhersagbarkeit?
Stehen wir vor einem Aufbruch ins Unbekannte?

In der Wildnis

4 Die neue Dynamik der Welt

Wir verwenden immer wieder den Begriff der Landschaften. Damit bietet sich uns auch eine weitere Metapher an, um die unterschiedlichen Problemstellungen, mit denen Führungskräfte konfrontiert werden, zu unterscheiden. Begeben wir uns gedanklich in drei verschiedene Landschaften, in denen wir jeweils angehalten sind, dieselbe Aufgabe zu lösen.[14]

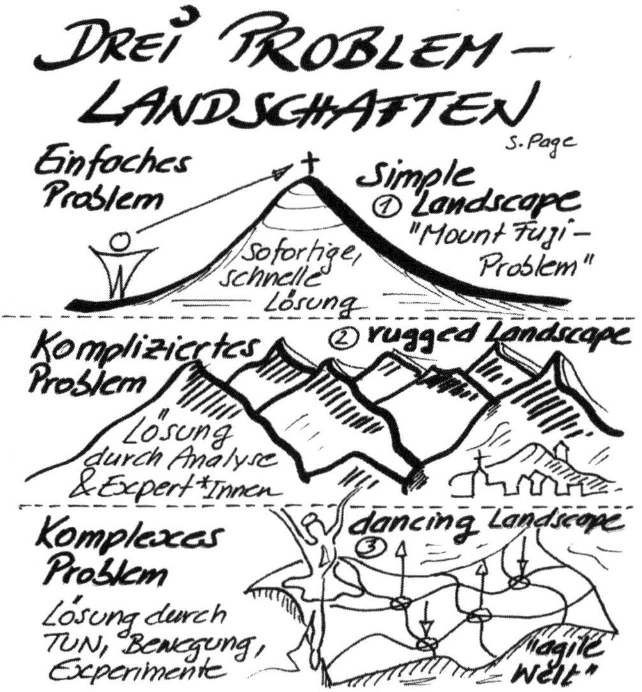

Abbildung 8: Die Dynamik der Welt – die drei Problemlandschaften, die wir unterscheiden können.

14 Die Idee mit den Landschaften haben wir von Prof. Dr. Scott Page übernommen. Scott E. Page, 2019, Understanding Complexity, Audible Hörbuch, The Great Courses

Ein Link zu einem Video-Tutorial zum Thema ‚Die drei Problemlandschaften‘: https://hpwallner.com/train-the-eight-leadership-die-videos/

Simple Landscape (‚Mount Fuji‘) – das einfache Problem

Die erste Landschaft nennen wir ‚Mount Fuji‘. Auch wenn Sie noch nie in Japan gewesen sind, wird Ihnen das Bild des Mount Fuji bekannt sein. Weit und breit gibt es in der Landschaft nur diesen hohen Berg. Angenommen, Sie stehen in Sichtweite des Berges in der Landschaft, und Sie erhalten folgende Aufgabenstellung:

Machen Sie sich auf den Weg in Richtung der höchsten Erhebung in Ihrer Umgebung!

Ohne großes Nachdenken können Sie sofort mit der Umsetzung beginnen und sich Richtung des Berggipfels in Bewegung setzen. Die Wahrscheinlichkeit, dabei einen Fehler zu machen ist gleich Null, weil es nur eine Lösung für dieses Problem gibt. Nach einiger Zeit und erheblicher Anstrengung werden Sie die Aufgabe erfüllt haben. Probleme dieser Art haben Sie täglich 100fach in Organisationen. Es sind Probleme, die mit einer schnellen Antwort ohne großes Nachdenken, zu lösen sind. Wir befinden uns im Bereich der beliebten ‚Best-Practice‘-Lösungen.

Rugged Landscape (‚mitten in den Alpen‘) – das komplizierte Problem

Versetzen Sie sich jetzt in die schroffe Gebirgslandschaft in den mitteleuropäischen Alpen. Sie stehen mitten in der Berglandschaft und Sie sind mit unzähligen Bergmassiven und Gipfeln konfrontiert, die unübersichtlich wirken. Die Aufgabe, sich in Richtung der höchsten Erhebung zu bewegen, wird erheblich komplizierter. Es gibt unzählige Berggipfel, und die höchste Erhebung lässt sich nicht so einfach erkennen. Eine Lösung ist mittels Expert:innen-Wissen oder einer ausführlichen Analyse und einiger Zeitressourcen in Sicht. In der Zeit, in der Sie mit Ihren Expert:innen arbeiten und mit den Zahlen ringen und so einer möglichen Lösung näher kommen, bleibt das Problem stabil, die Landschaft verändert sich nicht. Daher zahlt es sich aus, die Landschaft zu vermessen und Karten zu zeichnen. Wir können die stabile, wenn auch schroffe, Landschaft durchdringen und schrittweise verstehen. Nach einiger Zeit bieten sich mehrere Lösungswege an. Es gibt natürlich nicht nur einen Weg zum höchsten Gipfel, es bieten sich viele Optionen an. Sie wählen dann aus dem Optionenportfolio der ‚Good Practice' Ihre Option aus und machen sich auf den Weg. Hier sprechen wir von einem komplizierten Problem. Komplizierte Probleme lassen sich nicht schnell lösen, aber mit einiger Zeit und dem notwendigen Wissen sind Sie auf einem guten Weg. Das komplizierte Problem wird sehr gut mit ausführlichem Nachdenken und einer tiefgehenden Analyse zu lösen sein. Das Sammeln und Strukturieren von Daten macht Sinn und bringt Sie der Lösung näher.

Dancing Landscape – wir wechseln auf das Wasser

Stellen Sie sich vor, Sie befinden sich auf einer ‚Landschaft in Bewegung'. Die Landschaft ist dynamisch und in ständiger Veränderung. Als Metapher für dieses Problem können wir einen turbulenten Wellengang bei Sturmwetter auf hoher See nehmen. Der Wellengang ist kaum überblickbar und folgt keinem schnell erkennbaren Muster. Sie wissen weder welches Tal zum nächsten Gipfel wird noch wie hoch er sich auftürmen wird. Wir befinden uns auf einer tanzenden Landschaft.

Wenn Sie das Problem, sich in Richtung der höchsten Erhebung zu bewegen, lösen wollen, sind Sie mit ganz anderen Herausforderungen konfrontiert als in den stabilen Alpen. Das Wissen der Expert:innen, die Analysen, das Vermessen der Landschaft, das Zeichnen von Karten – all das wird Ihnen in dieser Situation nicht weiterhelfen. Überhaupt erweist sich langes Nachdenken als wenig hilfreich. Während Sie denken und an einer Lösung arbeiten, verändert sich die Landschaft und damit das Problem. Ein sicheres Zeichen, dass Sie mit einem wirklich komplexen, dynamischen Problem konfrontiert sind.

Das komplexe Problem zeichnet sich also durch einige Attribute aus. Beispielsweise ist es hochdynamisch, es ist rational nicht zu verstehen, weil Sie die Ursache- und Wirkungsbeziehungen nicht durchschauen. Auch die nächste Situation ist nicht klar vorhersehbar, mögliche Lösungsansätze wirken widersprüchlich, und Sie werden niemals über genügend Daten verfügen, um das Problem *rechnerisch* zu lösen.

Welcher Weg bleibt Ihnen offen, wenn Sie das *Denken* nicht ans Ziel führt? Uns Menschen bleibt in komplexen Situationen das *Handeln.* Wir lösen das Problem am besten, indem wir der Dynamik der Umwelt unsere eigene Dynamik entgegensetzen. Wir müssen vom Denken ins Handeln kommen und uns zur Tat enthemmen. Wir setzen uns in Bewegung und schauen dabei auf einige wenige für uns relevante Faktoren. In unserem Beispiel wird die ständige Frage lauten: Geht es bei unserer Bewegung bergauf? Wenn ja, wird es – im Sinne der Aufgabe – gut sein, den Weg fortzusetzen. Wenn es aber bergab geht, dann müssen wir dynamisch bleiben und die Bewegungsrichtung verändern, bis es wieder bergauf geht. Wir bewegen uns also sehr flexibel auf der Wellenlandschaft. Ein ständiges und schnelles Feedback aus der Umwelt ist dabei unabdingbar. Wir müssen sehr nahe am System arbeiten und mit ihm verbunden bleiben.

Die wichtige Erkenntnis:

> **Auf der ‚Dancing Landscape' der komplexen Probleme ist schnelles, flexibles Handeln für die Lösung des Problems wichtiger als langes, intensives Nachdenken.**

Wenn Sie nun einen Zweifel verspüren, ob es solche Probleme für Sie als Führungskraft in einem Unternehmen gibt, ist das nachvollziehbar. Aber wir gehen davon aus, dass Sie sogar häufig mit solchen Problemen konfrontiert sind, diese aber möglicherweise nicht als komplex wahrnehmen. Einige Beispiele können helfen.

Beispiele komplexer Probleme

Wenn Sie ein Logistikunternehmen für dringende Medizingüter leiten und in einer Großstadt über dutzende Lieferwagen verfügen, müssen Sie jeden Tag hochkomplexe Probleme lösen. Die Dynamik mag dabei etwas gedämpft sein, aber die Komplexität ist erkennbar. Sie haben für Ihre Hunderte Pakete mittels Computerlösung einen Ausgangspunkt geschaffen und eine ‚recht gute Routeneinteilung' für die dringlichen Lieferungen gefunden. In der Vorbereitung ist das Problem noch kompliziert. Sobald Sie aber ins Geschehen eintauchen, steigt die Komplexität und die erwischt Sie schon wenige Minuten nach dem Start. Ein Stau nach einem Unfall wird gemeldet, eine neue Baustelle kommt hinzu, ein Streik erschwert die Zufahrt in die Innenstadt, ein Lieferwagen hat technische Probleme. Jetzt müssen Sie schnell sein und im Modus der Improvisation eine neue Lösung finden. Und bis Sie die neue Lösung umsetzen, hat sich die Situation bereits wieder verändert. Der eine Stau hat sich aufgelöst, ein anderer hat sich gerade gebildet. Einer Ihrer Wagen ist in einen kleinen Unfall verwickelt.

Wenn Sie ein Team zu führen haben, dann wird sich das Team oft eher wie eine einfache Landschaft verhalten. An einem anderen Tag ist es schroff wie die Alpen und Sie müssen viel nachdenken, um eine gute Lösung zu finden. Und an einem anderen Tag zeigt sich das Team von seiner dynamischen, überraschenden Seite. Es kann plötzlich unglaublich kreativ werden oder in einen gruppendynamisch erhitzten Konflikt stürzen. Willkommen auf der ‚Dancing Landscape' und in der Welt der komplexen Probleme.

Ein:e Mitarbeiter:in kann sich im Zusammenspiel mit Ihnen als Führungskraft ebenso sehr unterschiedlich verhalten. Wenn die Regeln eingehalten, die Vorgaben umgesetzt und die Prozesse befolgt werden, dann erleben Sie ein einfaches Verhalten. Das wünschen sich viele Führungskräfte als Dauerzustand. Wenn der Rahmen grundsätzlich akzeptiert wird, aber immer wieder neue Wege für die Umsetzung gesucht werden, kann es für Sie ganz schön kompliziert werden. Das hat auch Vorteile. Und wenn sich der Mensch mit all seinen Intuitionen, Emotionen und persönlichen Bedürfnissen einbringt, dann erleben Sie komplexe Situationen. Sie müssen dann mit dem Menschen auf die ‚Tanzfläche' gehen und gemeinsam arbeiten. Die Lösungen entstehen im gemeinsamen Tun.

Je mehr Sie gemeinsam üben, desto besser werden Sie die komplexen Situationen meistern, weil Sie lernen, Neigungen und große Muster zu erkennen.

Erkenntnis:

Am Beispiel des Teams lässt sich gut erkennen, dass ein solches System nicht entweder kompliziert oder komplex ist. Das Team hat das Potenzial, jedes Systemverhalten zu zeigen. Jedes komplizierte Problem wird auch immer ein wenig Komplexes beinhalten und jedes komplexe auch immer etwas Kompliziertes. Es ist also eher ein nahtloser Übergang von einem Problemzustand in den nächsten, das eine nimmt zu, das andere ab. Dabei gilt immer: Wenn Sie einen großen Teil des Problems mit Worten handlungsanleitend beschreiben und im Vorfeld die Wege festlegen können, dann wird es im Grunde kompliziert sein. Wenn Sie das Gefühl haben, die Lösung nicht beschreiben zu können, sondern einfach einmal etwas ausprobieren und mit dem System arbeiten müssen, dann wird es im Grunde komplex sein.

Eigenschaften komplexer Systeme

Auch wenn es uns nicht möglich sein wird, ein komplexes System ganz zu verstehen und schon der Anspruch dies zu wollen, sehr vermessen erscheint, so können wir uns der Komplexität doch über einige Eigenschaften annähern. Was zeichnet ein komplexes System aus? Gibt es einige Eigenschaften, die wir in allen oder zumindest in vielen komplexen System vorfinden? Wenn ja, dann können diese Eigenschaften einen guten Orientierungsrahmen für unser Verstehen geben. Komplexität wird als Begriff in vielen verschiedenen Domänen der Wissenschaften verwendet, und deren Definitionen und Beschreibungen decken sich nicht vollständig. Es gibt aber einige Eigenschaften, die sich als durchgängig erweisen und die wir hier skizzieren können. Mit diesem Set an Eigenschaften wird klar werden, welche Besonderheiten komplexe Systeme zeigen und wie wichtig und wertvoll sie für unsere Arbeit sein können.

Einige der wichtigen Eigenschaften komplexer Systeme lauten:

Das System muss ein offenes System sein. Dieses lässt Flüsse über die Grenzen des Systems zu. Dabei kann es sich um Informationen, Materie oder Energie handeln.

Komplexität ist in einem Quasi-Steady-State, einer Art von ‚Fließgleichgewicht'. Das System ist weder im Ruhezustand eines Gleichgewichts, noch ist es im Verhalten chaotisch. Es ist der interessante Zustand dazwischen, der sich verändern und verschieben, aber für eine bestimmte Zeit bei genügender Energiezufuhr scheinbar stabile Zustände und Muster hervorbringen kann.

Komplexe Systeme zeigen ein nicht-lineares Verhalten. Es gibt in der Entwicklung Plötzlichkeiten und Überraschungen. Unsere logische Kette von Ursache und Wirkung finden wir nicht vor. Das System verhält sich nichtlinear, was nichts anderes bedeutet, als dass die Events, die Ereignisse keiner ‚Gaußschen Normalverteilung' folgen. Einige wenige große Events bestimmen fast alles.

Das System weist eine hohe innere Dynamik auf. Diese Aktivität erfordert einen dauerhaften und hohen Energieeintrag in das System, der aus der Umwelt kommen muss.

Das komplexe System zeigt große Robustheit und Lernfähigkeit, es ist adaptiv und kann sich selbstorganisiert an neue Umweltbedingungen anpassen. Es kann sehr gut mit Störungen umgehen und auch dramatische Situationen meistern.

Ein komplexes System bringt Emergenzen durch Selbstorganisation hervor. Aus dieser Beobachtung folgt auch der Begriff der Selbstorganisation. Das System kann durch die inneren Wechselwirkungen ohne Plan, also ‚bottom-up', Ordnungsstrukturen ausbilden. Es entstehen im System

Strukturen oder neue Eigenschaften, die zuvor nicht vorhanden waren und die nicht in den Elementen zu finden sind. Daher folgt: Makro und Mikro unterscheiden sich in ihrer Art.

In komplexen Systemen gibt es ‚Large Events'. Wird ein sogenannter Tipping-Point erreicht, können große Umwandlungen einsetzen. Es kann plötzlich eine Transformation stattfinden, die sich nicht angekündigt hat. Das Zusammenspiel der Elemente kann sich positiv rückkoppeln und riesige Wellen schlagen. Negativ, wenn sich ein Tsunami bildet, positiv, wenn ein Video auf YouTube viral geht.

Komplexe Systeme sind kreativ. Sie erzeugen ständig Neuerungen und Innovationen. Das ist wohl eine der Eigenschaften, die komplexe System so interessant machen. Wer will nicht das Potenzial der Kreativität nutzen? Es geht also um die Frage, wie aus einem Team ein System mit komplexen Verhalten wird, in dem Kreativität entsteht

Die Erkenntnisse aus der Betrachtung komplexer Systeme sind auf zwei Ebenen wichtig. Wir brauchen erstens Komplexität in unseren Systemen, wenn wir auf eine komplexe Umwelt adäquat reagieren wollen. Zweitens erkennen wir in komplexen Systemen Eigenschaften, die wir in einfachen Systemen nicht finden. Daraus ergeben sich viele Chancen für uns. Der Physiker *Carsten Bresch*[15] formulierte treffend, dass höhere Fähigkeiten nur aus mehr Komplexität erwachsen. Der häufige Ratschlag, Komplexität zu reduzieren, ist also nicht grundsätzlich hilfreich. Manchmal ist das Gegenteil der Fall. Reduktion von Komplexität kommt einer Reduktion unserer Möglichkeiten gleich.

Ein Link zu einem Video-Tutorial zum Thema ‚Eigenschaften komplexer Systeme': https://hpwallner.com/train-the-eight-leadership-die-videos/

15 Carsten Bresch, 1979, Zwischenstufe Leben: Evolution ohne Ziel?, Fischer.

Die vier VUKA-Herausforderungen für uns Menschen

Die Integration der VUKA-Herausforderungen in die Überlegungen der Wirtschaftswelt haben mit einem Bruch begonnen, den wir fast als Tabubruch bezeichnen könnten. Schon lange wird über *Systeme* und deren *Umwelt* philosophiert, weil die *Systemtheorie*[16] diesen Zusammenhang ins Zentrum ihres Interesses stellt. Die Umwelt ist dabei für die Identität des Systems grundbedeutend, weil sich ein System nur in Abgrenzung zu seiner Umwelt definieren lässt.

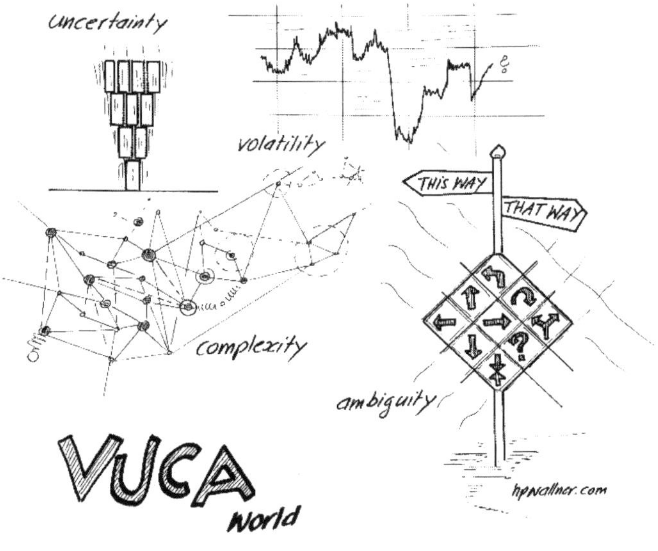

Abbildung 9: Die vier VUKA(VUCA)-Herausforderungen – Volatilität, Ungewissheit, Komplexität, Widersprüchlichkeit (Ambiguität) (Quelle: Wallner, Völkl, 2017, Fokus Self-Leadership).

Die Umwelt ist also der Urgrund des Seins eines jeden Systems. Alle wirtschaftlichen Aktivitäten sind in die Umwelt eingebettet. Sie ermöglicht und bietet uns alles, von den Kund:innen und Märkten, die Produkte und

16 Zur ersten Information: https://de.wikipedia.org/wiki/Systemtheorie (am 13.2.2022).

Leistungen erwerben, bis hin zu den Rohstoffen und letztlich auch den Raum für unser Handeln. Der Begriff der *Umwelt* ist dabei diffus geblieben, er beinhaltet alles, die sozialen und gesellschaftlichen Umfelder bis zur Natur. Dabei wird Umwelt meist positiv bewertet. Sie bietet Schutz und die Sicherheit einer Hülle für unser System und unser Handeln. In der Strategiearbeit wird zwar mit der Chancen- und Risken-Analyse schon angedeutet, dass es in der Umwelt auch *Risiken* gibt. Aber weil wir Menschen für Risiken kein Sensorium haben, fühlt sich das Risiko neutral an. Heute aber hat sich der Blick auf die Umwelt gedreht. Mit den VUKA-Herausforderungen hält die Umwelt plötzlich konkrete Gefahren für uns bereit, die uns belasten. Unerwünschte Entwicklungen, die uns überfallsartig beanspruchen, Ungewissheit, die wir als Unsicherheit spüren und Widersprüchlichkeiten, die uns verwirren. Die Umwelt ist plötzlich nicht nur unterstützend positiv, sondern auch toxisch. Das hat uns zu einer Neueinordnung des Begriffs der Umwelt gezwungen. Sie ist nicht mehr klar und bietet Fernsicht, sie ist vielmehr opak geworden. Um die großen Herausforderungen komplexer Umwelten besser verstehen zu können, haben sich die vier *VUKA-Herausforderungen*[17] bewährt. Diese vier Herausforderungen können klar unterschieden werden. Sie machen daher Komplexität greifbarer. Sie lauten: Volatilität, Ungewissheit, Komplexität und Ambiguität.

Die **Volatilität:** Die Transformation macht unsere Welt instabil. Veränderungen werden tiefgreifender, sie treten häufiger auf und dauern länger. Eine Veränderung jagt die nächste. Wir können das Bild einer Achterbahn verwenden, um Volatilität zu beschreiben. Lange, stabile Phasen sind nur mehr eine Erinnerung. Führung muss sich der Veränderung stellen.

Die **Ungewissheit:** Was können wir heute noch als sicher annehmen? Wir werden immer häufiger mit Entwicklungen überrascht, an die wir nicht gedacht haben oder die vollständig unvorhersehbar waren. Wir sind mit Nicht-Wissen konfrontiert und müssen trotzdem Entscheidungen tref-

17 Mack et al., 2015, Managing in a VUCA World. Cham: Springer.

fen. Ungewissheit führt zu steigender Unsicherheit der Menschen. Wir müssen lernen, mit dem Unerwarteten, mit dem überraschenden Element, umzugehen.

Die **Komplexität:** Alle vier VUKA-Herausforderungen beschreiben in Summe eine Umwelt hoher Komplexität. Mit dem Aspekt Komplexität, der als dritte Herausforderung extra genannt wird, ist ein Teilaspekt der gesamten Komplexität gemeint. Wir können ihn am besten mit der steigenden Vernetzungsdichte der Welt beschreiben. Die Welt ist ein extrem dichtes Netzwerk, das wir rational nicht mehr durchdringen können. Wenn alles vernetzt ist, wird auch alles von allem beeinflusst. Niemand kann mehr wirklich steuern, wir können nur aus unserer Position heraus Einfluss nehmen und schauen, wie das System reagiert. In einem dichten Wirtschaftssystem kommt es zu immer mehr Hemmungen und Konflikten. Und wir erhalten wegen der Vernetzung sofortiges Feedback auf unsere Handlungen. Wir befinden uns auf der beschriebenen ‚Dancing Landscape'.

Die **Ambiguität**: Wenn wir von Expert:innen keine klaren Richtungsvorgaben erhalten, sondern im Gegenteil widersprüchliche Aussagen, dann müssen wir selbstverantwortlich Entscheidungen treffen. In einer Welt der Widersprüche, der Ambivalenzen, verliert die Logik ihre Gültigkeit. Wir müssen uns vom ‚Richtig-Falsch-Denken' verabschieden. Im Dialog müssen wir einander widersprechende Aussagen zulassen und bewertungsfrei in der Schwebe halten. Bei hoher Ambiguität geht es nicht mehr um Wahrheit, sondern um einen guten Weg, den wir gemeinsam erkunden können. Für die Führungsarbeit kann jede der vier VUKA-Herausforderungen relevant werden, meist aber wird es eine Kombination aller vier sein[18].

Ein Link zu einem Video-Tutorial zum Thema ‚Die vier VUKA-Herausforderungen': https://hpwallner.com/train-the-eight-leadership-die-videos/

18 Es gibt Versuche, das VUKA-Konzept neu zu interpretieren. Jamais Cascio, Institute for the Future, hat es mit BANI versucht. Es steht für Brittle, Anxious, Non-linear, Incomprehensible (brüchig, ängstlich, nicht-linear, unbegreiflich). Der Mehrwert ist eher bescheiden.

VUKA in der Führungswelt konkret: Handlungsempfehlungen

Die Kenntnis der VUKA-Herausforderungen kann allein schon hilfreich sein. Sehen Sie diese vier Herausforderungen als unterschiedliche Perspektiven, aus denen Sie auf die Umwelt blicken. Sie werden eher in der Lage sein, ein komplexes Problem konkret zu erfassen, wenn Sie beispielsweise Volatilität erkennen und von Ambiguität unterscheiden können. Die Theorie hilft uns, das Problem besser zu begreifen.

Herausforderung	Lösungsansatz	Denkwerkzeuge
Volatilität	Vision entwickeln „Discovery" (erkunden)	Visionsarbeit, Kreativität, Mottoziele, Future Search, Design Thinking ......
Unsicherheit	Understanding – Verstehen „Risk" (Risikomanagement)	Intuitive Kompetenzen & Riskanalysis, Intelligenz der Vielen, Heuristiken, growth Mindset, „Train the Eight" Modell ......
Komplexität	Klarheit und Kommunikation „from EGO to ECO"	Co-kreative Prozesse, Teamdialoge, Dialoge, kollektives Wissen, Peergroups, interne und externe Vernetzung, Social Media, Konsultationsprinzip, World Cafés, WoL (Working out Loud) ......
Ambivalenz	Agilität und Flexibilität „Transparancy"	Dissens, Konsent Prinzip, Synthese im aporetischen Konflikt, Widersprüche aushalten, iterative Lösungsfindung, Dialektische Entwicklungsprozesse, heitere Gelassenheit, hohe Transparenz ......

Tabelle 2: Die vier VUKA-Herausforderungen und deren Bearbeitung in der Führungspraxis (Quelle: In Anlehnung an das Praxishandbuch Innovationscontrolling, Müller-Roterberg, 2018, Seite 11, https://www.researchgate.net/publication/328392080).

In der Führungspraxis stellt sich aber die Frage, welche Möglichkeiten Sie haben, auf diese Herausforderungen zu antworten. Speziell für die VUKA-Welt wurden Handlungsempfehlungen formuliert, die wir beispielhaft besprechen können.

VOLATILITÄT

Volatilität ◁▷ Vision: Arbeit mit Zukunft, Entwicklung von Visionen – Wir wissen aus dem Change-Management, dass die Change-Vision hilfreich für Menschen in Veränderungen wirkt. Je mehr Sie und Ihr Team von Veränderungen betroffen sind, desto wichtiger wird es, gemeinsam attraktive Zukunftsbilder zu entwerfen. Und wir können an unserer Resilienz arbeiten, um uns besser für Belastungen aus Veränderungen zu wappnen.

UNGEWISSHEIT

Ungewissheit ◁▷ Verstehen versuchen (Understanding): Wir sind mit einem Mangel an relevantem Wissen konfrontiert. Es gibt Dinge, die wir noch nicht wissen, aber wir sind uns dessen bewusst (‚Known-Unknowns'). Da hilft es, das Feld zu erkunden und das Wissen einzuholen. Es gibt Dinge, die wir nicht wissen, aber dieses Nicht-Wissen ist uns nicht bewusst (‚Unknow-Unknowns')[19]. In solchen Fällen hilft uns die Achtsamkeit, das Hören auf leise Signale und unsere Intuition. Diesen leisen Stimmen müssen wir mehr Aufmerksamkeit schenken. Und ganz konkret brauchen wir ein gutes Risikomanagement.

KOMPLEXITÄT

Komplexität ◁▷ Konzentration und Klarheit: Dort wo Vernetzung und vielfältige Zusammenhänge das rationale Verstehen erschweren, müssen Sie für Klarheit sorgen. Dabei geht es nicht um Vereinfachungen und Reduktion von Komplexität, damit wir die Situation verstehen. Vielmehr braucht es Klarheit in den Vorgehensweisen. Entscheiden Sie sich gemeinsam für erste Schritte und laden Sie ein, zu experimentieren. Probieren Sie Dinge aus, starten Sie kleine Pilotprojekte, schauen Sie, welches davon wirkt. Wenn etwas gelingt, geben Sie mehr Ressourcen, um das ‚Pilotprojekt' zu unterstützen. Im Führungsalltag können Sie durch perspektivenreiche Dialoge die Chance erhöhen, Komplexität gemeinsam zu verarbeiten. Geben Sie allen Meinungen und Sichtweisen Raum.

---

19 Siehe dazu das Johari-Fenster von Joseph Luft und Harrington Ingham. Bekannt sind die Known-Unknowns und die Unknown-Unknows durch eine Rede des United States Secretary of Defense Donald Rumsfeld 2002 geworden.

AMBIGUITÄT

Ambiguität ⊲⊳ Adaption: Widersprüchliche Situationen erfordern viel Flexibilität. Sie entscheiden sich in einer widersprüchlichen Frage für einen Weg. Dann ist es hilfreich, diesen Weg in kleinen Schritten zu gehen und den Kurs immer wieder anzupassen. Als Führungskraft müssen Sie durch den Nebel navigieren. Adaption meint ständiges Lernen aus den Rückmeldungen aus der Umwelt. In kleinen Schritten nach Lösungen suchen und immer im Kontakt mit der Umwelt zu bleiben, wird auch Iteration genannt.

Müssen wir zwischen Stabilität und Instabilität unterscheiden?
Muss ich mich auf die Komplexität der Welt einlassen?

Die Cynefin®-Landschaft erkunden

5 Das Cynefin®-Framework

Es gibt mehrere Ansätze, die Zusammenhänge der unterschiedlichen Systemverhalten darzustellen. Eine sehr erfolgreiche und bekannte Darstellung ist *Dave Snowden* gelungen. Er nennt sein Denkwerkzeug das ‚Cynefin®-Framework'[20]. Wir können uns das Framework als eine Landschaft vorstellen, auf der wir uns situationsabhängig in der Führungsarbeit befinden und bewegen können.

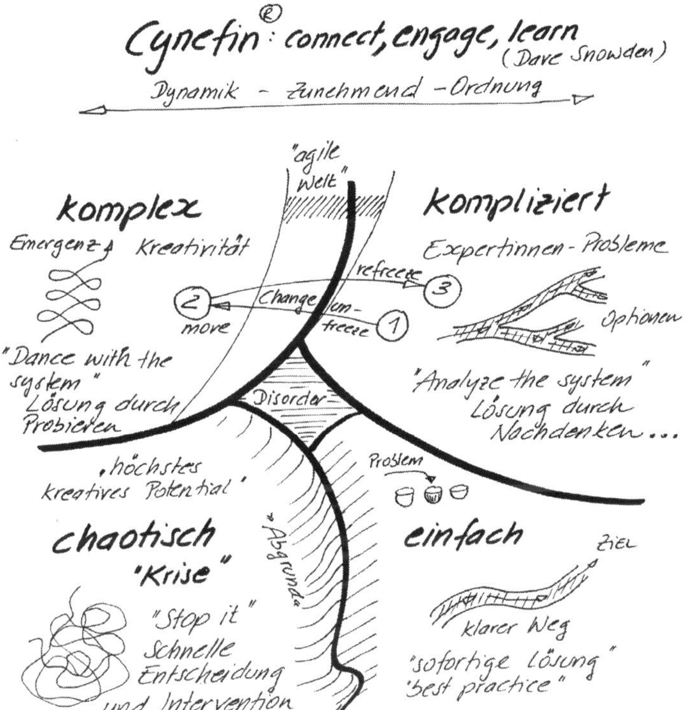

Abbildung 10: Einfache Darstellung des Cynefin®-Frameworks nach Dave Snowden.

20 Dave Snowden, Mary Boone, 2007, A Leader's Framework for Decision Making, HBR Nov. 2007, Reprint: R0711C; siehe auch das kurze Video auf YouTube von Dave Snowden: https://youtu.be/N7oz366X0-8.

Dabei unterscheidet *Dave Snowden* die bereits beschriebenen Systemverhalten: kompliziert (oder einfach), komplex und chaotisch. Um auch den noch unklaren Zustand auszudrücken, in dem wir uns befinden, bevor wir das dominante Systemverhalten grundsätzlich erkannt haben, führt Snowden noch *Disorder* als Teil seiner Entscheidungslandschaft ein. *Disorder* meint den unentschiedenen Zustand, in dem ich mich befinde, bevor ich das Problem einschätzen und auf dem Framework meinen Standort, mein ‚Habitat'[21] verorten konnte.

Das Cynefin®-Framework wird meist mit den fünf Domänen dargestellt. Neuere Darstellungen verzichten auf die Unterscheidung von kompliziert und einfach, sodass die Domänen sich entsprechend auf vier reduzieren. In der reduzierten Darstellung ist die Analogie mit dem Phasendiagramm des Wassers mit seinen Zuständen fest (kompliziert), flüssig (komplex), gasförmig (chaotisch) schnell erkennbar. Der Zustand *Disorder* steht für den Tripelpunkt des Wassers, in dem alle drei Zustände gleichzeitig auftreten (Seite 30).

Der große Erfolg des Cynefin®-Frameworks liegt besonders in der Möglichkeit, ein dynamisches Verhalten auf der Entscheidungslandschaft darzustellen. Am Beispiel eines kurzen Videoausschnittes aus dem Film *Apollo 13*[22], wie es in den Seminaren der Cognitive Edge Gruppe (heute ‚The Cynefin®-Company') eingesetzt wird, kann die dynamische Veränderung von Situationen mit dem Framework nachvollzogen werden.

Eine Mondmission ist ein kompliziertes, aber berechenbares Unterfangen, das sich schließlich in einem genauen, einfachen Plan darstellen lässt. Nichts an dieser Mission wird dem Zufall überlassen. Wir befinden uns bei planmäßigem Verlauf in der einfachen Domäne. Wenn allerdings eine unerwartete Störung eintritt, mit der niemand gerechnet hat und für die auch keine Problemlösung schon im Vorfeld angelegt wurde, kippt die Situation aus der einfachen Domäne ‚über die Klippe' hinunter in die

---

21 Cynefin ist das walisische Wort für ‚Habitat'.

22 Link zum Clip 5d Democratic ‚Apollo 13'.mov, https://youtu.be/Pcx6HLPtVZo.

chaotische Domäne. Wir befinden uns in einer krisenhaften Situation, die nun eine schnelle und klare Entscheidung verlangt. Die chaotische Situation wird durch den Modus ‚act – sense – respond' beendet und in eine kreative Lösungsphase unter hoher Komplexität übergeführt. Die NASA-Techniker:innen erhalten die Anweisung (‚act') im Modus des Experimentierens (im Cynefin®-Framework: ‚probe – sense – respond'), eine Lösung für das ‚Filterproblem' zu erarbeiten. In dieser Phase befinden wir uns in der kreativen, komplexen Domäne. Sobald eine plausible Lösung gefunden wurde, muss die Situation aus der komplexen schnell in die komplizierte Domäne übergeführt werden. Die konkreten Anleitungen werden erarbeitet. Schließlich wird in der einfachen Domäne eine klare und eindeutige Schritt-für Schritt-Anleitung an die Besatzung durchgefunkt. Wir sind nach einem Durchlauf aller Domänen wieder in der einfachen Situation angelangt. Die Lösung ist handlungsanleitend beschreibbar.

Bestimmung meines Standortes und meiner Situation

Wir haben beschrieben, wie unterschiedlich die Probleme sind, mit denen Sie als Führungskraft konfrontiert werden. Weil unterschiedliche Problemsituationen auch sehr verschiedene Lösungsstrategien brauchen, macht es viel Sinn, die Situation einschätzen zu können. Dazu wird Ihnen ein Framework, das Ihnen hilft, Unterschiede zu erkennen und damit unterscheiden zu können, sehr zugutekommen. Genau dafür können Sie das Cynefin®-Framework einsetzen.

Damit das nicht nur auf der abstrakten Ebene von chaotisch, komplex und kompliziert gelingt, bieten wir Ihnen ein System von Fragen an[23]. Mit diesen Fragen können Sie Ihr Problem ansehen und überprüfen, wieviel ‚Komplexität' in Ihrem Problem steckt. Wenn das Problem wirklich einen hohen Grad an Komplexität beinhaltet, sind Strategien für Komplexität erfolgsversprechend. Wenn aber das Problem kompliziert ist,

---

23 In den Cognitive Edge Seminaren (Cynefin®-Company) wird mit einem System von vier Fragen das Cynefin®-Framework bottom-up, von den Beispielen aus dem Führungsalltag her, erarbeitet. Davon haben wir uns inspirieren lassen.

bringt Sie eine Analyse weiter als alle anderen Strategien. Es zahlt sich also aus, sich dem Thema zu stellen und gemeinsam etwas tiefer einzusteigen.

Am schnellsten können wir das einfache Problem erkennen. Die Fragen dazu lauten: Haben Sie für das Problem eine eindeutige und schnelle Antwort verfügbar? Gibt es einen klaren Prozess oder einen ‚Best Practice Case'? Wenn ja, lösen Sie das einfache Problem schnell.

Eine Kernfrage, die uns vorwiegend komplexe und komplizierte Probleme unterscheiden hilft, lautet:

Komplex oder kompliziert?

Bin ich grundsätzlich in der Lage, das Problem vor dessen Lösung handlungsanleitend zu beschreiben und somit einen oder mehrere mögliche Lösungswege aufzuzeigen und verfügbar zu machen? Wenn mir das gelingt, unabhängig davon, wie schwierig das wäre und wie lange dies dauern würde, bin ich in der komplizierten Domäne.

Die Fragen können wir noch vertiefen: Verfüge ich über genügend Informationen, um das Problem zu lösen? Ist es möglich, fehlende Informationen zu besorgen und durch Analysen aufzuarbeiten? Wäre es hilfreich, Fachwissen von Expert:innen einzuholen, weil eine Lösung damit wahrscheinlicher wird? Gibt es für das Problem schon ‚Good Practice Cases', von denen ich mir Hilfestellung erwarten darf? Kann ich davon ausgehen, dass sich während meiner Phase der Problemanalyse das Problem nicht wesentlich verändern wird? Wenn Sie die meisten dieser Fragen mit einem JA beantworten können, liegt ein Problem in der komplizierten Domäne vor. Der komplexe Anteil des Problems wird gering sein, sodass Sie folgenden Lösungsweg einschlagen können:

Der Cynefin®-Dreischritt lautet ‚sense – analyse – respond': Nehmen Sie das Problem wahr, starten Sie die Analyse und ziehen Sie Expert:innen hinzu, setzen Sie die Lösung um und prüfen Sie das Ergebnis.

Das Problem wird in der Tendenz viel mehr Komplexität zeigen, wenn Sie folgende Fragen mit JA beantworten können: Haben Sie das Gefühl, dass sich das Problem sehr dynamisch verhält und Sie in kurzer Zeit etwas unternehmen müssen, weil sich die Ausgangssituation ständig verändert? Haben Sie das Gefühl, dass sich die Situation sehr verschlungen darstellt und Sie nicht wissen, wie sich die Zusammenhänge gestalten? Fällt es Ihnen schwer, einen möglichen Lösungsweg zu beschreiben oder scheint es sogar unmöglich zu sein? Haben Sie das Gefühl, dass Sie nur durch Probieren an eine mögliche Lösung herankommen? Scheint Ihnen das Tun und Handeln eher geeignet, das Problem zu lösen, als langes Nachdenken und Analysieren? Fällt es Ihnen schwer, die Zusammenhänge von Ursachen und Wirkungen zu erkennen? Entwickeln Sie zwar ein Gefühl, wie sich das System verhalten wird, aber Sie können es nicht mit Worten beschreiben? Dann befinden Sie sich in der komplexen Domäne und es braucht dann auch unbedingt Lösungsstrategien für hohe Komplexität.

Der Cynefin®-Dreischritt lautet ‚probe – sense – respond': Arbeiten Sie mit dem System und probieren Sie etwas aus. Am wirksamsten sind parallele Experimente. Schauen Sie, wie das System auf Ihre Interventionen reagiert, überlegen Sie sich dann den nächsten Schritt.

Um ein chaotisches, krisenhaftes Problem zu erkennen, braucht es wieder nur eine einzige Frage: Besteht eine unmittelbare Gefahr für Menschen oder die Organisation, wenn ich nicht sofort eingreife und die hochdynamische Situation beruhige? Wenn JA, dann gibt es auch hierfür einen Lösungsweg im Cynefin®-Framework.

Der Cynefin®-Dreischritt lautet ‚act – sense – respond': Treffen Sie eine schnelle Entscheidung, auch wenn Sie die Situation nicht durchschauen und beruhigen Sie das System. Schauen Sie, wie das System auf Ihre Intervention reagiert, überlegen Sie dann den nächsten Schritt.

Mit diesen Fragen wird es Ihnen leichter gelingen, Probleme von erheblicher Komplexität von anderen unterscheiden zu lernen.

Führung mit Cynefin®

Aus unserer Sicht eignet sich das Cynefin®-Framework auch wunderbar für eine Diskussion von Führungsansätzen. In der Darstellung des Cynefin®-Frameworks können wir vereinfacht zwei Seiten unterscheiden. Die rechte Seite der komplizierten und einfachen Probleme ist der Bereich der *Ordnung*. Hier gelten Planbarkeit und Berechenbarkeit.

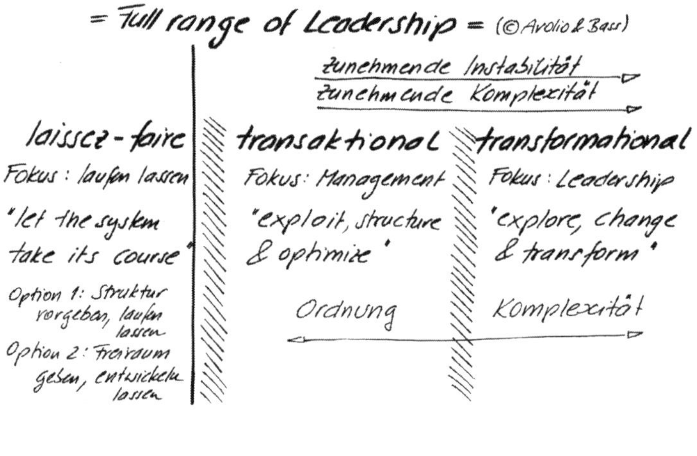

Abbildung 11: ‚The Full Range of Leadership'
(Quelle: Bass, Avolio, 1990, Developing Transformational Leadership).

Im Feld der Ordnung macht es auch Sinn, von relativ stabilen Umwelten auszugehen und daher Systeme zu optimieren und deren Effizienz zu steigern. Wir befinden uns also in der Domäne des *Managements*. Wir arbeiten an der Optimierung des Outputs unter bestimmten Bedingungen. Veränderungen gibt es zwar auch hier, aber die ‚großen Muster' der Organisation bleiben stabil. Das Geschäftsmodell wird angepasst, aber nicht neu definiert, die Produkte werden verbessert, aber nicht grundsätzlich neu entwickelt, die Unternehmenskultur wird auf der Verhaltensebene diskutiert, bleibt aber auf der tiefen Werteebene unverändert, die Digitalisierung wird vorangetrieben, aber die Prozesslandschaft wird nicht neu aufgesetzt. Es wird viel Energie in Prozessbeschreibungen und in ‚Good' und ‚Best practice'-Initiativen investiert.

Damit ein Unternehmen – frei nach *Peter Kruse*[24] – wirklich Geld verdienen kann, ist es erforderlich, stabile Phasen im Unternehmen zu sichern, weil nur hier aufgrund des Effizienzpotenzials wirklich Geld zu verdienen ist. Wir können Führung in diesem Bereich also mit den bekannten Aufgaben des Managements gleichsetzen. Es geht um Ziele und um deren Erreichung. Es geht um *Exploitation*, also Erschließung und Nutzung vorhandener Ressourcen. Wir sehen daher im klassischen Management kein Führungsmodell von gestern, das wir hinter uns lassen sollten, sondern vielmehr eine von zwei wesentlichen Stützen gelingender Führungsarbeit für die Zukunft. Zu beachten ist aber die ständige Verkürzung der stabilen Phasen, was auch zu einer höheren Dynamik im Management führen und die Betrachtungszeiträume ebenso zeitlich beschränken muss. Strategien werden kürzer gedacht und Ziele häufiger angepasst und reflektiert.

Die linke Seite des Frameworks ist der dynamische Bereich. Hier wirkt die Veränderung der Umwelt unmittelbar auf die Organisation und bringt Unruhe, Ungewissheit, Komplexität und Widersprüchlichkeit. In diesem Bereich kommt das klassische Management an seine Grenzen. Es verliert seine Lösungskompetenz. Was ist also das passende Führungsmodell im dynamischen Bereich? In der extremen Dynamik des Chaos und der Krise ist die Antwort einfacher, weil hier ein klares, schnelles und autoritär wirkendes Durchgreifen am wirksamsten ist. Im Umgang mit Krisen sind viele Unternehmen und Führungskräfte durchaus geübt und es erscheint nicht ungewöhnlich, im Fall der Fälle auch einmal schnell entscheiden und durchgreifen zu müssen.

---

24 Kruse Peter, 2010, next practice – Erfolgreiches Management von Instabilität, 5. Auflage, GABAL, Offenbach.

Die komplexe Domäne bereitet mehr Kopfzerbrechen. Bislang hat es meist ausgereicht, komplexere Fragen in die Welt der Projekte und der Innovationsabteilungen auszulagern oder sie im Rahmen eines klassischen Change-Management-Prozesses durchzudeklinieren. Wenn aber die Change-Vorhaben häufiger auftreten, länger dauern und sich zu überlagern beginnen, dann kann dieser Switch vom normalen Management in das temporäre Change-Management und wieder zurück nicht mehr praktikabel umgesetzt werden. Die Unternehmen verlieren sich in den Change-Vorhaben, und die Führungskräfte kommen an die Grenzen der Belastbarkeit.

Der Ruf nach einer neuen Führung ist daher laut zu vernehmen und mehr als berechtigt. Heute wird in diesem Zusammenhang viel über die ‚agile Führungswelt' gesprochen. Auf deren Ansätze kommen wir noch zu sprechen. Es gibt ein Führungsmodell, das wissenschaftlich untersucht wurde und sich in Zeiten der Transformation bewährt hat. Wir sprechen von der ‚Transformationalen Führung' nach *Bass und Avolio*[25]. Darin wird die ‚Full Range' (die gesamte Bandbreite) der Führung beschrieben (Abb. 11). Um wirkungsvoll führen zu können, sind, vereinfacht gesagt, das klassische Management und der transformationale Führungsansatz erforderlich. Damit können wir die Führungsansätze mit dem Cynefin®-Framework in Einklang bringen. ‚Full Range of Leadership' meint das Führen in der Transformation unter hoher Komplexität in der komplexen Domäne und das Führen in der Stabilität durch das klassische Management in der komplizierten bzw. einfachen Domäne des Frameworks.

Für die bessere Orientierung stellen wir die beiden Führungsmodelle anhand der definierten Hauptaufgaben der Führungskräfte kurz dar. Für die klassische Führungsarbeit gibt es verschiedene Ansätze. Wir beziehen uns auf das Führungsmodell von *Fredmund Malik*[26].

25 Bruce J. Avolio, Bernhard M. Bass, 1991, The Full Range of Leadership Development Programs: Basic and Advanced Manuals, Bass, Avolio & Associates, New York.

26 Fredmund Malik, 2006, Führen Leisten Leben: Wirksames Management für eine neue Welt, Campus Verlag; alternativ das Führungsmodell von: Sprenger Reinhard K, 2012, Radikal führen, Campus Verlag.

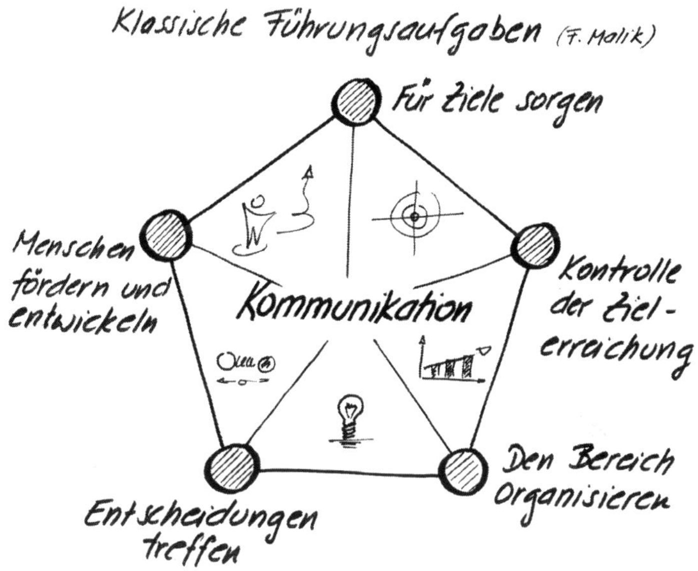

Abbildung 12: Führungsaufgaben der klassischen Führung (Management) nach Fredmund Malik, 2006, Führen Leisten Leben.

Erkenntnis: Wir müssen nicht das Management durch eine neue, agile Führungswelt ersetzen. Vielmehr braucht es eine Führungsarbeit, die in beiden Welten, der komplexen und der komplizierten, einsetzbar ist und die wir mit zwei Betriebssystemen vergleichen können. Führungskräfte brauchen die Kompetenzen, um in der Transformation zu führen und um im klassischen Management erfolgreich zu sein. Beide Führungsanforderungen bestehen oft parallel und überlagern sich zeitlich. Eine sequenzielle Abwicklung im Sinne von ‚zuerst den Change abschließen und dann wieder normal managen' ist nicht mehr zukunftsfähig.

Die Transformationale Führung wird auch von unterschiedlichen Expert:innen dargestellt.

In diesem Fall beziehen wir uns auf das Modell von *Bass und Avolio*[27].

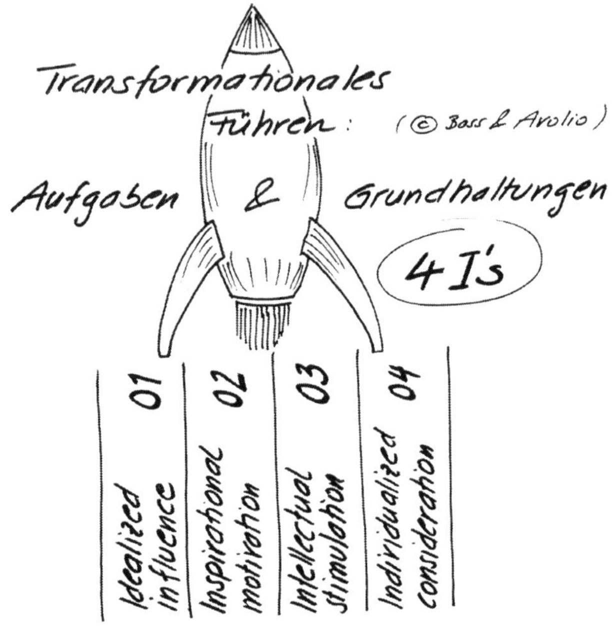

Abbildung 13: Die vier ‚I's' der Transformationalen Führung (Quelle: nach Bass, Avolio, 1990)

Das sind die neuen Herausforderungen an Führungskräfte. Die Führungsaufgaben des Managements müssen als Basis jeder Führungsarbeit professionell beherrscht werden. Die Führungsaufgaben dienen der Steuerung eines Systems und der Steigerung der Effizienz. Die Führungsaufgaben der ‚Transformationalen Führung' kommen im Sinne der ‚Full Range of Leadership' neu hinzu. Sie entsprechen den Vorstellungen von *Leadership,* von einer Führungsarbeit in Zeiten der Veränderung.

27 Bruce J. Avolio, und Bernhard M. Bass, 1991, The Full Range of Leadership Development Programs: Basic and Advanced Manuals, Bass, Avolio & Associates; alternativ das Modell von Waldemar Pelz, 2016, Transformationale Führung – Forschungsstand und Umsetzung in der Praxis, Springer.

Mit der Umsetzung der vier I's *(Idealized Influence, Inspirational Motivation, Intellectual Stimulation, Individualized Consideration)* wird das ‚Führungs-Betriebssystem für Komplexität' aktiviert. Im Cynefin®-Framework dringt die Führung damit in die dynamische, komplexe Welt vor und unterstützt die Transformation. Hier verliert Effizienz ihre Bedeutung, sie wird durch Purpose ersetzt. Die Offenheit der *transformationalen Führung,* die zunächst ohne ‚fixe Methoden' auskommt, macht den Unterschied zur *agilen Führung*[28]. Transformationale Führung macht die Agilität wilder und freier. Wir kommen auf diesen Aspekt der *zwei Betriebssysteme* unter dem Begriff der *Ambidextrie* als Strategie für hohe Komplexität noch einmal zurück (Seite 155).

Veränderung mit Cynefin®

Mit dem Cynefin®-Framework können wir das Wechselspiel von **Verändern und Bewahren** dynamisieren, indem wir diesen grundlegenden Mechanismus der Veränderung in Unternehmen abbilden. Der einfachste ‚Baustein' lässt sich als Dreischritt visualisieren. Ein Dreischritt der Veränderung wird schon in einem der ältesten Change-Modelle von *Kurt Lewin*[29] beschrieben, ‚Unfreeze – Move – Refreeze'. Später hat *William Bridges*[30] mit dem Transition Model einen ähnlichen Dreischritt aufgezeigt: ‚Endings – Neutral Zone – New Beginnings'. Auch die ‚Theory U' von *Otto Scharmer*[31] weist ähnliche Mechanismen auf. Wenn wir diesen Mechanismus in Cynefin® übertragen, können wir eine klare Bewegung aufzeigen. Wir starten in der stabilen Welt der Ordnung, also in der komplizierten Domäne. Um eine Veränderung herbeizuführen, müssen wir die bestehende Ordnung in Frage stellen, irritieren und letztlich auf-

---

28 *Agile Führung* meint mehr einen Führungsstil, es handelt sich um kein Führungskonzept. Es geht um flexibles, quasi hierarchiefreies, schnelles Agieren der Führungskraft mit dem Team, um Komplexität zu meistern. Meist wird agile Führung mit der agilen Organisation verbunden. Damit kommen die agilen Methoden, wie beispielsweise SCRUM ins Spiel.

29 Kurt Lewin, 2012, Feldtheorie in den Sozialwissenschaften: Ausgewählte theoretische Schriften, Hogrefe, 2. Auflage.

30 William Bridges, Susan Bridges, 2018, Managing Transitions: Erfolgreich durch Übergänge und Veränderungsprozesse führen, Vahlen.

31 Otto Scharmer, 2020, Theorie U - Von der Zukunft her führen: Presencing als soziale Technik, Carl-Auer Verlag, 2. Auflage.

lösen (‚Endings'). Dabei beginnt die Bewegung von der komplizierten Domäne nach links in die komplexe Domäne. Es steigt die Komplexität, weil Regeln außer Kraft gesetzt und Rahmenbedingungen aufgelöst werden. Wir ‚öffnen' unser System für neue Entwicklungen und bringen es in einen kreativen Zustand. Damit erreichen wir die ‚neutrale Zone', weil jetzt das Potenzial für neue Emergenzen (neue Ideen, neue, bisher unbekannte Lösungen) gegeben ist und etwas Überraschendes entstehen kann. Der Prozess der Entstehung des Neuen ist dabei ergebnisoffen. Sobald wir die neuen Lösungen gefunden haben, müssen wir sie in ‚trockene Tücher' bringen. Es beginnt die Phase des ‚New Beginnings'. Dazu ist die Bewegung aus der komplexen in die komplizierte Domäne erforderlich. Die neuen Ideen und Lösungen werden konkretisiert, beschrieben und umgesetzt. Damit werden sie stabilisiert und für das Training – die Einübung in der Organisation – freigegeben.

Wir wissen aber bereits, dass diese sequenzielle Sicht auf Veränderung heute keine besondere Relevanz mehr hat, weil sich viele und häufige Veränderungen zu einer großen Transformation verbinden. Dennoch ist es wertvoll, den Grundschritt der heute viel vernetzteren, kooperativen und offenen Wechselwirkungen von **Bewahren und Verändern** zu verstehen und zu kennen. Jeder komplexe Veränderungsprozess ist hochkommunikativ und voller kunstreich inszenierter paralleler Schritte. Der beschriebene Grundschritt ist aber immer als Muster erkennbar.

Wir alle kennen das Zitat von *Heraklith: „Alles fließt"*[32]. Damit ist aber im Kontext der Organisation keinesfalls gemeint, dass sich die Organisation in einem dauernden Veränderungsprozess befindet. Das wäre viel zu energiezehrend und zu wenig effizient, um wirtschaftlich zu sein. Wir verschieben die Balance zwischen Verändern und Bewahren nicht einfach auf ‚volle Veränderung'. Vielmehr geht es darum, die Organisation parallel für die Veränderung und gleichzeitig für das Bewahren zu trainieren. Hier kommen die *beiden Betriebssysteme* zur Anwendung, wie sie

32 „Panta rhei – Alles fließt". Dieses Zitat geht auf den griechischen Philosophen Heraklit von Ephesos zurück.

John Kotter[33] in *Accelerate!* beschreibt. Bestimmte Bereiche können sich einer Transformation unterziehen, während andere die Replikationsfähigkeit der Organisation und somit deren Fortbestand sichern. Die beiden Betriebssysteme beschreiben wir in Kürze etwas genauer. Dazu bringen wir auch den Begriff der *Ambidextrie*, die neue Beidhändigkeit der Führungskräfte, ins Spiel.

Ein möglicher Zugang zur neuen Dynamik und Lebendigkeit in Organisationen kann in Cynefin® als Muster auf Basis unseres Grundschrittes abgebildet werden. Wir müssen nur näher an den *Grenzbereich* oder den *Übergangsbereich* zwischen kompliziert und komplex heranrücken. Hier kann dann eine dynamische Bewegung entstehen, die sich immer wieder aus der Ordnung in die Komplexität und zurückbewegt und dabei kleine Veränderungen durchführt. Wir nennen die Veränderung in kleinen Schritten eine *Iteration*. Dabei wird in der Domäne der Ordnung keine große Sache gemacht, sondern eine ‚Ordnung, die für die nächste Zeit gut genug ist' geschaffen. Nach einem Review kann der nächste Schritt gesetzt und wieder eine Veränderung eingeleitet werden. Auch das geschieht ohne großen Plan, eher auf der Basis eines nächsten Versuches, eines Experimentes oder sogar mehrerer paralleler Proben. Und gleich geht es wieder in die ‚gut genug für den nächsten Test-Ordnung' zurück. Was wir hier sehr vereinfacht beschreiben, wird heute vielfach als *agile Vorgangsweise* bezeichnet[34].

Wichtig ist es dabei, mit dem System und der Dynamik (also der Domäne der Komplexität) in Kontakt zu bleiben und auf eine ständige Wechselwirkung zwischen Umwelt (Kund:innen, Märkte, Stakeholdersystem) und der Organisation zu setzen. Wir kommen auf diese Weise in eine Lernroutine, die zu einer hohen Adaptionsfähigkeit führt und die Organisation im Inneren beweglich und lebendig (agil) hält. Die Zyklen zwischen Bewahren und Verändern werden kürzer, die Taktfrequenz in der

33 John Kotter, 2015, Accelerate, Vahlen.

34 Agilität: Hierzu gehört mehr als der beschriebene Prozess; siehe dazu die Grundlagen im ‚Agilen Manifest' (https://agilemanifesto.org/).

Organisation wird höher. Große Pläne und Change-Vorhaben weichen den iterativen Wechselwirkungen zwischen Bewahren und Verändern. Aus dieser Dynamisierung der Organisation ergibt sich ein großer Vorteil: Das träge Wechselspiel zwischen Verändern und Bewahren und die hohe Replikationskompetenz der bestehenden Kultur der Verwöhnung, in der Change eine Seltenheit darstellt, weicht einer laufenden iterativen Anpassung, also einem organisationalen Lernen. Aus diesem Trainings- und Übungsprozess folgt eine viel höhere Veränderungskompetenz. Ein Zustand der Verwöhnung kann sich dabei nicht einstellen, weil Veränderungen zum Alltag gehören.

Die Eule der Minerva – zu spät für das Leben

Die *Eule der Athene*[35] ist ein antikes Symbol für Klugheit und Weisheit. Heute steht sie für Rationalität und für den Intellekt. Wir können sagen, die Eule ist eine Kopfgeburt. Ein sinnvolles Symbol ist die Eule nur in der komplizierten Domäne des Cynefin®-Frameworks. Dort, wo Denken und Rationalität zur Lösung führen, ist die Eule zu Hause. Wenn wir in die komplexe Domäne wechseln, wird die Eule zur *Eule der Minerva*[36]. Sie steht dann für einen Vogel, der tagsüber schlecht sieht und erst in der Dämmerung seinen Flug antritt. Damit kommt die Eule der Minerva aber immer zu spät. Sie liefert mit ihrer Rationalität keine Lösungen mehr, sie kann nur als eine ‚Zu-spät-für-das-Leben-Kommende' versuchen, im Nachhinein Erklärungen abzugeben, wenn die relevanten Ereignisse bereits Geschichte sind.

---

35 Athene: Göttin der griechischen Mythologie. Sie steht für Weisheit, Strategie und Kampf.

36 Minerva (auch: Menvra): eine römische Göttin, die für das Handwerk und das Gewerbe stand. Sie ist die Göttin der taktischen Kampfkunst. Oft wurde sie aber mit Athene gleichgesetzt. Später wurde die Eule der Minerva von Georg Friedrich Hegel als Symbol für die Erkenntnisschwierigkeit in der Philosophie verwendet.

Eule der Minerva	Vogelschwarm

Die *Eule der Minerva* ist somit auch ein Symbol der Erkenntnisschwierigkeiten unter hoher Komplexität. Wenn das Denken uns nicht weiterhilft, haben die Eule und ihre Klugheit ihre besten Zeiten hinter sich. Ein Phänomen, das wir in vielen Themenbereichen beobachten können. Denken Sie beispielsweise an die Expert:innen der Börsenwelt. Am Morgen wissen sie nie, was passieren wird, am Abend aber, wenn die Eule der Minerva in der Dämmerung ihren Flug antritt, erzählen uns die Expert:innen, was an diesem Tage alles passierte. Sie bieten uns auch Erklärungen und Begründungen an, die fast so klingen, als hätten sie es schon zuvor gewusst. Wie wenig hilfreich diese erfundenen Nacherzählungen sind, haben wir alle schon erfahren. Die *Klugheit des Abends* hat keine Bedeutung.

Wenn wir den Gedanken der Eule weiterspinnen, dann müssen wir für die Weisheit des Netzwerkes ein neues Symbol suchen. Vielleicht ist der *Schwarm,* der selbst nicht denkt, aber Gedanke *ist,* ein besseres Symbol. Der Schwarm funktioniert nur in Aktion. Am Baum sitzend und nachdenkend, bilden die Vögel keinen Schwarm und zeigen auch keinerlei Schwarmintelligenz. In der Luft aber, wenn sie sich zur ‚Tat enthemmen' und ins Tun gehen, bilden sie als Schwarm eine emergierende Intelligenz aus. Wir sind mit diesem Symbol in der komplexen Welt angekommen.

Wie kriege ich das mit meinem Kopf hin?
Reicht meine Rationalität nicht mehr aus?

Im Tempel der Rationalität

6 Die neurobiologische Spur

Die neurobiologische Forschung hat in den letzten Jahren Einzug in die Welt der Organisationen gefunden. In allen Bildungskatalogen finden sich Seminare, die Erkenntnisse aus der Gehirnforschung für das Lernen, für das Zusammenleben in Gemeinschaften, für die Entwicklung des Menschen allgemein einbringen wollen. Es gibt viele Gründe, diese Entwicklung mit Vorsicht zu betrachten, weil die bunt-leuchtenden Bilder der Gehirnscans zu vielen fragwürdigen, oft substanzlosen Interpretationen führen und überhaupt die Komplexität des Denkens auf organischer Ebene des Gehirns zunehmend entzaubert wird. Der Geist und das Bewusstsein aber bleiben bis heute unerklärte Phänomene. Wir wagen hier trotzdem einen kurzen Blick auf die Neurobiologie und wollen dieser Spur ein paar wenige Schritte lang folgen.

Unsere Einstiegsfrage lautet: Wie fühlen Sie sich als Führungskraft, wenn Sie an Entscheidungen denken? Sehen Sie sich auf der Kommandobrücke von Raumschiff Enterprise, als Mensch mit perfekter Entscheidungsmöglichkeit? Oder fühlen Sie sich verlassen und mit einem veralteten Steuersystem konfrontiert, das Ihnen zu wenige Daten liefert und daher keine guten Entscheidungen ermöglicht? Wie es sich aufgrund der Forschungsarbeiten in den letzten Jahrzehnten zunehmend zeigt, sind wir tatsächlich Lichtjahre von der Kommandobrücke auf der Enterprise entfernt. Unser Gehirn überhäuft uns mit Verzerrungen und Denkfehlern, die uns von objektiven Entscheidungen fernhalten. Manchmal ist das Schönreden unserer Entscheidungen vielleicht hilfreich, auf Dauer aber müssen wir uns etwas anderes überlegen. Zunächst aber erfolgt ein Blick auf wichtige Erkenntnisse über unser Entscheidungsverhalten.

Im Zusammenhang mit unserer Fokusfrage, wie wir Menschen Komplexität meistern können, spielen unser Gehirn und seine Entscheidungssysteme eine zentrale Rolle. Wir verzichten dabei auf die Benennung von Gehirnarealen mit Fachausdrücken, weil wir auf diesem Gebiet keine Kompetenz vorweisen können.

Im deutschen Sprachraum zählt *Gerhard Roth*[37] zu den einflussreichsten Gehirnforschern, die sich auch einer breiteren Öffentlichkeit gegenüber verständlich machen konnten.

Wir fanden eine zentrale Erkenntnis in seinen Schriften, die wir als Aufhebung der alten, dualistischen These verstehen, nach der Körper und Geist getrennte Systeme sind. Unser Verstand, unsere Gefühle, die Willensfreiheit und der Trieb bilden eine untrennbare Einheit. *Kognition ist ohne Emotion nicht möglich.*[38]

Wir haben auch herausgelesen, wie unser Gedächtnissystem funktioniert. Ein Erlebnis, eine Situation wird in unserem Gehirn von einer Instanz bewertet. Diese Bewertung wird dann im Gehirn gespeichert und dient uns bei späteren Erlebnissen ähnlicher Art als erlerntes Wissen. Daraus können wir schlussfolgern: Unser Gedächtnis- und unser Bewertungssystem hängen zusammen. Ohne Bewertungen hätten wir kein Gedächtnis.

Die Rolle unserer Gefühle wird ebenfalls neu definiert. Je mehr Gefühle mit einer Situation verbunden sind, umso tiefer werden diese Erinnerungen eingespeichert und umso leichter fällt die Erinnerung an sie. Gefühle sind also konzentrierte Erfahrungen, die unser Handeln bestimmen. Ohne Gefühle, also nur mit dem rationalen Denken, kommen wir nicht in ein vernünftiges Handeln. Unser Erlebnisgedächtnis konditioniert unterbewusst unser Verhalten. Somit haben wir ein innerliches Ratgebersystem, das uns mittels eines Gefühls zu einer Handlung rät oder uns davon abrät.

Die Auswirkungen auf unsere Art der Entscheidungsfindung sind beachtlich. Langes, vernünftiges Nachdenken, rationales Abwägen unserer Alternativen führt uns nicht automatisch zu einer guten Entscheidung. Der Grund dafür liegt in der Verschaltung der verschiedenen Systeme in unserem Gehirn. Der bewusste rationale Geist hat gar keinen direkten

37 Gerhard Roth, 2003, Aus der Sicht des Gehirns, Suhrkamp Taschenbuch.
38 Gerhard Roth, 1996, Das Gehirn und seine Wirklichkeit, Suhrkamp Taschenb., 5. Auflage.

Zugriff auf unser Erlebnisgedächtnis, das letztlich unser Handeln bestimmt. Somit ist jede Entscheidung immer von unseren Gefühlen beeinflusst.

Gerhard Roth[39] liefert auch noch wesentliche Einsichten in die Möglichkeiten unserer persönlichen Entwicklung. Wenn wir an uns arbeiten wollen und uns etwas vornehmen, können wir unterscheiden zwischen dem, was wir tun wollen (wenn wir uns quasi befehlen: *„Ändere dich!")* und dem, was wir aufgrund unbewusster Bedürfnisse und Motive tatsächlich tun. Wenn sich unser Veränderungswunsch auf verfestigte Verhaltensweisen fokussiert, brauchen wir eine Änderung in tiefen Hirnregionen, wo alle unsere Gewohnheiten gespeichert sind. Jede Veränderung ist somit mit einer Veränderung von Gewohnheiten verbunden. Und das Verändern von Gewohnheiten ist immer ein mühsames Trainingsprogramm. Vorhandene Gewohnheiten haben Spuren im Gehirn hinterlassen, die nicht gelöscht werden können. Uns bleibt nur der Weg des ‚Überlernens'. Die Gefahr eines Rückfalls in alte Gewohnheiten ist dabei Teil des Spiels. Veränderung braucht das Training.

Auch der Neurobiologe *Gerald Hüther*[40] hat mit seinen Thesen eine breite Öffentlichkeit erreicht. Er beschreibt eine Grundregel, die die Arbeitsweise unseres Gehirns bestimmt und die heißt: *Energie sparen*. Wie jedes lebende System, versucht auch das menschliche Gehirn, den Aufwand an Energie, der zur Aufrechterhaltung seiner inneren Ordnung erforderlich ist, so gering wie möglich zu halten. Am wenigsten Energie wird immer dann verbraucht, wenn im Gehirn alles passt. Das ist dann der Fall, wenn unser Denken, Fühlen und Handeln übereinstimmen. Wenn etwas geschieht, dass wir erwartet und woran wir gedacht haben, wenn sich unsere Gefühle mit unserer Erfahrungswelt decken und unser Handeln uns ebenso wenig überrascht, dann erleben wir *Kohärenz*, eine Form von Stimmigkeit. Ein Problem erleben wir nur, wenn es Abweichungen gibt und uns die Welt da draußen immer wieder mit Unerwartetem konfrontiert.

39 Gerhard Roth, 2015, Persönlichkeit, Entscheidung und Verhalten, Klett-Cotta , Seite 377.
40 Gerald Hüther, 2014, Die Macht der inneren Bilder, Vandenhoeck & Ruprecht, 8. Auflage.

Damit ist nun eine wichtige Konsequenz im Zusammenhang mit unserer Fokusfrage verbunden. Unter komplexen Bedingungen, beschrieben mit den vier VUKA-Herausforderungen, werden wir ständig mit unbekannten, überraschenden, unerklärbaren und widersprüchlichen Situationen belastet. Diese Situationen erzeugen in unserem Gehirn also keine *Kohärenz*, sondern *Inkohärenz*. Der naheliegende Mechanismus des Energiesparens ist nun die Verdrängung. Wenn wir das Problem ignorieren, weg- oder kleinreden, brauchen wir es nicht zu lösen. Wenn es uns dabei noch gelingt, Gleichgesinnte zu finden, die uns in unserer Ignoranz bestärken, dann fällt es uns noch leichter. Das Meistern von Komplexität braucht aber das Gegenteil. Die hervorgerufene Inkohärenz darf nicht ignoriert, sondern kann als Chance verstanden werden. Sie zeigt auf, dass wir mit einer komplexen Situation konfrontiert sind, die nun kreative Optionen anzubieten hat. Der Nachteil dabei ist die erforderliche Anstrengung, die unser Gehirn nur widerwillig annimmt.

Komplexität zu meistern meint, innere Widerstände zu überwinden. Der Psychologe und Nobelpreisträger *Daniel Kahneman*[41] hat die Diskussion über unser Entscheidungsverhalten entscheidend mitgeprägt. Er beschreibt zwei sehr unterschiedliche Entscheidungssysteme in unserem Gehirn. Dabei verzichtet er darauf, diese Systeme gewissen Hirnarealen zuzuordnen, weil sie seiner Meinung nach sehr disloziert und vernetzt sind. In der Bezeichnung der beiden Systeme war die Fantasie nicht besonders groß, er nennt sie einfach System 1 und System 2. Mit Hilfe dieser beiden Systeme kann unser Entscheidungsverhalten umfassend erklärt werden.

System 1: Das schnelle Denken
System 2: Das langsame Denken

41 Daniel Kahneman, 2016, Schnelles Denken, Langsames Denken, Penguin Verlag.

Diese beiden Systeme sind miteinander komplex verknüpft und wirken ineinander. Uns Menschen ist es aber meist gar nicht bewusst, wenn diese beiden Systeme in Kooperation aktiv sind, weil das unterbewusst geschieht.

System 1 ist also das schnelle System. Es arbeitet automatisch und verlangt keine bewusste Anstrengung. Dieses System braucht – siehe die Regel von *Gerald Hüther* – sehr wenig Energie und kann daher immer aktiv sein. System 1 ermüdet nicht, es arbeitet selbst dann, wenn wir sehr erschöpft sind und unser bewusster Geist erschlafft ist. Das System ist grundlegend emotional und intuitiv. Alle Erkenntnis aus diesem System steht uns auf direktem Wege nur emotional zur Verfügung. Indirekt bringt es Informationen in System 2 ein und sorgt dort auch für Verwirrungen und für Verzerrungen. Wir können System 1 weder abstellen noch direkt willentlich beeinflussen. Es arbeitet intuitiv und unterbewusst. Die unterbewusste Intelligenz, die hier am Werk ist, ist der bewussten Intelligenz vielfach überlegen. Das System beherrscht das Multitasking und kann komplexe Aufgaben parallel bearbeiten. Es ist unglaublich wirkmächtig und leistungsfähig. Es arbeitet assoziativ und befähigt uns zur Mustererkennung, auf die wir später noch genauer eingehen.

Mit System 1 treffen wir im Alltag die meisten Entscheidungen und das vollkommen unbewusst. Es umfasst alle Gewohnheitsentscheidungen des Alltags, die unser Leben ermöglichen. Beispielsweise können wir mit System 1 nach einigen Jahren der Übung fast wie im Modus des Autopiloten unser Fahrzeug lenken, eine Sportart ausüben, unsere Alltagsarbeiten abhandeln und einen schnellen Einkauf erledigen. Die Ausübung unserer Gewohnheiten erfolgt dank System 1 nahezu fehlerfrei und ohne Energieaufwand. Neben den Alltags- oder Gewohnheitsentscheidungen ermöglicht uns System 1 in komplexen Situationen eine gefühlsmäßige, intuitive Einschätzung einer Situation und somit eine schnelle Entscheidung. Wir wissen als erfahrene Person im Medizinbereich, ob bei einem Menschen Lebensgefahr besteht oder nicht, wir erkennen als erfahrene:r Mitarbeiter:in im Drogendezernat, ob ein Mensch, den wir beobachten ein:e Dealer:in ist oder nicht, wir wissen als erfahrene Person im Feuerwehreinsatz, ob wir ein brennendes Gebäude schnell verlassen müssen und wir spüren als erfahrene:r Finanzprüfer:in, ob es sich bei diesem Unternehmen auszahlt, tiefer zu bohren oder nicht. Diese Informationen kommen aus System 1 und stehen uns als emotionale Information, als Intuition, als Bauchgefühl zur Verfügung.

Den Besonderheiten des Systems und seiner unglaublichen Leistungsfähigkeit stehen auch ein paar Schattenseiten gegenüber. System 1 ist sehr kontextbezogen. Immer wenn es um Gewohnheiten geht, darf sich der Kontext nicht verändern, sonst erhalten wir falsche Informationen und treffen falsche Entscheidungen. Wenn Sie sehr erfahren mit klassischen Finanzgeschäften sind, dürfen Sie Ihrer Intuition nicht trauen, wenn es um Kryptowährungen geht, weil das ein ganz anderer Bereich ist. System 1 kann Sie auch sehr in Gefahr bringen, wenn Sie den Autopiloten nutzen und plötzlich in eine vollkommen neue Situation kommen, die Sie noch nicht erlebt haben. In diesem Fall versagt System 1 und Sie müssen blitzschnell auf System 2 umschalten.

System 2 ist das langsame System, dessen Betrieb uns sehr anstrengt und viel Energie kostet. Und nach der Energiesparregel unseres Gehirns versuchen wir unbewusst, dieses System so wenig wie möglich zu nutzen. Tatsächlich ist unser bewusstes Denken sehr selten wirklich aktiv, auch wenn es uns ganz anders erscheint. System 2 arbeitet logisch, es kann Berechnungen anstellen, es kann Argumente abwägen, und es kann reflektieren. Und weil es von uns bewusst gesteuert werden kann, unterliegt es unserer Kontrolle. Der große Nachteil neben dem hohen Energieverbrauch, der sich in Sauerstoffbedarf und Glukoseverbrauch äußert, liegt in der sequenziellen Arbeitsweise. Somit sind der Verarbeitung von Informationen sehr schnell Grenzen gesetzt, was auch seine Langsamkeit erklärt.

Mit System 2 treffen wir die komplizierten Entscheidungen in unserem Leben. Solche, die viele Argumente brauchen und die unbedingt abgewogen werden müssen. Beispiele sind Investitions- oder Kaufentscheidungen. Wir müssen immer dann auf System 2 zugreifen, wenn wir in einem uns unbekannten Bereich eine Entscheidung treffen müssen und in System 1 keine Informationen vorhanden sind. Darin liegt die große Stärke des Systems, da es mit neuen Situationen umgehen kann. System 2 ermöglicht es uns, neue Dinge zu erlernen und in Situationen zu bestehen, die für uns Neuland sind.

Ein Nachteil von System 2 ist seine leichte Beeinflussbarkeit durch System 1. System 1 kann quasi unbemerkt seine Werke tun und Informationen in System 2 einspeisen, die dort dem bewussten Denken zunächst nicht auffallen und unter dem Radar durchschlüpfen. Daher unterliegt unser System 2 einer ganzen Reihe von Verzerrungen, auch Denkfehler (Biases[42]) genannt. Über die wollen wir besser Bescheid wissen, um uns nicht unnötig täuschen zu lassen.

Die schönste Metapher für das Zusammenspiel von System 1 und System 2 bietet uns das *Bild des Elefanten und des Reiters*[43]. Der Elefant steht

42 Rolf Dobelli, Birgit Lang, 2011, Die Kunst des klaren Denkens: 52 Denkfehler, die Sie besser anderen überlassen, Hanser; die Denkfehler sind auch bei Daniel Kahneman beschrieben; bei Dobelli/Lang aber sind sie zusammengefasst und einfacher erklärt.

43 Video-Link:: Elefant und Reiter (Idee von Chip und Dan Heath) https://hpwallner.com/train-the-eight-leadership-die-videos/

dabei für System 1, das emotionale System, das uns durch das Leben trägt. Der Reiter steht für System 2, das rationale System, das zwar kurzfristig Einfluss auf System 1 nehmen kann, aber nur sehr indirekt und je nach Erfahrung in sehr geringem Ausmaß. Aber der Reiter hat mit dem bewussten Geist und Willen die Möglichkeit, auf System 1 langfristig einzuwirken. Er kann den Elefanten trainieren, mehr von den Signalen des Reiters anzunehmen und damit die Wege mehr dem Willen des Reiters anzupassen.

Auch wir können unser System 1 trainieren. Jede neue Gewohnheit, jede neue Erfahrung wird dort abgespeichert und zieht ihre Spuren. Langfristig kann System 2 sogar großen Einfluss auf System 1 nehmen und das unbewusste Entscheidungsverhalten in ein Zusammenspiel bringen. Wenn wir beispielsweise über die Denkfehler und Verzerrungen Bescheid wissen und uns im Umgang mit ihnen trainieren, kann sich unser Entscheidungsverhalten extrem verbessern. Dazu ist vor allem eine bewusste und konsequente Selbstführung (Self-Leadership) sehr hilfreich.

Was kann helfen, mit Komplexität einen guten Umgang zu finden? Gibt es wirklich hilfreiche Strategien?

In den Korridoren der Bürokratie

7 Wirkungsvolle Bewältigungsstrategien

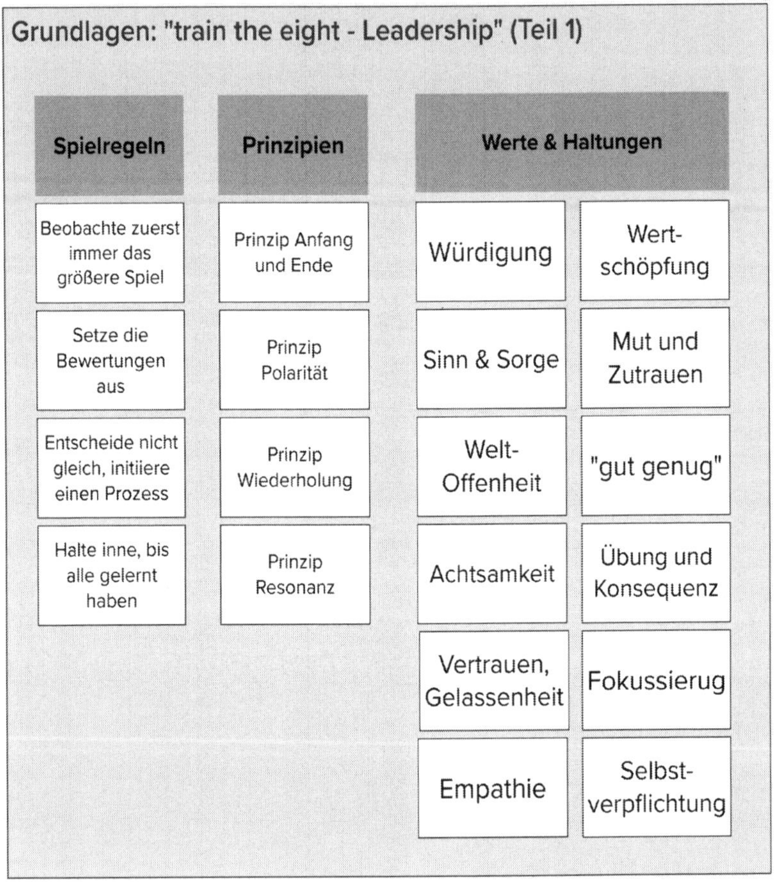

Abb. 14: Wichtige Strategien zur Bewältigung komplexer Situationen in der Führungsarbeit

Grundlagen: "train the eight - Leadership" (Teil 2)

Mechanismen		Kommunikations-Strategien	Systemische Strategien
Co-Kreativität, Partizipation	Segeln auf Sicht - die Iteration	DIALOG	Vielfalt und Vernetzung
Vernetzung von Intelligenz	Scaffolding	Freischwebende Aufmerksamkeit"	Organisationale Ambidextrie
Entfaltung von Paradoxien	Heuristiken	Dissens & Widerspruchs-Arbeit	3 Pillar Model
Experimentieren "probe"	Visionen und Szenarien	Synthese-prozess	
		Reflexion & Feedback	

Die Fliege im Glas

Angelockt vom Duft des Zuckerwassers findet die Fliege leicht den Eingang in das Fliegenglas. Vom süßen Duft betört, gerät sie unwissend in eine Falle. Im hellen Glas bleibt sie eine Gefangene des eigenen Denkens. Das Problem der Fliege ist die Art und Weise, wie sie nach einem Ausweg sucht. Sie lässt sich von der Faszination des hellen Lichtes, das von oben durch das Glas einfällt, in die Irre führen. Nur dort, wo es hell ist, vermutet sie den Ausgang. Die Option mit der besten Erfolgschance aber blendet sie aus. Der Weg, den sie als Eingang benutzt hat, der stünde ihr auch als Ausgang zur Verfügung. Aber je klarer die Scheibe ist, desto heller wird das Irrlicht und desto geringer die Chance, einen Ausweg zu finden.

Abbildung 15: Das Fliegenglas nach Ludwig Wittgenstein.

Die Metapher des Fliegenglases stammt, wie Sie vielleicht wissen, von *Ludwig Wittgenstein*[44]. Mit ihr will er das Ziel der Philosophie erklären. Das wäre nämlich, der Fliege den Ausweg aus dem Glas zu zeigen, also auf

44 Ludwig Wittgenstein und Joachim Schulte, 1963, Tractatus logico-philosophicus: Logisch-philosophische Abhandlung, Suhrkamp.

uns Menschen bezogen, den Ausweg aus den Verwirrungen der Sprache zu finden. Wir lassen uns von Begriffen magisch anziehen, ebenso wie die Fliegen vom Duft. Oft folgen wir einer Idee, die sich in unserem Kopf festsetzt und finden sie attraktiv. Dann beginnen wir die Idee zu feiern und lassen uns vom hellen Licht weiter blenden und rennen dabei gegen das Glas. Das Glas ist nach Wittgenstein unsere Sprache, die uns wie ein Medium umgibt, wie das Wasser einen Fisch. In diesem Gefängnis können wir uns nur weitere Beulen holen, wie das *Gert Scobel*[45] in seinem Video über das Fliegenglas so schön erklärt.

Ausweg aus dem Fliegenglas	**Interpretationsraum**
Auf den Perspektivenwechsel einlassen	Es kann etwas auch ganz anders sein. Was ich logisch und attraktiv finde, kann ein Irrglaube sein. Andere können auch interessante Gedanken haben.
Widersprüche annehmen	Von meiner Wahrheit kann auch das Gegenteil wahr sein. Widersprüchliche Aussagen können beide berechtigt sein und zur Lösung beitragen.
In Frage stellen, was wir für gegeben erachten	Lösungen, die sonst immer funktioniert haben, können heute nicht mehr adäquat sein. Erfolg ist wie das helle Licht. Er ist oft ein schlechter Ratgeber.
Übersicht gewinnen und auf eine Metaebene gehen	Eine erfolgreiche Praxis kann verdecken, dass sie in der Gesamtsituation zum Problem wird.
Orientierung gewinnen, wo ich mich wirklich befinde	Auf welcher Landschaft befinde ich mich? Welche Domäne im Cynefin®-Framework besiedeln wir gerade?
Das Licht der rationalen Erkenntnis führt nicht immer zur Lösung	Intuition zur Mustererkennung in der komplexen Welt kann eine Alternative sein.

Tabelle 3: Ausweg aus dem Fliegenglas

Wir möchten die Metapher des Fliegenglases hier auf die Verwirrungen zwischen kompliziert und komplex anwenden. Wenn wir mit unseren

45 Gert Scobel, Denken im Fliegenglas? Wittgenstein einfach erklärt, Link zum Video: https://youtu.be/l0u485H6UJs.

fixen Annahmen und den Erfolgen und Erfahrungen aus der Welt der Ordnung und Stabilität nun in einer VUKA-Welt in einem Fliegenglas gefangen sind, dann müssen wir unsere Begriffe, unsere Sichtweisen, unsere Licht- und Orientierungspunkte in Frage stellen, wenn wir das Gefängnis verlassen möchten.

Doch auch im Wechsel unserer Sichtweisen liegt eine Gefahr, die wieder mit der Sprachphilosophie *Wittgensteins* erklärbar ist. Folgen wir nämlich den ‚gut duftenden', neuen Begriffen, die unsere Sprachwelt erobern, können wir uns erneut im Fliegenglas verfangen. Der attraktivste und strahlendste Begriff ist in diesem Zusammenhang derzeit die *Agilität*. Schnell bilden sich um den Begriff unterschiedliche Communities und Fangemeinschaften. Sie erhellen den Begriff immer mehr und weisen ihm alle Lösungskompetenz zu. Enthusiasmiert werden Zertifikate und Meistergrade vergeben, die zu vielen Beulen, aber zu keinen Lösungen führen. Der Ausweg liegt im Dunkeln und bleibt vorerst verborgen. Das Kaninchen muss für uns zuvor neue Wurmlöcher eröffnen.

Die ‚train the eight'-Spielregeln

Abbildung 16: ‚train the eight'-Spielregeln– 4 Regeln, die in komplexen Situationen hilfreich sind.

Regel 1: Neues Denken – Beobachte zuerst immer das größere Spiel
Als Führungskraft in einer Organisation haben Sie sich zu einem größeren Spiel verpflichtet. Es gibt in jeder Organisation eine Kultur, ein Set an Regeln – einige davon ausgesprochen und bekannt, andere versteckt, fast geheim, aber in ihrer Wirkung sehr bald spürbar. Sie beziehen als Führungskraft ein Spielfeld, und Sie verantworten das Spiel. Die Regeln aber schreiben Sie nicht selbst. Es gibt ein größeres Spiel, und das sollten Sie durchschauen. Das größere Spiel schafft Möglichkeiten und Freiheiten, aber es setzt auch Grenzen, um das Spiel zu unterstützen und im Rahmen zu halten. Machen Sie sich klar, ob das größere Spiel auch Ihr Spiel mit voller Leidenschaft werden kann.

Regel 2: Neue Haltung – Setze vorschnelle Bewertungen aus
Sie werden als Führungskraft immer mit herausfordernden und schwierigen Situationen konfrontiert. Oft zeigt sich eine Situation als befremdend, und wir neigen zu einer vorschnellen negativen Bewertung. Ebenso oft erleben wir Situationen, die im ersten Augenblick sehr günstig und unterstützend erscheinen. All das mag sein. Die Welt ist heute aber zu dynamisch, sodass sich Situationen sehr schnell drehen und verändern können. Eine vorschnelle Bewertung kann Ihnen nur schaden. Verzichten Sie daher auf Bewertungen im alten Richtig-Falsch- oder Gut-Schlecht-Modus. Die komplexe Welt will in ihrer Offenheit angenommen und bearbeitet werden. Was heute negativ wirkt, kann schon morgen eine große Chance mit sich bringen. Haften Sie nicht an, bleiben Sie flexibel und offen für jede mögliche Entwicklungsrichtung.

Regel 3: Neues Tun – Entscheide nicht gleich, initiiere einen Prozess und kommuniziere
In einer zunehmend komplexen Welt sind ständig *strategische Entscheidungen* zu treffen. Dafür gibt es im Vorfeld keine Möglichkeit, die Grundlagen für eine richtige Entscheidung zu schaffen. Günstige Entscheidungen können nur aus einem Wechselspiel der unterschiedlichen Sichtweisen heraus erwachsen. Dazu sind Dialogprozesse erforderlich. Als Führungskraft ist es also klug, komplexe Fragen nicht zu schnell zu entscheiden, sondern einen Entscheidungsprozess mit dem Team und mit Betroffenen zu initiieren. Jede Stimme, auch die leisen und besonders die selten gehörten, können die Entscheidung in eine günstige Richtung triggern. Um die Transparenz zu sichern, muss jeder Entscheidung eine gute Kommunikation folgen.

Regel 4: Neue Erkenntnis – Halte inne, bis alle gelernt haben
Im neuen, dynamischen Lernprozess, der durch Iteration und ständige Adaption gekennzeichnet ist, ist es wichtig, den Menschen im Team immer wieder Zeit für Reflexion zu schenken. Geben Sie als Führungskraft dem Team Zeit, eine bestandene Aktion zu reflektieren. Was haben wir gelernt? Was ist uns gelungen, und was ginge noch besser? Was hat sich

für uns verändert, und wie wird sich das Neue für uns auswirken? Erst wenn alle im Team gelernt haben, macht der nächste Spielzug wirklich Sinn.

Diese Spielregeln klingen zunächst recht kompliziert. Sie sind aber in Wirklichkeit eher einfach, weil sie Komplexität reduzieren und wie Prinzipien für sinnvolles Handeln in eine Richtung weisen. *„Sie bilden die Basis eines Spiels, das die Komplexität des Lebens in sich aufnehmen kann."*[46]

Die ‚train the eight'-Prinzipien

Wir haben in den Büchern *Das innere Spiel*[47] und in *Colours of Happiness*[48] bereits ausführliche Darstellungen wichtiger Prinzipien für den Umgang mit Wandel und Komplexität gegeben.

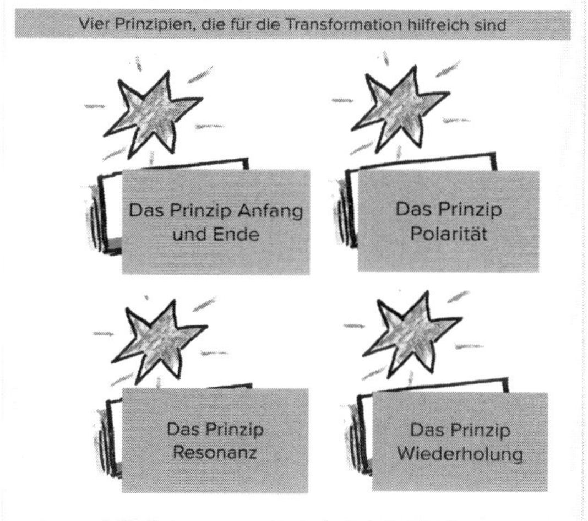

Abb.17: Die vier ‚train-the-eight'-Prinzipien

46 Kurt Völkl, Heinz Peter Wallner 2018, Das innere Spiel: Wie Entscheidung und Veränderung spielerisch gelingen, BusinessVillage, 2. Auflage, Seite 20.

47 Kurt Völkl, Heinz Peter Wallner, 2018, Das innere Spiel: Wie Entscheidung und Veränderung spielerisch gelingen, BusinessVillage, 2. Auflage.

48 Dodo Kresse, 2015, Colours of Happiness: Die 5 Prinzipien erfolgreicher Veränderung, Edition Summerhill.

Hier folgt eine kurze Zusammenfassung vier ausgewählter Prinzipien, die Sie als richtungsweisende Hilfestellungen in der Transformation anwenden können.

Das Prinzip Anfang und Ende

In der hohen Dynamik an Veränderungen fällt es uns schwer, für einen Prozess einen Anfang zu definieren. Oft ist es auch wirklich gar nicht möglich, weil wir immer in einen ‚vorhandenen Fluss' eintauchen und in Traditionen treiben, die andere bereits für uns angefangen haben. Für die Veränderung ist der Anfang aber bedeutsam. Besonders für die betroffenen Menschen ist es enorm wichtig, für die Veränderung einen klaren Anfang und ebenso ein klares Ende zu erkennen. Als Führungskraft müssen Sie dem Anfang Bedeutung geben und ihn inszenieren. Das Ende ist auch meist nicht vorhersehbar und kaum genau festzumachen. Das Prinzip Ende meint einfach, dass Sie trotzdem das Ende gleich zu Beginn mitdenken müssen. Es ist vergleichbar mit der Fertigung eines Tisches. Beginnen Sie die Arbeit erst, wenn Sie wissen, wie der Tisch am Ende aussehen wird. Das hilft, auch wenn sich das Bild im Prozess der Fertigung noch verändern kann.

Das Prinzip Polarität

Wir haben Veränderung als Wechselspiel zwischen Bewahren und Verändern beschrieben. Sie können sich beide Aspekte als Extreme vorstellen, oder als einander widersprechende Pole, ähnlich den beiden Polen (±) einer Batterie oder eines Magneten. Mit dem Beginn einer Veränderung geraten Sie als Führungskraft ‚zwischen die Pole' in eine Art Spannungsfeld. Diese Spannung fühlt sich nicht immer angenehm an, aber Sie können sich die Spannung als treibende Kraft der Veränderung vorstellen. Ohne Spannung zwischen den Polen fließt kein Strom und es gibt auch keine Veränderungen. Für die Arbeit im Spannungsfeld müssen Sie wissen, dass jede Verstärkung in eine Richtung die Spannung erhöht. *Actio ist gleich Reactio.* Je stärker Sie auf Veränderung pochen, desto stärker wird sich das bewahrende Element in Form von Widerstand zu erkennen geben. Nehmen Sie den Gedanken mit in jede Transformation:

„Es gibt keine erfolgreiche Veränderung, ohne die Gegenseite zum Teil der Lösung zu machen.“[49]

Das Prinzip Resonanz

Geistvolle, weltoffene Menschen können gemeinsam *ein Konzert geben*, in dem sie in Wechselwirkung treten, sich füreinander interessieren und öffnen, sich auf ein Geben und Nehmen einlassen, ein Naheverhältnis entwickeln, das Vertrauen schafft und im Zusammenspiel in einen kreativ-schöpferischen Prozess eintauchen. Dieses energetische Miteinander können wir uns als Resonanzphänomen vorstellen. Menschen sind Nähe- und Schwebewesen, *„wenn Schweben bedeutet: von geteilten Stimmungen und von gemeinsamen Annahmen abhängen“*[50]. Als Führungskraft steht das Gelingen der Veränderung auf Ihrer Agenda. Ohne die Menschen in Resonanz zu bringen und ihre Energien zu bündeln sowie auf ein gemeinsames Ziel hin zu lenken, wird das Change-Vorhaben verpuffen. Ohne Resonanz, ohne energiereiche Atmosphäre, ist Veränderung zu mühsam.

Das Prinzip Wiederholung

Verändern meint immer, sich von alten Gewohnheiten zu trennen und neue einzustudieren. Veränderungen sind demnach immer ein Trainings- und Übungsprozess. Wir Menschen wissen aus unserer eigenen Lebenserfahrung, dass alle relevanten Kompetenzen, die unser Leben entscheidend geprägt und beeinflusst haben, aus einem Lernprozess heraus entstanden sind. Selbst geniale Begabungen können sich ohne konsequentes Training nicht ausreichend entfalten. Oftmals verweisen mittelmäßig begabte Menschen, die zur konsequenten Übung bereit sind, die Genies ohne Hang zum Training, auf die hinteren Plätze. Der zentrale Erfolgsfaktor jedes gelingenden Veränderungsprozesses ist daher immer die Bereitschaft und die konsequente Entscheidung zur Wiederholung! Wiederholung können wir auch zum Gelingensprinzip im Umgang mit hoher Komplexität ernennen. Warum das so ist? Komplexität zu meis-

49 Kurt Völkl, Heinz Peter Wallner, 2018, Das innere Spiel: Wie Entscheidung und Veränderung spielerisch gelingen, BusinessVillage, 2. Auflage, Seite 129.

50 Peter Sloterdijk, 2016, Sphären I, Blasen, Suhrkamp, 13. Auflage, Seite 46.

tern, braucht Mut zum Handeln und Erfahrung. Sich wiederholt auf komplexe Probleme einzulassen und die dafür notwendigen Kompetenzen zu entwickeln, ist ebenso ein Übungsprozess. Komplexitätskompetenz ist eine Übungskompetenz!

Werte unter hoher Komplexität

Wir können unsere Kultur nicht bestimmen. Sie ist immer etwas, das in einer Gemeinschaft aus der Interaktion der Menschen über einen längeren Zeitraum entsteht. Sie ist das, was eine Gemeinschaft verbindet und zusammenhält. Sie hilft dabei, sich nach außen abzugrenzen und im Innenverhältnis zu vereinen, eine Art gemeinsame Identität, ein Selbstverständnis zu finden.

Ein Blick auf die Unternehmenskultur

Eine Kultur hat nur dann Bestand, wenn es ihr gelingt, sich ausreichend zu replizieren. Sie muss also gefährliche Invasionen abwenden, die sich in Form von Innovationen zeigen und meist ungefiltert eingelassen werden. Sie muss gewisse, für das Überleben der Kultur und der Organisation wichtige Traditionen bewahren und dennoch ständig Anpassungen im Sinne eines Lernprozesses zulassen. Dazu ist es wichtig, jene Innovationen, die integrierbar sind, aufzunehmen und zum Kulturbestandteil zu machen. Die Kultur besteht aus Ritualen und Gewohnheiten, aus gemeinsamen Grundannahmen, aus Regeln und Prinzipien, aus einem eingelernten Zusammenspiel. Sie ist das Gedächtnis der Organisation. Das Zusammenspiel und seine Formen und Regeln werden durch Wiederholung gespeichert. *Gerhard Wohland*[51] kreierte das Bild, dass Werte die Speicherplätze der Kultur sind. Werte sind Erfahrungen, die wiederholt gemacht werden.

---

51 Gerhard Wohland, Matthias Wiemeyer, 2007, Denkwerkzeuge der Höchstleister, Murmann Verlag, Seite 48.

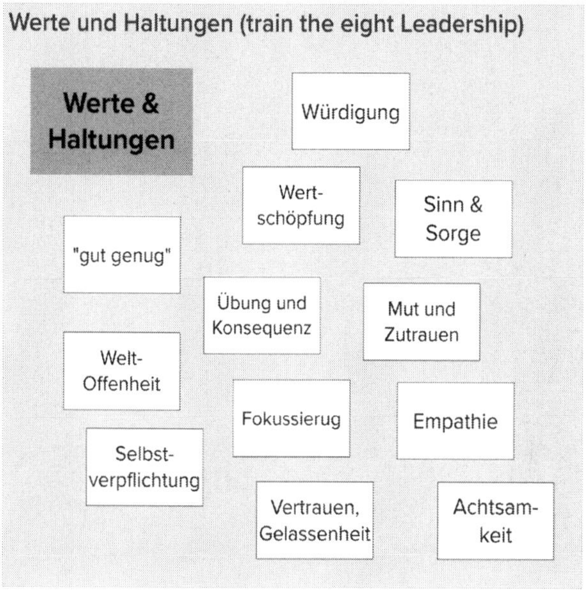

Abbildung 18: Einige hilfreiche Werte und Haltungen für die neue Führungswelt. Ein großer Anteil dieser Werte sind der agilen Welt entnommen. Beispielsweise nennt die agile Methode SCRUM[52] fünf Werte für die Grundausrichtung: Mut, Respekt, Verpflichtung (Commitment), Fokus und Offenheit.

Kultur ist also kein Ding an sich, das wir beliebig verändern und managen können. Sie entsteht und ist somit ein Emergenz-Phänomen der Organisation. Daher gilt die Aussage: Jede Organisation hat die Kultur, die sie verdient. Die Werte im Leitbild, die Bilder einer gewünschten Kultur wiedergeben, haben deshalb oft nur wenig mit der Wertekultur zu tun. Die Verhältnisse in der Organisation bestimmen somit, was wir als Kultur wahrnehmen.

52 The Home of SCRUM, Ken Schwaber, Werte: https://www.scrum.org/resources/what-is-scrum (am 19.2.2022).

Kultur ist für jede Organisation so wichtig, weil sie Kommunikation und Verstehen ermöglicht. Die Kultur bildet einen Raum der Selbstverständlichkeiten, in dem keine Diskussionen notwendig sind. Wir spüren die Kultur als Menschen intuitiv. Nach einer gewissen Zeit, in der wir in eine Kultur eingetaucht sind, nehmen wir sie nicht mehr wahr (vgl. Fische im Wasser, Seite 205). Die Menschen wissen dann genau, welches Verhalten gewünscht ist und was Anerkennung bringt.

Der amerikanische Forscher und Berater *Ed Schein*[53] gilt als Großmeister der Unternehmenskultur. Er definiert Kultur auf drei Ebenen: Ein Teil der Kultur ist sichtbar, daher interpretierbar und kritikwürdig. Sichtbar sind Verhaltensweisen, Artefakte oder Rituale. Auf einer zweiten Ebene finden wir die meist unbewussten Werte und Normen. Wir können die Werte aber artikulieren und explizit machen, was in Leitbildprozessen versucht wird. Auf der dritten Ebene finden wir fundamentale Grundannahmen. Sie sind unbewusst und werden wie selbstverständlich gelebt.

Einige Werte und Grundhaltungen für die neue Führungswelt

Wenn wir hier also über Werte und Haltungen sprechen, müssen wir klarstellen, dass diese Werte nicht einfach per Entscheidung eingeführt werden können. Diese Werte brauchen einen transformativen Prozess, der das Zusammenspiel neu regelt und neue Verhaltensweisen trainiert. Ein Kulturwandel ist immer eine komplexe Entwicklung. Am besten arbeiten Sie an den Werten in einem iterativen Prozess.

Wir beschreiben die neue Wertewelt etwas später sehr ausführlich (ab Seite 178). Wir empfehlen Ihnen, sich jene Werte vorzunehmen, mit denen Sie in Resonanz (Prinzip) kommen, die in Ihnen ein gutes Gefühl auslösen und zu Ihrer neuen Führungswelt unbedingt dazugehören. Sie können sich dann für diese Werte überlegen, an welchen Verhaltensweisen im Zusammenspiel Sie diese Werte erkennen würden. Es sind diese Verhaltensweisen, die dann trainiert werden wollen.

---

53 Edgar Schein, 1995, Unternehmenskultur. Ein Handbuch für Führungskräfte. Frankfurt/Main, New York: Campus.

**Das Kaninchen als Immanuel Kant: Was kann ich wissen?
Was soll ich tun? Was darf ich hoffen?
Lauert jetzt die Beute auf den Jäger?**

Am Spielfeld des Complexity-Games

8 Mechanismen

Wir verwenden den Begriff der *Mechanismen,* um grundlegende Funktionsweisen zu beschreiben, die im Wechselspiel mit komplexen Systemen wirksam sind. Zu diesem Begriff hat uns *John Holland*[54] inspiriert, der für komplexe Systeme Mechanismen und Eigenschaften beschreibt, die im System wirksam sind. Wir meinen mit Mechanismen Strategien für den Umgang mit komplexen Systemen.

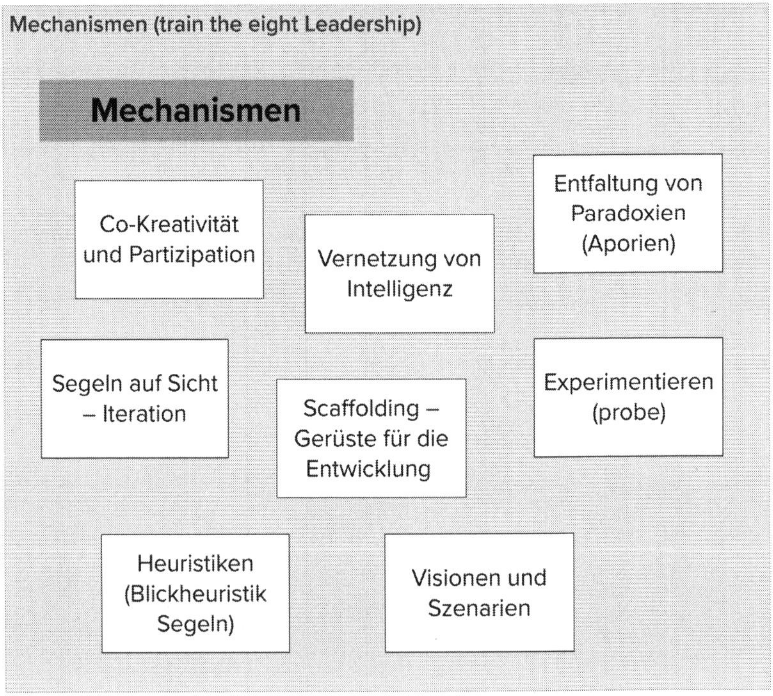

Abbildung 19: Mechanismen für Führungskräfte im Umgang mit komplexen ‚Problemen'.

54 John H. Holland, 1995, Hidden Order – How Adaptation Buildes Complexity, Helix Books, Addison-Wesley.

Als zweiten Begriff nutzen wir dann *Kommunikationsstrategien*. Kommunikation ist ebenso ein Mechanismus, der aber in der Führungsarbeit so breit gefächert ist, dass wir diesen Strategien ein eigenes Kapitel widmen. Sie könnten sagen, dass Sie hier eine gewisse Beliebigkeit erkennen. Das mag sein, es ist wahrscheinlich wirklich mehr eine Geschmackssache als eine logisch stringente Struktur. Uns erscheint diese Unterscheidung aber sehr hilfreich. Hoffentlich ist auch für Sie ein Erkenntnisgewinn damit verbunden. Nun aber zu den Mechanismen, die Sie als Führungskraft im Umgang mit komplexen Problemen immer einsetzen können.

Ko-Kreativität und Partizipation

Mit der *Ko-Kreativität* betreten wir Neuland in mehrfacher Hinsicht. Selbstverständlich sind die Ansätze nicht ganz frisch, sondern schon länger bekannt und auch in vielfältigem Einsatz. Fast alle Führungsansätze legen es den Führungskräften nahe, die Intelligenz der Menschen im Team zu nutzen und entsprechend zu moderieren. *Peter Kruse*[55] hat die Moderation von Intelligenz als eine zentrale Führungsaufgabe der Zukunft gesehen. Ein rein hierarchisches, anweisungsorientiertes Führen wird als gestrig abgewertet. Führungskräfte, die alle Fragen allein entscheiden, gelten als autoritär und werden in modernen Führungswelten belächelt.

Dennoch haben viele Führungskräfte nicht sehr ausschweifend auf die Option der partizipativen Führung zurückgegriffen. Oft erzählen sie von ihren Bemühungen, Menschen einzubeziehen, wie sie damit scheiterten oder zumindest nicht ausreichend gute Erfahrungen gemacht haben. Aus ko-kreativen, partizipativen Ansätzen werden dann in der Reflexion bald ineffiziente Diskutierclubs, die sich nicht bewähren.

In der Organisationsentwicklung waren ko-kreative Prozesse weit erfolgreicher. Getriggert von Beratungsgruppen, wurde besonders in den 1980-90er Jahren die Idee der Großgruppenkonferenzen zum Erfolgs-

55 Prof. Dr. Peter Kruse in einem Link zum Video auf YouTube: https://youtu.be/YTY8JKHjufY (am 19.2.2022).

modell. Hier galt die Devise, wir müssen die Betroffenen in den Veränderungsprozessen zu Beteiligten machen. *Open Space* Konferenzen, *Zukunftskonferenzen* und viele andere Konferenzformate wurden entwickelt und umgesetzt.[56]

Im Bereich der *nachhaltigen Entwicklung*, besonders auf der kommunalen Ebene, wurden partizipative Projekte zum Standard erklärt. Die ‚*Lokale Agenda 21*[57] hat Gemeinden vor die Herausforderung gestellt, möglichst alle Stakeholdergruppen in die Projektarbeit zur Gemeindeentwicklung einzubeziehen und immer gemeinsam getragene Lösungen zu finden. Auf kommunaler Ebene wurden *Zukunftskonferenzen* und besonders die Methode der *World Cafés*[58] eingesetzt. Auch hier gab es zwar viele große Erfolge, in nicht wenigen Gemeinden aber haben sich die ersten guten Ideen in zerflusten Diskussionen aufgelöst und verflüchtigt.

Erst mit der *agilen Initiative*, die in der Softwareentwicklung ihren Anfang[59] nahm, kam in die Idee der Ko-Kreativität wieder mehr Dynamik. Die Gründe, warum heute in Organisationen mehr denn je auf kooperative Interaktion Wert gelegt wird und warum großteils gute Erfahrungen gemacht werden, sind vielfältig. Einen der Hauptgründe sehen wir im *Mechanismus des Scaffoldings* durch weit entwickelte und strukturell ausgereifte Methoden. Brauchte man für Großgruppenkonferenzen immer externe Beratungsgruppen, so können viele der heute erfolgreichen agilen Methoden mit internen Ressourcen umgesetzt werden. Die Trainingsindustrie hat die Ausbildungen perfektioniert, sodass wie am Fließband ‚agile Coaches und Berater:innen' produziert werden. Viele Führungskräfte haben sich die dafür notwendigen Methodenkompetenzen angeeignet und können daher Ko-Kreativität im Führungsalltag professio-

---

56 Im deutschen Sprachraum gilt Matthias zur Bonsen als Pionier der Großgruppenarbeit: Seine Website: https://www.all-in-one-spirit.de/ .

57 Erstinformation über die Lokale Agenda 21 auf Wikipedia: https://de.wikipedia.org/wiki/Lokale_Agenda_21 (am 19.2.2022).

58 Roswita Königswieser, Marion Keil (Hrsg.), 2008, Das Feuer großer Gruppen: Konzepte, Designs, Praxisbeispiele für Großveranstaltungen, Schäffer-Poeschel, 2. Auflage.

59 Manifest für Agile Softwareentwicklung: https://agilemanifesto.org/iso/de/manifesto.html (am 19.2.2022).

nell umsetzen. Ein Beispiel hierfür sind Methoden, die Entscheidungen in Teams ermöglichen, beispielsweise das *systemische Konsensieren* oder die *integrative Entscheidung (Konsent)* aus der Welt der agilen Organisation[60]. Wir können also festhalten: Heute werden Menschen nicht nur zur Partizipation eingeladen, sondern sie werden mit besten Rahmenbedingungen und strukturellen Hilfsmitteln ausgestattet und begleitet. Damit ist es auch den Führungskräften möglich, mit ko-kreativen Ansätzen erfolgreich zu sein.

Je mehr Ko-Kreativität in Unternehmen ermöglicht wird, desto weniger Top-down-Prozesse wird es geben und das ist gut so. Top-down-Vorgänge sind immer Einbahnstraßen und daher sehr fragil. Wenn in einem Top-down-Prozess ein Fehler steckt, kann dieser sehr großen Schaden anrichten. Jeder Top-down-Prozess birgt ein großes Risiko, das die Organisation in der VUKA-Welt fragil macht. Die dabei begangenen Fehler sind nicht nur oft sehr groß, sie lassen sich auch nicht mehr umkehren. Bottom-up-Prozesse hingegen arbeiten immer nur schrittweise, iterativ und nutzen die intuitive Intelligenz vieler Menschen. Ihre Wirkung ist zunächst immer lokal, was zu kleinen Fehlern führt, die aber im Prozess sofort korrigiert werden. Kreativität und konstruktive Kritik spielen ineinander. Es entsteht durch diese Iteration ganz von selbst eine Kraft, die Gutes entstehen lässt. *Bottom-up-Prozesse haben eine ganz natürliche Tendenz zum Positiven.* Es wird dabei nicht der perfekte Plan verfolgt, den es gar nicht geben kann, sondern durch viele Feedbackschleifen das Schädliche zunehmend weggelassen. Es macht nach *Nassim Nicholas Taleb*[61] immer mehr Sinn, gemeinsam nachzudenken, was uns schwächt und was daher weggelassen werden kann, als zu versuchen, durch eine große Intervention das Beste herauszuholen.

Es sind aber nicht nur die Methoden, die Unterstützung in der partizi-

60 Svenja Hofert, 2016, Agiler Führen, Springer Verlag; oder: Georg Paulus, Siegfried Schrotta, 2020, Systemisches Konsensieren: Der Schlüssel zum gemeinsamen Erfolg, Danke-Verlag, 5. Auflage.

61 Nassim Nicholas Taleb, 2018, Antifragilität: Anleitung für eine Welt, die wir nicht verstehen, Pantheon Verlag; 3. Auflage.

pativen Arbeit leisten. Einen wesentlichen Beitrag hat auch die Diskussion der *agilen Ansätze*[62] mit sich gebracht. Es wurde immer stärker auf *Haltungen* Bezug genommen. Erst mit den richtigen Haltungen kann ko-kreatives Arbeiten erfolgreich funktionieren. Diese Botschaft wird gebetsmühlenartig gesendet und in den agilen Welten verbreitet. Im Mittelpunkt steht dabei die *Mindset*-Diskussion. Besonders bekannt wurde die Unterscheidung von ‚*Growth- und Fixed Mindsets*' von *Carol Dweck*[63]. Im Kapitel über Werte und Haltungen (Seite 178) stellen wir auch die relevantesten Haltungen, die von Wertausrichtungen schwer unterscheidbar sind, vor.

Der wichtigste Grund für die zunehmende Verbreitung der Ko-Kreativität liegt in deren Notwendigkeit. In der komplexen Domäne ist die *Moderation von Intelligenz* eine Voraussetzung für sinnvolle Lösungen. Was ist dabei wichtig?

1. Bringen Sie Menschen mit unterschiedlichen Sichtweisen zusammen. Eine hohe Vielfalt im Denken ist eine Grundbedingung.
2. Geben Sie den unterschiedlichen Meinungen Zeit und Raum. Besonders die randständigen Sichtweisen müssen eine Stimme bekommen.
3. Bieten Sie passende Methoden für eine lebendige Interaktion an.
4. Sorgen Sie für Ressourcen, die kreatives Arbeiten unterstützen.
5. Lassen Sie die Menschen in Kleingruppen arbeiten und selbst die Ergebnisse dokumentieren.
6. Halten Sie den Prozess ergebnisoffen und geben Sie nur Strukturen vor.
7. Nehmen Sie den Druck raus. Kreative Ideen lassen sich nicht erzwingen. Manchmal braucht eine gute Lösung ihre Zeit.
8. Orientieren Sie sich an den Spielregeln, den Prinzipien, den Werten und Haltungen für das Arbeiten unter hoher Komplexität.

---

62 Svenja Hofert, 2016, Agiler führen, Springer Verlag.

63 Carol Dweck, 2017, Mindset – Updated Edition: Changing the Way You think To Fulfil Your Potential, Robinson.

Im Kapitel *Kommunikationsstrategien* (ab Seite 130) stellen wir ergänzend Strategien und Methoden vor, die ko-kreatives Führen und Arbeiten unterstützen. Versuchen Sie nicht, die Partizipation zu erzwingen. Es ist eine zu romantische Vorstellung, dass die Menschen in den Teams und darüber hinaus in den Netzwerken der Organisation einander immer sympathisch sind, dass sie einander mögen und daher die Zusammenarbeit suchen. Auch motivierte und gute Mitarbeiter:innen haben mit anderen emotionale Konflikte oder hegen Antipathien.

Aber wir legen gerade in der agilen Organisationswelt einen sehr großen Wert auf das *WER* und somit auf die individuelle Person. Das ist aus der Sicht der jeweiligen Kompetenz und Erfahrungswelt wichtig. Tatsächlich können wir in komplexen Aufgabenfeldern nur wenige Aufgaben handlungsanleitend beschreiben und somit von den Personen unabhängig machen. Diesen Weg geht die Bürokratie, die das *WER* als Frage negieren will und stark auf das *WAS* setzt. Wenn Aufgaben beschrieben werden und wenn es Regeln gibt, dann können die Arbeiten von unterschiedlichen Personen durchgeführt werden. Das macht die Bürokratie von den Launen der Menschen unabhängiger. Wenn wir beispielsweise an ein Krankenhaus denken, dann schätzen wir als Patient:innen diese Stärke der Bürokratie über alles, weil es nicht lediglich vom Glück abhängig ist, wer heute Dienst hat. Für das Gelingen einer Behandlung ist der Prozess wichtiger.

Für die Zusammenarbeit im Team bleibt uns fast immer nur der persönliche Zugang. Auf dieser Ebene müssen Konflikte ausverhandelt und zwischenmenschliche Probleme gelöst werden. Das ist ein Teil des so wichtigen und ebenso bekannten *Teambuildings*. Anders stellt sich die Zusammenarbeit in den Crews dar, wo Menschen sehr kompetenzspezifisch miteinander eingeteilt werden und gemeinsam ihre Aufgaben erfüllen. In Crews ist die Zusammenarbeit professioneller geregelt, weil das *WAS* mehr zählt als das *WER*. Aber auch hier stoßen wir bald an die Grenzen, weil in Crews ebenso Streitigkeiten auftreten und gewisse Menschen nicht gemeinsam den Dienst antreten möchten.

Auf der Ebene der Netzwerkintelligenz, die wir gleich näher umreißen, spielt die persönliche Ebene keine so große Rolle mehr. Wenn Menschen problembezogen gemeinsam etwas ausarbeiten und nur temporär an Tischen sitzen, sind nur wenig Störungen durch persönliche Beziehungsschwierigkeiten zu erwarten. Mit dem Prinzip der Freiwilligkeit erleichtern wir es den Menschen, sich aktiv an Projekten zu beteiligen und beispielsweise zu einem Veränderungsvorhaben beizutragen. Am besten funktionieren Angebote, die als Einladung verstanden werden können. Wenn wir in Unternehmen wirkliche Räume als Kommunikationsräume zur Verfügung stellen, dann kann Partizipation nebenbei geübt werden und sich entwickeln. Dort, wo sehr unterschiedliche Menschen zusammentreffen, entstehen Situationen, die an Grenzen erinnern. Bei Grenzen beobachten wir das Phänomen, dass sie Orte hoher Energien sind. Besonders in Städten sind die Grenzen unterschiedlicher Quartiere jene, an denen die meiste Aktivität, auch die wirtschaftliche, zu verzeichnen ist[64]. Die Interaktionen werden dabei nicht erzwungen, es werden nur die Möglichkeiten dazu geboten. Ähnliches kann in Organisationen entstehen. Die Netzwerkintelligenz emergiert durch Angebote, wo sich unterschiedliche Menschen treffen und Interaktivität aufgabenspezifisch unterstützt wird. Mehr dazu nun im folgenden Kapitel.

Vernetzung von Intelligenz

In einer Welt der Expert:innen zählt individuelles Wissen sehr viel. Wir haben ein *‚Klausur-im-Kopf-Modell‘* entwickelt, in dem jedes Individuum seine eigenen Gedanken denken und vertiefen darf. Diese Individual-Klausuren werden auch in den Einzelbüros zelebriert. Wissen ist Macht, Wissen bringt Einfluss, Wissen sichert Karrieren. *„Auch die These, ich dürfe denken, was ich wolle, ist immanent unhaltbar. Der zerebrale Individualismus würde verkennen, dass ein Gehirn nur im Zusammenspiel mit einem zweiten, und darüber hinaus mit einem größeren Gehirn-Ensemble, zu einer gewissen Funktionsfähigkeit erwacht.“* Und weiter. *„Nur von einer anderen Intelligenz empfängt Intelligenz die Schlüsselreize zu ihrer Eigen-*

64 Richard Sennet, 2018, Die offene Stadt. Eine Ethik des Bauens und Bewohnens, Hanser Verlag.

tätigkeit. Wie Sprache und Emotion ist Intelligenz nicht Subjekt, sondern Milieu oder Resonanzkreis."[65] *Peter Sloterdijk* meint, Gehirne sind gesellige Systeme. Es gibt also schon aus unserer biologischen Ausstattung folgend wirklich gute Gründe, uns mit anderen Menschen einzulassen und in den Modus der Partizipation überzugehen. „*Etwas in sich aufnehmen und sich in etwas aufnehmen lassen: mit diesen beiden Gesten sichern sich die Menschen das, was man ihre partizipative Kompetenz nennen kann.*"[66] Und damit beginnt jede Form von Vernetzung von Individuen zu einem Team und darüber hinaus zu einer intelligenten Netzwerkorganisation.

Starten wir diese kurze Erkundungsreise in der Außenwelt der Organisation. Ein Blick auf die Welt führt unzweifelhaft zu einer Erkenntnis: Die Welt vernetzt sich in abenteuerlicher Geschwindigkeit. „*Aus der Distanz betrachtet, verfolgt die gesamte Menschheit zur Zeit ein beeindruckendes Projekt - deutlich ambitionierter als der Turmbau zu Babel, folgenreicher als die chinesische Mauer und aufwendiger als die Pyramiden von Gizeh: die weltweite technologische und gesellschaftliche Vernetzung. ... Wer nicht angeschlossen ist, der ist ausgeschlossen*"[67]. Wir haben an anderer Stelle über die steigende Vernetzungsdichte gesprochen. Diese bringt nicht nur wechselseitige Hemmnisse und Konflikte mit sich, sie sorgt vor allem für eine hohe Dynamik im gesamten System. Jedes komplexe Netzwerk schafft Situationen, in denen nichtlineare Effekte auftreten und unüberschaubare Rückkopplungen für Komplexität und mit ihr für Irritation sorgen. Diese Rückkoppelungen im Netzwerk sorgen für Veränderungen und Musterbrüche. Das komplexe System ist hochkreativ[68].

Eine Organisation kann sich umso besser in diesen hochdynamischen Transformationsprozess einbinden, wenn Sie als Antwort auf die starke Vernetzung im außen, eine starke Vernetzung im Inneren anstrebt. Dass

65 Peter Sloterdijk, 2016, Sphären I, Blasen, 13. Auflage, Suhrkamp, Seite 271.

66 Peter Sloterdijk, 2016, Sphären I, Blasen, 13. Auflage, Suhrkamp, Seite 553.

67 Peter Kruse, Netzwerkintelligenz: Komplexität und Dynamik meistern: https://subs.emis.de/LNI/Proceedings/Proceedings49/GI.Proceedings.49-4.pdf.

68 Peter Kruse, 2004, next practice. Erfolgreiches Management von Instabilität, Gabal, 8. Auflage.

eine klassische, auf Steuerung hin ausgelegte Hierarchie, diesem Anspruch nicht gerecht werden kann, ist sehr wahrscheinlich. Jede Organisation ist gut beraten, sich nicht nur mit IT-Netzwerken zu versorgen, sondern zumindest parallel zur Hierarchie, auch eine Netzwerkorganisation aufzubauen. *Niels Pfläging*[69] hat dazu wertvolle Pionierarbeit geleistet und mit seinen Ansätzen zur Organisation von Komplexität klare Design-Prinzipien für eine Netzwerkorganisation vorgelegt. Sein Design-Prinzip *Beta* folgt der Idee der Zellen und des Zellenverbundes[70]. Es gibt heute aber viele Organisationen, die nach dieser ‚Lebendigkeit' suchen und dabei auf alte und neue Ansätze von Organisation bauen. Besonders bekannt geworden sind die *Soziokratie*[71] und ihre moderne Variante, die *Holocracy*®[72]. Weitere, sehr unterschiedliche Beispiele von neuen Organisationsformen, die der Netzwerkintelligenz folgen, finden wir in der Zusammenfassung von *Frederic Laloux*[73]. Wenn wir im Hinterkopf behalten, dass es sich dabei zwar um gut recherchierte Beispiele handelt, die aber nur unter ganz besonderen Umständen funktionieren, dann bietet sich daraus ein Feld von Inspirationen für neue Organisationswelten.

Im Innenraum der Organisation können wir mit der Steigerung der Netzwerkintelligenz eine Entwicklungsrichtung vorzeichnen, die bessere Bedingungen schafft, mit Komplexität umzugehen, als klassische Hierarchien es können. Die Stufen der Entwicklung nach *Peter Kruse*[74] sind dabei die Einzelintelligenz, die Teamintelligenz und die Netzwerkintelligenz. Die Agenten des Netzwerkes sind Mitglieder der Organisation, die in horizontalen und vertikalen Beziehungen stehen und in Interaktion

69 Niels Pfläging, 2013, Organisation für Komplexität. Wie Arbeit wieder lebendig wird – und Höchstleistung entsteht, BetaCodexPublishing

70 Niels Pfläging, Seite 41 ff.

71 Christian Rüther, 2018, Soziokratie, S3, Holakratie, Frederic Lal'u"' "Reinventing Organizations" und New Work, Books on Demand, 5. Auflage; mehr über die Soziokratie bei: Christian Rüther, https://www.soziokratie.org/;

72 Brian J. Robertson, 2015, Holacracy: The New Management System for a Rapidly Changing World, Macmillan USA

73 Frederic Laloux, Etienne Appert, et al., 2016, Reinventing Organizations visuell: Ein illustrierter Leitfaden sinnstiftender Formen der Zusammenarbeit, Vahlen

74 Peter Kruse, 2004, next practice. Erfolgreiches Management von Instabilität, Gabal, 8. Auflage, Seite 89

gehen. Der Erfolg dieser Netzwerke ist eine Frage der sozialen Beziehungen. Unsere Kommunikationsstrategien, beginnend beim Dialog, leisten dafür die kulturelle Basis und schaffen das notwendige Vertrauen.

Die Vernetzung der Organisation geht aber über die Grenzen der Organisation hinaus. Der Kern der Organisation beginnt sich dabei in den neuen externen Netzwerken aufzuweichen und im Netzwerk zu integrieren. In der Organisationsliteratur werden externe Netzwerke oft als *Kooperationen*[75] beschrieben. Neben den berechtigten Synergieerwartungen durch Kooperationen sehen wir darin eine Überlebensstrategie. Die Integration in das große vernetzte System bietet höhere Chancen, die Transformation zu meistern und im Wettbewerb zu bestehen.

Als Führungskraft geht es um die *Moderation von Intelligenz* im Team. Wir beschreiben an anderen Stellen, welche Vorteile das bietet und was zu beachten ist. Mit der Netzwerkintelligenz ist der Begriff der *Schwarmintelligenz* verbunden. Was wir von einem Schwarm an Intelligenz erwarten können, zeigt *Lens Fischer*[76] in seiner einfachen und inspirierenden Darstellung der *Intelligenz der Vielen.*

Entfaltung von Paradoxien (Aporien)

Unser Leben ist voller Widersprüche. Auch in Unternehmen leiden viele Menschen unter Zielkonflikten und widersprüchlichen Vorgaben. Vielleicht kennen Sie ähnliche Situationen. Sie müssen ökonomische Ziele der Einsparung erreichen, gleichzeitig aber die Qualität (Nachhaltigkeit) steigern. Sie sind sich einig geworden, dass eine Veränderung notwendig ist und alle sie wollen, aber niemand will bei sich beginnen und daher unternimmt niemand etwas. Sie wissen, dass es so nicht weiter gehen kann, aber alle trotten den alten Weg weiter. Sie feiern die Erfolge des Vertriebs, aber Sie wissen gleichzeitig, dass gerade durch diese neuen Aufträge die Gesamtsituation zum Problem wird. Wer eine Veränderung in

75 Jörg Sydow, 1992, Strategische Netzwerke. Evolution und Organisation, Gabler
76 Lens Fischer, 2010, Schwarmintelligenz: Wie einfache Regeln Großes möglich machen, Eichborn.

der Alltagspraxis möchte, muss mit einer Veränderung außerhalb der Alltagspraxis beginnen, aber dafür hat niemand Zeit. Hinter diesen kleinen Paradoxien des Führungsalltags stecken meist größere Widersprüche, die sogenannten *Aporien.*

Sobald wir die Bühne der Führung betreten, sind wir in einem multiplen Spannungsfeld gefangen, das sich aus unterschiedlichen Aporien, Paradoxien und Dilemmata aufspannt. Mit der VUKA-Herausforderung *Ambiguität* haben wir das bereits besprochen. Diese Widersprüche (um alle Begriffe vereinfacht zusammenzufassen) lassen sich leider nicht entscheiden und aus dem Weg räumen. Im Gegenteil, sie sind und bleiben unentscheidbar. Diese Situation wurde von *Heinz von Förster*[77] auch mit den *'nicht-entscheidbaren Entscheidungen'* beschrieben. Was also kann eine Führungskraft tun, um mit diesen Widersprüchen einen guten Umgang zu finden? Wie können wir uns eine möglichst hohe *Ambiguitätstoleranz* und *Ambiguitätskompetenz* aufbauen? Wir sehen in der *Entfaltung der Paradoxien* eine der wichtigsten Kompetenzen im Umgang mit hoher Komplexität[78].

Zunächst müssen wir uns an die *Aporie* heranwagen. Es ist ihr Verständnis, das den Grundstein für die Entwicklung von Widerspruchskompetenz legt. *Herbert Pietschmann*[79] ist der Frage der Aporie intensiv nachgegangen. Lassen Sie uns den Weg zum Verständnis der Aporie anhand eines Beispiels gemeinsam bewandern. Als Führungskraft sind Sie mit der Herausforderung konfrontiert, eine Veränderung einzuleiten. Sobald Sie das Wort *Veränderung* in den Mund nehmen, taucht der gegenteilige Begriff des *Bewahrens* auf. Wir begegnen dem Widerspruch: *verändern* ⇔ *bewahren.* Es handelt sich dabei um eine *Aporie.* Wir können festhalten: Die beiden Seiten (die Pole) widersprechen einander. Sie können entweder etwas verändern oder bewahren. Für beide Aussagen: *Wir müssen*

---

77 Heinz v. Förster, Bernhard Pörksen, 2016, Wahrheit ist die Erfindung eines Lügners, Carl-Auer, 11. Auflage.

78 Kurt Völkl, Heinz Peter Wallner, 2018, Das innere Spiel: Wie Entscheidung und Veränderung spielerisch gelingen, BusinessVillage, 2. Auflage.

79 Herbert Pietschmann, 2002, Eris & Eirene, Ibera-Verlag.

etwas verändern und *wir müssen es uns bewahren,* gibt es immer gute Argumente. Je nach Sichtweise sind sie klüger oder weniger klug, aber beide sind immer berechtigt. Und letztlich können wir von Veränderung nicht sprechen, wenn es das Bewahren nicht gäbe und umgekehrt. Nun haben wir fast beiläufig die Definition einer Aporie erledigt. Wir sprechen von einer Aporie, wenn wir erstens zwei einander widersprechende Aussagen vorfinden und zweitens beide Aussagen berechtigt (also wahr) sind und drittens beide Aussagen einander bedingen, also die eine ohne die andere keinen Sinn hat.

Wir erkennen nun sofort, warum die *Aporie* für uns ein Problem darstellt. Jede Aporie führt uns in eine *mehrdeutige Situation.* Es könnte so sein, oder auch ganz anders. Damit fehlt uns für eine Entscheidung eine gute, sichere Basis. Hier können wir die *Ambiguität* als eine der vier VUKA-Herausforderungen ins Spiel bringen. *Ambiguität* meint Mehrdeutigkeit. Jeder Form der Ambiguität liegt also immer auch eine Aporie zugrunde. Aporien bescheren uns Probleme, weil wir sie logisch nicht entscheiden können, weil es kein Richtig und kein Falsch gibt. Unser Entweder-oder-Denken führt uns in ein Fliegenglas.

Pol	**Gegenpol**	**Interpretation des Widerspruchs (Richtung der Aufhebung)**
Verändern	Bewahren	Instabil – stabil: Veränderung ist nur auf einer stabilen Basis möglich. Bewahren können wir nur, wenn wir dauernd verändern.
Freiheit	Ordnung	Freiheiten kann es nur geben, wenn wir uns gemeinsam zu einer Ordnung verpflichten. Freiraum braucht Grenzen und Regeln.
Nähe	Distanz	Distanz ermöglicht schwierige Entscheidungen. Nur die Nähe zu den Menschen legt dafür die Basis.
Team (Gruppe)	Individuum	Gemeinschaft – Selbstverwirklichung: Eine gute Zusammenarbeit im Team braucht reife Individuen.
Vertrauen	Kontrolle	Verantwortung – Sorgfaltspflicht: In einer Kultur des Vertrauens wird sinnvolle Kontrolle nicht persönlich genommen.

Tabelle 4: Wichtige Aporien der Führung

Der Ausweg ist das Sowohl-als-auch-Denken. Wir suchen also nach einem anderen Umgang mit diesen Widersprüchen. Dazu gleich die wichtigen Schritte.

Zuvor aber lassen Sie uns gemeinsam in die vielleicht wichtigsten Widersprüche eintauchen, die das Alltagsleben der Führungskraft belasten. Bisher haben wir die Widersprüche als Aporien, Paradoxien oder Konflikte bezeichnet und sie als Ursache für Ambiguität entlarvt. Was uns noch fehlt, ist eine Strukturierung und Unterscheidung. Es gibt Widersprüche der Organisation (Beispiel: Freiheit ⇔ Ordnung), es gibt Widersprüche der Hierarchie (Beispiel: Verantwortung ⇔ Sorgfaltspflicht), es gibt Widersprüche der Führung (Beispiel: Vertrauen ⇔ Kontrolle) u.a.m. Im Alltag finden Sie sich oft auch im Widerspruch zwischen Linienarbeit ⇔ Projektarbeit oder im Widerspruch Top-down ⇔ Bottom-up. Sie alle haben gemeinsam, dass es sich um ‚organisationsinterne Widersprüche' handelt.

Widersprüche bringen uns nicht nur Mehrdeutigkeit und daher Ambiguität, sie können in der Organisation und im Team auch echte *soziale Konflikte* entstehen lassen. Nehmen wir das Beispiel Nähe ⇔ Distanz. Wenn Sie als Führungskraft zu einigen Personen im Team mehr Nähe entwickelt haben als zu anderen, kann das leicht als unfair empfunden werden und soziale Spannungen hervorbringen. Das kann auch stellvertretend zu einem Konflikt zwischen Teammitgliedern führen. Am Beispiel verändern ⇔ bewahren können Sie aus Ihrer Erfahrung wahrscheinlich sofort über Konflikte berichten. Die eine Gruppe will verändern, die andere steht dem Vorhaben kritisch gegenüber und geht in den Widerstand. Die Gruppen beschimpfen einander als sture Verhinderer bzw. Chaosbringer.

Es gibt aber auch die Widersprüche im Umfeld, also im Außen der Organisation. Wenn wir uns mit der Umwelt beschäftigen – unseren Blick nach außen und in die Zukunft richten – dann sind wir mitten in der Strategiearbeit. Es gilt nun folgende Aussage: *Jede strategische Frage be-*

inhaltet immer eine oder mehrere Aporien. Sie sind bei der Strategieentwicklung immer mit Mehrdeutigkeit konfrontiert, sonst wäre es ja ein einfacher und klarer Plan und keine Strategie.

Sie wollen auf eine neue Technologie bei Ihren Produkten setzen, erhalten aber über deren Entwicklungschancen nur widersprüchliche Aussagen? Sie wollen einen neuen Markt erschließen, es stehen aber nur widersprüchliche Einschätzungen zur mittelfristigen politischen Lage zur Verfügung? Sie hören über einen Wettbewerber widersprüchliche Geschichten, weil dieser absichtlich Ambiguität erzeugt, um Sie zu verunsichern? Für strategische Entscheidungen müssen Sie immer Ungewissheit verarbeiten und Risiken abschätzen. Diese strategischen Widersprüche unterscheiden sich in der Handhabung ganz wesentlich von den Widersprüchen der Organisation und der Führung, sie müssen nämlich, trotz ihrer Nicht-Entscheidbarkeit, entschieden werden.

Wir können zusammenfassen:

- Widersprüche erzeugen Ambiguität (Mehrdeutigkeit)
- Widersprüche (als Aporien) können wir nicht entscheiden (kein Richtig, kein Falsch)

Wir können unterscheiden:

- Widersprüche der Organisation, der Hierarchie, der Führung, die Spannungsfelder für Führungskräfte erzeugen
- Widersprüche, die sich als soziale Konflikte zu erkennen geben und eine Verhandlung brauchen, um gelöst zu werden
- Strategische Widersprüche, die eine angemessene Entscheidung verlangen.

Widersprüche der Organisation und der Führung bearbeiten

Reinhard Sprenger[80] meint, der Widerspruch ist schon die Lösung. Damit spricht er dem Widerspruch (der auch ein Konflikt ist) schon das Poten-

80 Reinhard Sprenger, 2020, Magie des Konflikts: Warum ihn jeder braucht und wie er uns weiterbringt, Deutsche Verlags-Anstalt.

zial zu, selbst Lösung zu sein. Wenn wir den Widerspruch annehmen und beide Seiten wertschätzen können, dann ist das ein erster Schritt. Wir heben den Widerspruch auf, erstens auf eine höhere Ebene und zweitens im Sinne einer Konservierung. Wir vernichten die Gegenposition nicht durch Unterordnung, wir nehmen sie im Gegenteil mit in den Prozess, wir bringen ihr Wertschätzung entgegen und versuchen die Gegenposition zum Teil der Lösung zu machen.

Entwickeln Sie Ambiguitätstoleranz

Grundsätzlich ist es für Sie als Führungskraft sehr wichtig, eine möglichst hohe Toleranz im Umgang mit Ambiguitäten zu entwickeln, seien es nun strategische oder organisationale Herausforderungen. Dazu ist es sehr hilfreich, wenn Sie folgende Aspekte beachten:

- Widersprüche als Teil des Führungslebens akzeptieren. Sich klar machen, dass es diese Spannung ‚zwischen den Polen' ist, die Entwicklung und Veränderung antreibt. Gefordert ist die Fähigkeit, zwei einander widersprechende Gedanken zu ertragen.
- Den Widerspruch nicht als Feind oder Problem ansehen, sondern als Ressource und als Lösung für die Weiterentwicklung. Am Beginn jeder Entwicklung steht ein Widerspruch.
- Widersprüche bewusst wahrnehmen. Klären Sie, welcher Widerspruch Sie gerade belastet. Beispiel: Wenn über Verantwortung und Entscheidungen diskutiert wird, könnte die Aporie *Freiheit ⇔ Ordnung* wichtig sein.
- Tolerieren Sie, dass sich Widersprüche unangenehm anfühlen. Sie führen oft zu echten Konflikten im Team oder zwischen Führungskraft und Mitarbeitenden.
- Widersprüche können Sie nicht endgültig entscheiden, aber auf eine höhere Ebene bringen und gangbare Lösungen finden. Dazu eignen sich der iterative Dialog (siehe Iteration auf Seite 114) und die Bearbeitung des Konfliktes im Syntheseprozess. Wie aus einer These und Antithese eine Synthese – eine Lösung auf höhere Ebene – werden kann, finden Sie im Buch *Das innere Spiel*[81].

81 Kurt Völkl, Heinz Peter Wallner, 2018, Das innere Spiel: Wie Entscheidung und Verände-

Viele der Bewältigungsstrategien für Komplexität eignen sich explizit für Aporien. Besonders die Kommunikationsstrategien können Sie sich dazu genauer ansehen. Der Dialog ist beispielsweise ein mächtiges Instrument, um mit Widersprüchen im Team umzugehen. In der Strategiearbeit müssen Sie mit dem Team die strategischen Widersprüche aktiv bearbeiten und binnen gewisser Diskussionszeit auch entscheiden. Dieser Form der Ambiguität treten Sie also mit Risikoabschätzung, Mut und Entscheidungsbereitschaft entgegen.

Als Führungskraft können Sie Folgendes beherzigen:

- Bei hoher Ambiguität Verantwortung übernehmen und die Probleme ansprechen.
- Andere Sichtweisen nicht ausschließen, sondern anerkennen und klären: Wovon brauchen wir jetzt mehr, wovon weniger?
- Offenlassen, was derzeit nicht zu klären ist und dies gut kommunizieren.
- Den Schmerz aushalten, dass andere im Team etwas anderes wollen.
- Raum und Zeit für den Dialog im Team schaffen.
- In der Entscheidung flexibel bleiben. Alternativen offenhalten.

---

rung spielerisch gelingen, BusinessVillage, 2. Auflage.

Vier ausgewählte Aporien der Führung

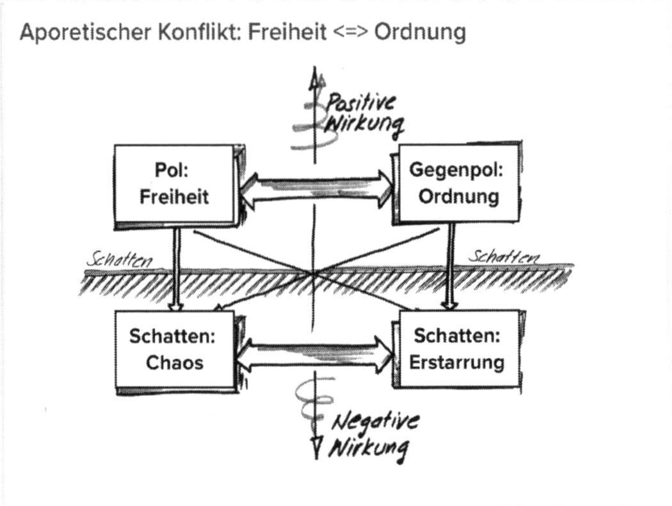

Abbildung 20: Darstellung eines aporetischen Konfliktes (Aporie) mit den Schattenseiten der negativen Übertreibung (Quelle: Völkl, Wallner, 2018).

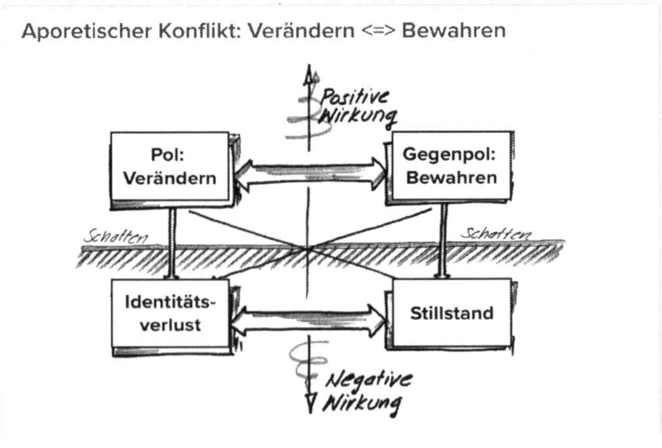

Abbildung 21: Darstellung eines aporetischen Konflikts (Aporie) mit den Schattenseiten der negativen Übertreibung (Quelle: Völkl, Wallner, 2018)

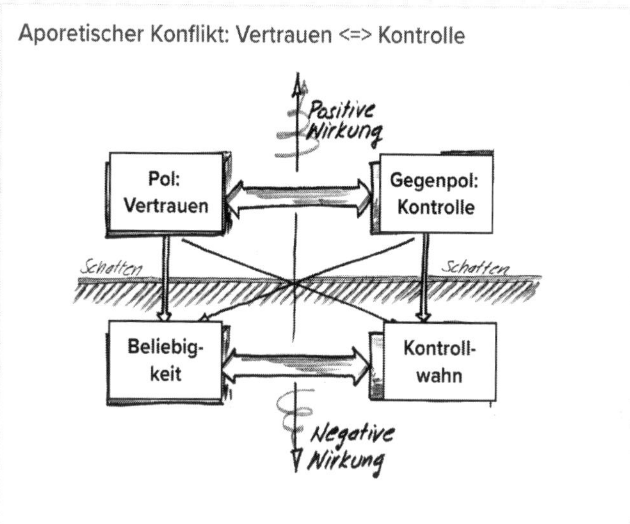

Abbildung 22: Darstellung eines aporetischen Konfliktes (Aporie) mit den Schattenseiten der negativen Übertreibung (Quelle: Völkl, Wallner, 2018).

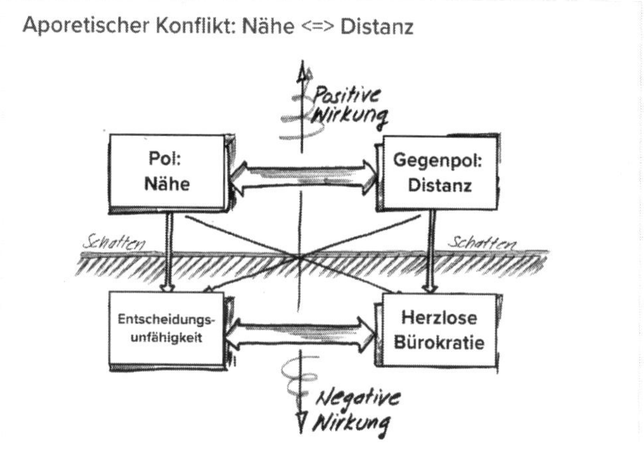

Abbildung 23: Darstellung eines aporetischen Konfliktes (Aporie) mit den Schattenseiten der negativen Übertreibung (Quelle: Völkl, Wallner, 2018).

Experimentieren

Wir manövrieren uns zunehmend in einen Modus der permanenten Improvisation hinein. Diese Beobachtung können wir auf der politischen Bühne auf allen Ebenen machen und zunehmend auch in Organisationen aller Größenordnungen. Den Königsweg der Planung scheinen nur mehr wenige zu gehen, was einer Abwendung von einem gedachten Idealbild darstellt. Geschichtlich betrachtet haben wir Menschen uns schon öfter von Idealbildern verabschieden müssen. Kopernikus hat uns aus dem Mittelpunkt des Universums geschubst und uns auf ein Leben im ewigen Außen reduziert. Heute verabschieden wir uns eben von der Annahme einer idealen, planbaren Wirtschaftswelt und müssen uns in der vollen Komplexität der Welt ganz neu orientieren. Wir befinden uns in einem Spannungsfeld, in einem aporetischen Konflikt zwischen den Polen Planung und Improvisation. Der Modus der Improvisation ist der agile Modus, den wir unter hoher Komplexität nun mehr beanspruchen müssen.

Diese Entwicklung ist nachvollziehbar. Die vormals elitären Planungsabteilungen in Unternehmen verzweifeln an der steigenden Volatilität und an der Ungewissheit. Haben Taschenrechner, Exceltabellen und Lineale ausgedient? Müssen wir hinabsteigen in den *schmutzigen Keller der Empiristen*[82] und uns lediglich unseren Versuchen hingeben? Viele der kritischen Stimmen, die gegen die Planung argumentieren, geben sich trendbewusst. Sie spielen mit flexiblen, lebendigen Formen der Strategie und Organisation und bilden enthusiastische Communities, die sich von Glaubensgemeinschaften nur wenig unterscheiden. Wer die Aporie *Planung* ⇔ *Improvisation* oder *klassisches Management* ⇔ *Agilität* im Blick hat, weiß, dass auch die Antithese zum Management – die Agilität – nicht die *eine* Lösung für die Zukunft darstellt. Sie stellt sich nur als Gegenpol für eine Synthesebildung zur Verfügung, auf deren Entwicklung wir noch warten müssen. Auf die Versuche, beide Welten zu verbinden, blicken wir kurz auf das Kapitel der systemischen Bewältigungsstrategien (Seite 151). Besonders die Idee der *Ambidextrie* zeigt Potenzial.

82 Peter Sloterdijk, 1999, Sphären II, Globen, Suhrkamp, Seite 354

Die Welt des Experimentierens – der ‚Probe-sense-respond-Modus'

In der komplexen Domäne wenden wir den Modus des Experimentierens an, wenn es um Problemlösungen geht. *Dave Snowden*[83], Philosoph und einer der tiefgründigsten Denker in der Welt der Komplexität und Agilität, nennt den heuristischen Dreischritt im Umgang mit hoher Komplexität ‚probe – sense – respond'. Dieser iterativ-testende Zugang zur Problemlösung fördert die Kreativität und die empfundene Lebendigkeit im Team. Uns muss aber klar werden, dass wir uns dabei dem *Zufälligen* stärker zuwenden. Wir drehen der geordneten, stabilen Welt den Rücken zu und tauschen dabei das Ideale gegen das Interessante. Das Interessante ist zugleich das Unperfekte, das Unschöne. Und wir Menschen sind nicht immer gleich bereit, das Unperfekte selbst als temporäre Lösung zu akzeptieren. Den Entwurf, die Skizze, halten wir oft lieber unter Verschluss.

In dieser agilen Domäne versuchen wir heute, die Probleme der Welt mittels bunter Klebezettel zu sortieren. Wer agil sein will, muss es mit der bunten Zettelwirtschaft aufnehmen, die beinahe wahnhaft jede verfügbare Wand überzieht. Bereits nach kurzer Zeit erinnert das Whiteboard an das Zettelchaos des schizophrenen *John Nash* im Film: *A Beautiful Mind*[84]. Doch zugegeben, wie sonst will man in einer VUKA-Welt vom Fleck kommen?

Wir haben es also mit einer Welt voller Risse und Gefahren, einem eingedellten, rauen Planeten zu tun, und dieser wenden wir uns nun zu. Das Experimentieren ist keine einfache Sache. Es fordert uns geradezu auf, unsere angelernte Impulskontrolle – zuerst denken und dann handeln – zu unterdrücken. Wir brauchen den Mut zum Versuch, zum Scheitern, zum unperfekten Tun, und wir müssen uns immer wieder zur Tat enthemmen. Wir sollten uns auch darüber klar werden, wie sehr wir bei Experimenten die Grenzen des Systems enger ziehen. Der Fokus liegt dann ganz bei unseren Experimenten in unserer ‚Petrischale'. Dabei passieren

---

83 Dave Snowden, Making Sense of Complexity, https://thecynefin.co/ (am 20.2.2022)

84 Russel Crowes als John Nash im Film: A Beautiful Mind (https://de.wikipedia.org/wiki/A_Beautiful_Mind_-_Genie_und_Wahnsinn am 20.2.2022)

zwei Dinge, auf die wir achten sollten. Erstens verlieren wir dabei leicht den Blick für das Ganze, und zweitens erzeugen wir Nebenwirkungen in Hülle und Fülle. *„Die wichtigste Folge des generalisierten Experimentalismus kommt jedoch erst den gegenwärtigen Generationen zu Bewusstsein. Es stellt sich mehr und mehr heraus, dass jedes Experiment per se stets mit einer systematischen Vernachlässigung der Randbedingungen verbunden ist.*[85]"

Damit die Nebenwirkungen unserer Experimente, die sich meist in vielen gescheiterten Versuchen, demotivierten Mitarbeitenden, verlorenen Kilometern, vergebener Liebesmühe oder letztlich in kleinen Lieblingsprojekten zeigen, überschaubar bleiben, brauchen wir einen Filter oder Begrenzer.

In der Welt der *Soziokratie*[86], einer alternativen Organisationsform zur klassischen Hierarchie, wird das Konsent-Prinzip[87] in der Entscheidungsfindung angewandt. Die Idee ist einfach und bestechend. Damit alle Mitglieder im Team gleichwertig an der Beschlussfassung teilhaben können, wird das Prinzip des schwerwiegenden und begründeten Einwands definiert. Wer eine Idee umsetzen oder ein Projekt initiieren will, muss das gesamte Team in einer Konsent-Runde bemühen. Die Idee oder das Projekt kann nur mit einem begründeten Einwand einer Person – aus der jeweiligen Rolle heraus – abgelehnt werden. Damit wird verhindert, dass zu viele Projekte anlaufen oder solche umgesetzt werden, die der Organisation schaden könnten. Es wird den Nebenwirkungen eine Grenze gesetzt.

Segeln auf Sicht – die Iteration

Im komplexen Umfeld – auf der ‚Dancing Landscape' – können wir weder große Pläne schmieden noch können wir durch vertiefte Analysen und mit isoliertem Expert:innen-Wissen Probleme lösen. Was uns als

85 Peter Sloterdijk, Was geschah im 20. Jahrhundert? Suhrkamp, 2016, Seite 66
86 Zur Soziokratie siehe zum Beispiel: https://soziokratiezentrum.org/ (am 20.2.2022) oder Christian Rüther, https://www.soziokratie.org/
87 Konsent (mit „t") als Konsent-Entscheidung

Option bleibt, ist das *Segeln auf Sicht*[88]. Zu dieser Frage hat *Olaf Hinz* das Buch: *Segeln auf Sicht* präsentiert. Die Grundidee dabei ist nicht, die Planung beiseitezulassen, sondern vielmehr eine sinnvolle Langfristplanung zu machen und im alltäglichen Handeln flexibel zu bleiben. „*Die Zukunft liegt im flexiblen Agieren auf der Grundlage einer soliden Planung. Das ist kein Widerspruch, sondern gerade die Kunst des Wellenreitens.*[89]" Sie können dazu wieder die Segel-Metapher einsetzen. Wenn Sie mit einem Segelschiff bei Sturm, hohem Wellengang und Dunkelheit unterwegs sind und die modernen digitalen Navigationsgeräte ausgefallen sind, müssen Sie agil und flexibel auf den Wellen reiten und kurzfristige Anpassungen vornehmen, was immer die Situation von Ihnen gerade verlangt. Aber Sie werden sehr dankbar dafür sein, wenn Ihnen ein ferner Leuchtturm die grundsätzlich sinnvolle Richtung weist. Der Leuchtturm ist das langfristige Ziel oder auch Ihre Vision, die Sie verfolgen. Wir können schlussfolgern: Je stürmischer die Situation, desto wichtiger ist ein stabiler *Anhaltspunkt in der Zukunft*, der unserer Ausrichtung dient.[90]

Peter Kruse[91] hat das *Segeln auf Sicht* auf den Punkt gebracht: Es steht für eine ‚iterativ testende Agilität'. Es ist ein Einlassen auf ergebnisoffene Prozesse und iterative Verfahren, die Teilnehmer:innen in Workshops schrittweise, meist im Rahmen fixer Methoden, zu einem Ergebnis führen. Die bekanntesten Methoden dazu sind das Design Thinking und SCRUM[92]. Die relevante Grundhaltung ist die Neugier und die Annahme, Menschen seien neophile Wesen, die sich dem Neuen mit Interesse annähern. Für den Erfolg beim *Segeln auf Sicht* braucht es zusätzlich noch die Bereitschaft, individuelle Intelligenzen zu verbinden und alle

88 Olaf Hinz, 2017, Segeln auf Sicht. Das Führungshandbuch für ungewisse Zeiten. Springer Verlag.

89 Olaf Hinz, 2017, Statt exakt zu planen, lieber auf Sicht segeln. In: Segeln auf Sicht. Springer Gabler, Wiesbaden. https://doi.org/10.1007/978-3-658-05837-1_8

90 Diesen Widerspruch haben wir als Aporie ausführlich beschrieben: Kurt Völkl, Heinz Peter Wallner, 2018, Das innere Spiel, BusinessVillage, 2. Auflage.

91 Professor Dr. Peter Kruse war Leiter der Studie „Führungskultur im Wandel" der „Initiative Neue Qualität der Arbeit" (INQA) sowie Geschäftsführer der Marktforschungs- und Beratungsfirma nextpractice in Bremen.

92 Für einen Überblick über agile Methoden: Svenja Hofert, 2016, Agiler Führen, Springer Verlag

Beteiligten zur Interaktion einzuladen. *Peter Kruse* spricht dabei von „sozialen Gehirnen", die sich bei gelungener Moderation von Intelligenz bilden können.

Der Begriff der Iteration steckt also im *Segeln auf Sicht* fest verankert. Damit ist die Wiederholung eines Prozesses gemeint, dessen jeweiliges Ergebnis Ausgangspunkt für den nächsten Iterationsschritt ist. In der Fachsprache können wir sagen: Iteration ist ein kreisförmiger Prozess des Wiedereinspeisens des Ergebnisses einer Regelanwendung in die Regel. Iteration als Mechanismus aber kann noch viel mehr. Die Iteration führt eigendynamisch zu komplexen Ordnungsmustern und erzeugt gleichzeitig stabile Attraktor-Zustände, die maßgeblich für die ‚soziale Konstruktion' der Wirklichkeit sind. Wir kennen alle die bezaubernden Darstellungen der fraktalen Geometrie, beispielsweise Varianten des Apfelmännchens von *Benoit Mandelbrot*[93], die allesamt Ergebnisse iterativer Prozesse sind. Über den Prozess der Iteration werden aber auch wirkende Ordnungstendenzen in sozialen Systemen sichtbar. Wir wissen, dass Iteration übersummative Intelligenz erzeugt und ‚verborgene Ordnungsbildungstendenzen' sichtbar gemacht werden können.

Um diese abstrakten Erklärungen auf den realen Boden der Organisation zu bringen, folgendes Beispiel: Wenn Sie eine große Gruppe von Menschen einer Organisation an mehreren Tischen in einem iterativen Workshopformat die kulturbestimmenden Werte erarbeiten lassen, werden Sie überrascht sein, in welcher Geschwindigkeit ein von allen geteiltes Ergebnis erzielt werden kann. Die Vorgangsweise ist einfach: Kleine Gruppen erarbeiten an ihrem Tisch jene Werte, die sie für relevant halten und schreiben sie auf Kärtchen. Dann lassen Sie die kleinen Gruppen im Raum zum jeweils nächsten Tisch weiter wandern. Diese Gruppe nimmt das Ergebnis der anderen Gruppe auf diesem Tisch als ‚Ausgangspunkt' für den nächsten Arbeitsschritt (iterative Schleife). Die Werte werden ergänzt und wieder als Zwischenergebnis am Tisch liegen gelassen. Die nächste Gruppe nimmt wiederum dieses Ergebnis als Ausgangspunkt

93 Benoit Mandelbrot, 2021, The Fractal Geometry of Nature, Echo Point Books

und arbeitet weiter. Nach einigen Iterationen können die Gruppen dann die Werte clustern, strukturieren und mit Punkten bewerten. Schon nach wenigen Iterationen werden an den Tischen zunehmend ähnliche Ergebnisse sichtbar. Die Iteration bringt die Wertemuster der Kultur an die Oberfläche und macht sie explizit. Mehr zum iterativen Dialog finden Sie im Buch *Das innere Spiel*.[94]

Die Iteration eignet sich als Mechanismus auch bestens für die Konfliktlösung. Wenn Sie in einer komplexen Frage beispielsweise zwei einander widersprechende Sichtweisen unterschiedlicher Expert:innen-Gruppen auf dem Tisch haben und somit unter Ambiguität eine Entscheidung treffen müssen, können Sie auf die Erfahrungen von *John F. Kennedy (JFK)* bauen. Den Erzählungen[95] zufolge, hat *JFK* nach schlechten Erfahrungen bei seinen ‚*Schweinebucht-Entscheidungen*' in späteren Fragen immer unterschiedliche Lösungsansätze von verschiedenen Expert:innen-Gruppen erarbeiten lassen. Geben Sie in einem solchen Fall das Konzept der Gruppe A weiter an Gruppe B, das Konzept B weiter an Gruppe A. Stellen Sie die Aufgabe, das Konzept als ‚Ausgangspunkt' zu verwenden und es weiterzuentwickeln. Diese Ergebnisse tauschen Sie dann wieder unter den Gruppen aus. Nach wenigen Iterationen, also Wechseln von A ⇔ B, werden bald die konvergenten, von beiden Gruppen geteilten Sichtweisen, sichtbar werden. In vielen Fällen wir daraus eine vollkommen neue dritte Lösung C emergieren, die eine Synthese der beiden widersprechenden Lösungen A und B darstellt. *JKF* hat mit dieser Iteration später in seiner Amtszeit deutlich bessere Entscheidungen getroffen.

Scaffolding – Gerüste für die Entwicklung anbieten

Als Führungskräfte kennen Sie die Führungsaufgabe, Menschen zu fördern und zu entwickeln. An diese Aufgabe können Sie in zumindest zwei Varianten herangehen. Erstens können Sie das als Aufforderung verste-

94 Kurt Völkl, Heinz Peter Wallner 2018, Das innere Spiel: Wie Entscheidung und Veränderung spielerisch gelingen, BusinessVillage, 2. Auflage.

95 Professor Michael A. Roberto, The Art of Critical Decision Making, Course Guidebook, The Great Courses.

hen, sich der Menschen anzunehmen und sie zu entwickeln, indem Sie dabei eine aktive Rolle einnehmen. Diese Sichtweise ist heute nicht mehr aktuell, weil das dahinterliegende Menschenbild nicht mehr zeitgemäß ist. Die berechtigte Frage lautet: Bedürfen diese Menschen wirklich Ihrer aktiven Einmischung in ihre persönliche Entwicklung? Ist es nicht eine zu intime Intervention, einen Menschen entwickeln zu wollen? Die zweite Variante, diese Führungsaufgabe auszulegen, ist etwas zurückhaltender. Sie sind als Führungskraft nicht mehr in der aktiven Rolle, einen Menschen zu entwickeln, sondern Sie begnügen sich damit, dem Menschen die Möglichkeiten zu bieten, sich selbst zu entwickeln. Die Aufgabe lautet dann konkreter: Stellen Sie als Führungskraft alle Rahmenbedingungen zur Verfügung, damit sich die Menschen optimal entwickeln und ihre Potenziale entfalten können. Wenn Sie die Führungsaufgabe so interpretieren und umsetzen, dann sind Sie auf einem guten Weg.

Und genau dieses Bereitstellen von guten Rahmenbedingungen wird *Scaffolding*[96] genannt. Der englische Begriff *Scaffolding* meint sinngemäß ein *Gerüst* bauen. Eine schöne Metapher gibt es auch dazu. Agieren Sie wie ein Gärtner und stellen Sie für die Rosen ein Rankgitter auf. Die Rosen, sofern sie das Potenzial zum Klettern haben, werden sich von selbst am Rankgitter emporarbeiten und höhere Ebenen erreichen. Wenn Sie mit diesem Bild im Kopf an Ihre Führungsarbeit gehen, dann werden Sie ganz sicher vieles sehr richtig machen. Bauen Sie Gerüste auf, bieten Sie vielfältige Möglichkeiten an, die Menschen als Einladung verstehen können, sich an die Arbeit zu machen und die Entwicklung zu beginnen. Hierin liegt auch das große Geheimnis der Motivation. Je besser die Rahmenbedingungen für Entwicklung sind, desto eher werden Menschen die Einladung annehmen und ihr Bestes geben. Bedenken Sie als Führungskraft immer: Wir Menschen leben in einer ‚Vertikalspannung'[97]. Wir sind immer in einer Entwicklungsdifferenz zu einem besseren Selbst. Weiterentwicklung wird den Menschen also in die Wiege gelegt.

---

96 Diesen Begriff haben wir ebenfalls aus einem Seminar der Cognitiv Edge Gruppe, heute Cynefin Company, übernommen (https://thecynefin.co/).

97 Peter Sloterdijk, 2009, Du musst dein Leben ändern: Über Anthropotechnik, Suhrkamp

Scaffolding als Mechanismus können Sie zur Bearbeitung komplexer Probleme auch noch auf andere Weise einsetzen. Wir wissen bereits, dass komplexe Entwicklungsprozesse immer ergebnisoffen geführt werden. Niemals wird also ein Ergebnis vorweggenommen, weil die Lösungen aus der Interaktion emergieren, also quasi spontan entstehen sollen. Damit Menschen in einen offenen Dialog kommen und ergebnisoffen, interaktiv zusammenwirken können, können Sie Gerüste in Form von Methoden oder Frameworks zur Verfügung stellen.

Das bekannteste Beispiel finden wir im Bereich der Geschäftsmodell-Innovationen mit dem ‚*Business Model Canvas* (BMC)' von *Alexander Osterwalder*[98].

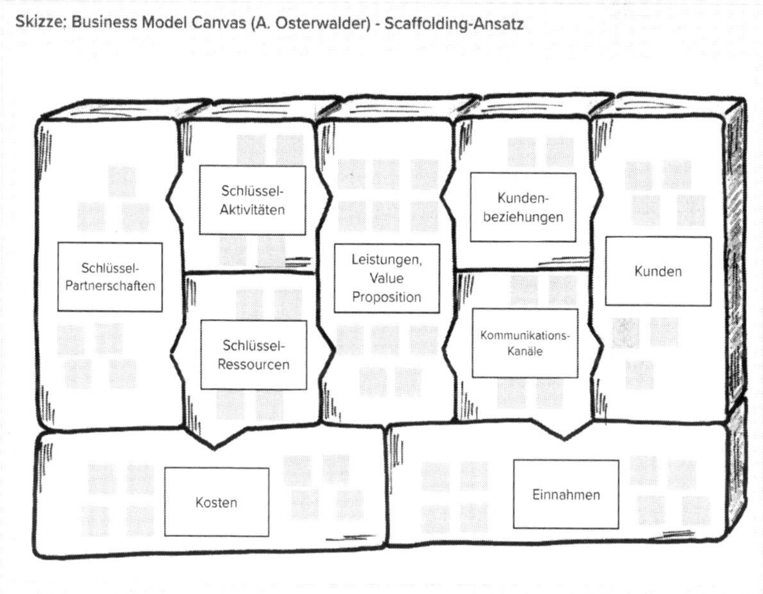

Abbildung 24: Einfache Darstellung des Business Model Canvas nach Alexander Osterwalder

98 Alexander Osterwalder , Yves Pigneur, 2011, Business Model Generation: Ein Handbuch für Visionäre, Spielveränderer und Herausforderer, Campus Verlag

Das BMC bietet zur Bearbeitung der komplexen Aufgabe eines Geschäftsmodells nur ein Rahmengerüst an. Es werden entsprechende Arbeitsfelder bereitgestellt und die passenden Fragen gestellt. Das Scaffolding umfasst nun zumindest zwei Aspekte: Erstens gibt es für das komplexe Problem einen Rahmen, ein Template zur Bearbeitung, das die Struktur vorgibt, aber den Inhalt offenlässt. Zweitens werden immer kleine Gruppen von Menschen eingeladen, sich mit dem BMC zu beschäftigen und gemeinsam Lösungen zu erarbeiten. Die Möglichkeit und Einladung, in kleinen Teams an der Problemstellung zu arbeiten, ist ebenso Scaffolding in Reinkultur.

Inspiriert von *Alexander Osterwalder* wurden zahlreiche weitere ‚Canvas-Modelle' entwickelt. Für viele Anwendungen und komplexe Herausforderungen, von der Strategie- bis zur Organisationsentwicklung, können heute diese Canvas-Modelle eingesetzt werden.

Wir können die Idee des Scaffoldings noch etwas strapazieren und auch das Methodenaufgebot in der Welt der ‚Agilität' hinzunehmen. Immer wenn wir die komplexe Domäne betreten, neigen wir Menschen dazu, die ‚Offenheit dieser Welt' differenzierter auszulegen. Meist wird inhaltlich die Offenheit durchgehalten, dafür aber wird für die gemeinsame Arbeit ein oft sehr striktes strukturelles Korsett vorgegeben. Die kreative Lebendigkeit wird über Strukturen gezähmt und in Bahnen gelenkt. Wir können auch die Bereitstellung von Methoden wie beispielsweise das *Design Thinking* für die Produktentwicklung oder die Vorgabe von Methoden für die gemeinsame *Entscheidungsfindung* als *Scaffolding* bezeichnen. Die Aufgabe von Führung liegt also im Gerüste bauen, im Rahmenbedingungen schaffen und im Auswählen von Methoden, damit sich Menschen entwickeln und die kreativen Interaktionen der Teams besser gelingen.

Heuristiken

Heuristiken sind gewonnene Erkenntnisse aus komplexen und sich wiederholenden Lebenssituationen, die uns das Leben erheblich vereinfachen können. Naheliegend wird auf den ersten Blick damit eine Reduktion von Komplexität, ein ‚Simplify your Life'-Ansatz verbunden. Bei Heuristiken ist aber das Gegenteil der Fall. Sie sind keine Reduktion auf ein Teilproblem, sondern eine Art destillierte Essenz der hohen Komplexität. Eine Heuristik beinhaltet das Wertvollste, das nur Menschen mit enormem viel Wissen in diesem Umfeld und mit jahrelanger praktischer Erfahrung gewinnen und zur Verfügung stellen können.

Dazu ein einfaches Beispiel. Wenn Sie mit einer erfahrenen Skipperin auf einem Segelschiff unterwegs sind, können Sie die sogenannte *Blickheuristik* in Aktion beobachten. Stellen Sie sich vor, Ihr Schiff liegt voll im Wind und Sie segeln mit guter Geschwindigkeit und folgen Ihrem Kurs. Steuerboardseitig (rechter Hand) sehen Sie in der Ferne ein zweites Segelschiff, das im spitzen Winkel auf Sie zukommt. Nun gilt es abzuschätzen, ob die beiden Schiffe, so Sie ihren Kurs und ihre Fahrt halten, einen gemeinsamen Schnittpunkt finden, also kollidieren werden. Ihre Skipperin wird sich in diesem Fall nicht unter Deck begeben und mit dem Taschenrechner eine Lösung berechnen. Sie verfügt dazu gar nicht über genügend Daten. Sie müssten die Abstände zueinander, den Winkel der beiden Fahrtlinien und die genauen Geschwindigkeiten kennen. Wie also geht Ihre Skipperin vor? Wenn Sie genau beobachten, werden Sie bemerken, dass sie das zweite Schiff aus dem Augenwinkel beobachtet. Sie weiß, wenn das zweite Schiff bei konstantem Blickwinkel – also immer im Augenwinkel bleibt –, dass ein Abdrehen unvermeidlich sein wird, weil es in diesem Fall zur Kollision kommen würde. Wenn sich das zweite Schiff im Augenwinkel verliert, weil es zurückbleibt oder sich schneller bewegt (der Blickwinkel verändert sich), wird sie ruhig weiter segeln und kein aufwendiges Manöver einleiten. Die Fahrlinien werden sich zwar kreuzen, aber es werden nicht beide Schiffe zur gleichen Zeit am Kreuzungspunkt ankommen. *Gerd Gigerenzer*[99] beschreibt diese Blickheuristik auch bei Ballspielen. Im Fußball können erfahrene Spieler einen weit und hoch gespielten Ball ebenso mit einer

99 Gerd Gigerenzer, Hainer Kober, 2008, Bauchentscheidungen: Die Intelligenz des Unbewussten und die Macht der Intuition, Goldmann Verlag; 11. Auflage

Blickheuristik punktgenau erwischen, ohne die komplexe Berechnung seiner Flugbahn nachvollziehen zu müssen. In diesem Fall ist es wichtig, dass der Spieler sich in Bewegung setzt. Dabei muss er die Laufrichtung und Geschwindigkeit so anpassen, dass er den Ball nicht aus dem Augenwinkel verliert. Dann werden Ball und Spieler am Spielfeld zueinander finden.

Gerd Gigerenzer zeigt, wie für komplexe Fragen – beispielsweise in der Medizin – Heuristiken genutzt werden können. Er beschreibt ein Forschungsprojekt, in dem für die Diagnostik bei Patient:innen mit Verdacht auf Herzinfarkt eine Heuristik mit drei Fragen entwickelt wurde. Nur wenn alle drei Fragen mit JA beantwortet werden, folgt die Überweisung auf eine Intensivstation. Es sind aber diese drei Fragen, die alle Komplexität der Situation beinhalten müssen. Diese Fragen können ausschließlich Expert:innen mit jahrelanger Diagnostikerfahrung erarbeiten. Sie müssen sich auch gemeinsam durchringen, ihr intuitives Wissen im Dialog besprechbar zu machen und in die Fragen einfließen zu lassen.

Dave Snowden[100] bringt in seinen Vorträgen häufig ein Beispiel für ein ‚*Prinzip*', wie er es benennt. Die US-Marines haben eine Heuristik für den Fall, dass die Kommunikation mit dem Einsatzteam im Kriegsgebiet abbricht: ‚Capture the High Ground, Keep in Touch, Keep Moving' (eine höhere Ebene aufsuchen, in Kontakt bleiben, in Bewegung bleiben). Diese Heuristik sichert den Marines, die sich hinter den feindlichen Linien in einer sich schnell verändernden, gefährlichen Situation befinden, gute Chancen für das Überleben.

Solche Heuristiken sind schwierig zu entwickeln, können aber in vielen Wirtschaftsbereichen zum Einsatz kommen. Beispiele dafür sind komplexe Investitionsentscheidungen oder das Personalrecruiting. Einfache Beispiele können in der Entscheidungsfindung auch im Führungsleben eingesetzt werden. Sie können für Ihr Verkaufsteam eine einfache Regel (eine ‚Heuristik') für die Entscheidung ausgeben, ob ein Kundenauf-

100 Dave Snowden, Making Sense of Complexity, https://thecynefin.co/ (am 20.2.2022)

trag angenommen wird oder nicht. Die Regel könnte lauten: Aufträge mit einem Volumen über 20.000 Euro dürfen vor Ort nur unterschrieben werden, wenn der Kunde oder die Kundin mindestens eine 30%ige Anzahlung leistet. Diese ‚einfache Regel' dient der komplexen Frage der Liquiditätssicherung. Auch für die Umsetzung einer neuen Strategie können Sie als Führungskraft Heuristiken mit Ihrem Team entwickeln. Um strategiekonform zu entscheiden, müssen alle Mitarbeitenden drei Fragen durchspielen. Ein sofortiges GO gibt es nur, wenn alle drei Fragen mit JA beantwortet sind. Dazu müssen Sie im Dialog die Komplexität der Strategie auf beispielsweise drei Fragen konzentrieren. Lassen Sie sich von dieser Idee inspirieren. Ihren Mitarbeitenden wird es besser gelingen, eine neue komplexe Strategie umzusetzen, wenn das Problem auf drei Kriterien reduziert werden kann.

Ein zugegeben sehr vereinfachtes Beispiel für ein technisches Handelsunternehmen könnte lauten: *Ein ideales Strategieprojekt entspricht den folgenden drei Kriterien:* 1. Im Auftrag können wir unsere Eigenmarke positionieren; 2. Smarte Produkte machen 30 % des Projektumsatzes aus; 3. Wir bringen unsere eigene Serviceabteilung ins Geschäft – sofern deren Strategie lautet, Eigenmarken bei smarten Produkten zu stärken und über die Serviceabteilung mehr Nachhaltigkeit zu sichern. Wenn also ein Kundenauftrag alle drei Bedingungen erfüllt, kann das Projekt strategiekonform umgesetzt werden. Wenn nicht, muss gemeinsam eine Entscheidung getroffen werden.

Die Grenze zwischen echten Heuristiken und einfachen Prinzipien (oder Regeln) ist nicht leicht zu ziehen. Wir sprechen eher von einer Heuristik, wenn wir eine komplexe Entscheidungssituation mit wenigen Fragen auf den Punkt bringen können. Wenn es eher um Regeln für richtiges Verhalten geht, dann sind das keine Heuristiken.

Visionen und Szenarien – von der Zukunft her denken

Wir Menschen leben zwar in der Gegenwart, und die meisten Weisheitslehrer:innen unserer Zeit motivieren uns zu einem achtsamen Leben im

Jetzt[101]. Aber es gehört zum Muster unserer westlichen Kulturen, dass wir uns von der Vergangenheit und der Zukunft her belasten lassen. Nicht selten wirkt sich die Belastung derart intensiv aus, dass wir den Bezug zum Jetzt, zum Sein gänzlich verlieren und nur mehr in Sorge um die Zukunft leben und uns mit der Aufarbeitung unserer Vergangenheit beschäftigen. In Organisationen wird der Fokus auf die Zukunft gelegt, wenn es um Visionen und Strategien geht. Die Vergangenheit spielt dabei im Sinne der Herkunft ebenso eine, aber untergeordnete Rolle.

Der Umgang mit der Zukunft hat sich in VUKA-Zeiten nun erheblich verändert. Die Bandbreite zwischen der besten aller Welten, um *Gottfried Wilhelm Leibnitz* zu folgen und der schlechtesten aller Welten, um die Sichtweise *Arthur Schopenhauers* aufzugreifen, ist größer geworden. Das Mehr an Möglichkeiten, die real werden könnten, erhöht auch die Ungewissheit. Bedenken wir noch die steigende Volatilität der Entwicklungen, dann wird die Beschäftigung mit möglichen Zukünften schwieriger. Kaum jemand setzt mehr viel auf die Prognosen der Trendforschung, weil Trends ebenso volatil geworden sind.

Die Schlussfolgerungen im Umgang mit Zukünften zeigen klare Tendenzen auf: Die Zukunft wird nur mehr rudimentär geplant. Die Pläne für die nächsten drei bis fünf Jahre werden oft nur mehr skizziert, weil sich die Dinge zu schnell verändern. Das *Segeln auf Sicht* hat sich in komplexen und instabilen Situationen als Ansatz besser bewährt. Wenn wir aber auf Flexibilität setzen und uns auf unsere Fähigkeiten verlassen, mit allen gegebenen Situationen einen guten Umgang zu finden, dann mag das zu einer gewissen Gelassenheit führen und Ängste reduzieren. Der Mangel an Orientierung aber bleibt als Manko aufrecht. Daher gibt es einen Gegentrend zum *Segeln auf Sicht,* der in der stärkeren Ausprägung einer fernen, vagen Zukunft besteht. Es wird mehr auf Visionen gesetzt, es wird mehr über den Sinn und Zweck der Organisationen diskutiert, um eine gemeinsame Ausrichtung zu gewinnen. Hier passt wieder die Leuchtturm-Metapher. Bei Dunkelheit auf stürmischer See und fehlen-

101 Eckhart Tolle, 2010, Jetzt! Die Kraft der Gegenwart, Kamphausen, 15. Auflage

der Navigation ist das Orientierungslicht eines Leuchtturms ein Hoffnungsschimmer.

Wir können uns als Menschen aber auch auf eine lang entwickelte Tradition berufen, die unser Überleben gesichert hat und uns Gefahren meistern ließ. Menschen verfügen über die überlebenswichtige Fähigkeit der *Antizipation.* Sie ermöglicht es uns, das Mögliche in der Zukunft auf das Reale zu beziehen.[102] Auf diese Weise können wir Gefahren vorwegnehmen und uns gedanklich auf sie einstellen. Die zur Lösung des Problems notwendige Zusammenarbeit und Kooperation können wir gedanklich gemeinsam durchgehen und so sicherstellen, dass wir im Angesicht der Gefahr sinnvoll handeln. *Bazon Brock* erinnert an das Verfahren des *apokalyptischen Denkens*[103], eine Kraft, die uns Menschen auf Gefahren zugehen lässt und zur Gemeinschaftsbildung beiträgt. Nur wer sich auf das Schlimmste gefasst macht und sich vorbereitet, kann der Gefahr ins Auge sehen und sie abwenden. Die beiden extremen Pole unserer möglichen Zukünfte können wir die Utopie (die beste aller möglichen Welten) und die Dystopie (die schlechteste aller möglichen Welten) nennen. Es macht nun sehr viel Sinn, mit dem Team, mit Menschen der Organisation, diese beiden extremen Zukünfte zu antizipieren und als Optionen in den Raum zu stellen. Bei Cynefin®-Seminaren der *Cognitive Edge Gruppe*[104] haben wir nicht nur ein tieferes Verständnis des Cynefin®-Frameworks entwickelt, sondern auch einige Einblicke in deren Methodenreichtum erhalten. Als Premium-User der Ressourcen der Cynefin® Company greifen wir eine Methode heraus, die nicht nur in Strategie-Beratungsprojekten erfolgreich eingesetzt wird, sondern sich als Mechanismus zur Lösung komplexer Fragen aus mehreren Gründen bestens eignet. Die Methode nennt sich ‚*The Future, Backwards*'.

102 Bazon Brock, 2012, Anthropologie des apokalyptischen Denkens, Seite 17, in: Bazon Brock, Konrad Paul Liessmann, 2012, Ein optimistischer Blick auf den Pessimismus, Edition Quer denken bei Wieser.

103 Bazon Brock, Seite 18

104 In den Cognitive Edge Seminaren (Cynefin®-Company) wird mit der Methode „The Future, Backwards" gearbeitet. https://www.cynefin.co/

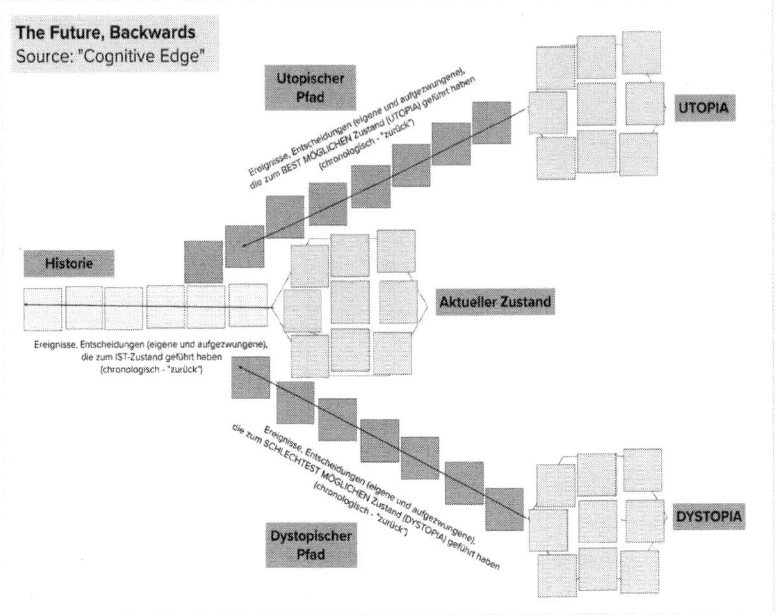

Abbildung 25: Darstellung der Methode ‚The Future, Backwards' der Cognitive Edge Gruppe, heute Cynefin.co.

Es handelt sich dabei um keine der üblichen Szenarientechniken. Vielmehr werden die Menschen der Organisation eingeladen, sich über mögliche Zustände und die Entwicklungspfade Gedanken zu machen. Zu Beginn wird der Ist-Zustand beschrieben. Auf Analysen wird verzichtet und ganz auf Erzählungen und Sichtweisen der Teilnehmer:innen gesetzt. Alle Sichtweisen sind wertvoll und werden aufgenommen. Ist der Zustand beschrieben und als Bild und Geschichte verfügbar, dann wird auf dem Zeitstrahl zurückgegangen. Welche Ereignisse, welche Entscheidungen, welche Initiativen haben dazu geführt, dass es heute ist, wie es ist? Dann beginnt die Erarbeitung der Utopie und der Dystopie. Damit werden die extremen Pole erkundet. Auf dem Zeitstrahl wird dann von der Zukunft zurück in die Vergangenheit verbunden und die möglichen

Ereignisse, Entscheidungen und Initiativen aufgezeigt. Im Idealfall kann der Strahl von der Utopie und von der Dystopie an ein reales, bereits in der Vergangenheit liegendes Ereignis anknüpfen.

Die Kraft der Methode liegt im *„Side-Casting"*, wie es *Dave Snowden* nennt. Dabei werden die ersten Ergebnisse der Teilgruppen untereinander ausgetauscht und reflektiert. Besonders wichtig in diesem Austausch ist die Frage nach den Überraschungen. Was an den Ergebnissen der anderen Gruppen hat uns überrascht? Was finden wir besonders spannend? Welche ‚Turning Points' (Punkte, die Entwicklungen beeinflussen) haben wir gefunden, welche die anderen Gruppen? Mit dieser Methode werden die Intelligenz und die Intuitionen der Menschen verknüpft (Netzwerkintelligenz) und für die Generierung von gemeinsamen Zukunftsbildern bestmöglich genutzt.

Reden, reden, reden…? Ist Reden der neue Alleskleber?
Wäre Schweigen nicht manchmal besser?

Im Kloster des Schweigens

9 Kommunikationsstrategien

Lösungen komplexer Probleme lassen sich besser finden, wenn wir auf viele unterschiedliche Sichtweisen, Auffassungen und Entwürfe bauen können. Der Schlüssel zum Reich der Komplexität liegt daher im Gemeinsamen, in der Kooperation, in der Bildung von Netzwerken und in einer Form des in Verbindungtretens.

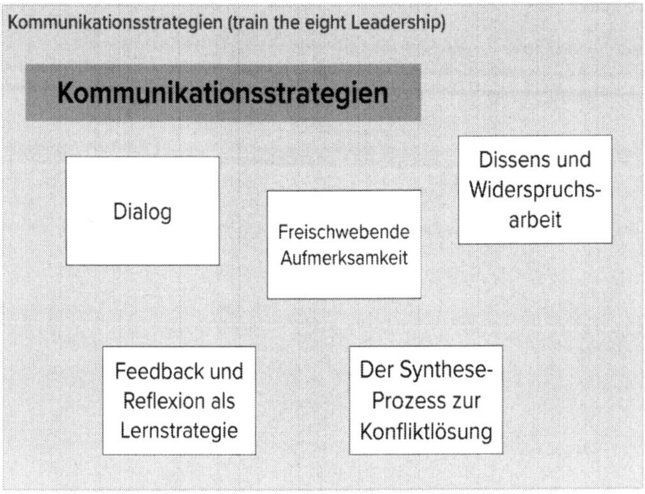

Abbildung 26: Ausgewählte Kommunikationsstrategien für die Führungsarbeit unter hoher Komplexität.

In einer dynamischen Interaktion von Menschen ist der Rat von Autoritäten und Expert:innen mit einer isoliert erarbeiteten Lösung keine Bereicherung, sondern ein Hemmschuh. Wichtiger als jeder Ratschlag ist *meine* individuelle Frage oder der Beitrag *meiner* subjektiven Sichtweise auf die Situation. In so einem Kontext sind besonders die randständigen Perspektiven wertvoll, jene, die wir in den Teams nur selten zu hören bekommen und die keine schnelle Zustimmung der anderen finden. In allen Kommunikationsstrategien geht es daher um Perspektivenvielfalt, um den Dissens und das Finden einer Lösung – ohne schnelle Bewertung (Spielregel) – auf einer höheren Ebene.

Bewältigungsstrategie Dialog

In der westlichen Kultur, die auf einer weit entwickelten Schriftkultur basiert, sind wir es gewohnt, Probleme aus dem Kontext zu reißen und in Isolation, gerne unter Zuhilfenahme von Büchern, Lösungen zu entwickeln. Es gehört nicht zu unseren Standards, kontextbezogen zu denken und Zusammenhänge auf einer Metaebene zu betrachten.

	Diskussion	Dialog
Ziel	recht haben	lernen
Intention	überzeugen	verstehen
Mittel	Argument	Frage
Impuls	durchsetzen	lösen
Kultur	konfrontativ	kooperativ

Abbildung 27: Der Dialog nach David Bohm. Das Gespräch am Ende der Diskussionen. Unterschiede zwischen der Diskussion und dem Dialog kurz erklärt.

Lösungen im Gespräch, also in einem *Dialog* zu erarbeiten, widerspricht unserer Natur und unseren gewohnten Mustern. Wir fühlen uns sicherer, wenn wir klare Strukturen vorfinden und Autoritäten Raum und Zeit kontrollieren lassen.[105] In einem Dialog von Menschen, die Lösungen komplexer Probleme finden möchten, wird jedem Menschen das Vertrauen entgegengebracht, zur Lösung wertvoll beitragen zu können. Die

105 Tyson Yunkaporta, 2021, Sand Talk: Das Wissen der Aborigines und die Krisen der modernen Welt, Matthes & Seitz

Lösungsfindung wird sehr stark ‚feldabhängig' und vom WER bestimmt. Die Subjektivität der Beteiligten und das Gelingen des Zusammenspiels bestimmen die Chance auf Lösung. Auch diese Form der Abhängigkeiten wollen wir in Organisationen meist vermeiden. Wir können davon ausgehen, dass alle unsere kulturell geprägten Zugänge zur Lösungsfindung sich grundsätzlich viel besser für komplizierte Probleme als für komplexe eignen.

Mit dem *Dialog*[106] finden wir aber eine wirkmächtige Strategie im Umgang mit Komplexität. Weil wir uns dabei ein wenig gegen den *kulturellen Strich* bürsten müssen, ist der Dialog ein breites und aufwendiges Übungsfeld in Organisationen und in der Führungsarbeit. Die gute Nachricht liegt in der evolutionären Prägung der Menschen als Nähe- und Schwebewesen[107]. Wir können unsere Intelligenz immer nur im Zusammenspiel mit anderen Intelligenzen aufbauen. Wir entwickeln unser Ich erst mit einem Du. Oder wie *Martin Buber* es ausdrückt: „Der Mensch wird am Du zum Ich"[108]. Unsere individuelle Bewusstheit kann sich erst in der Begegnung mit anderen Menschen und der materiellen Welt realisieren. Es ist also die Welt der Begegnungen und unsere Verbundenheit mit anderen in der Gemeinschaft, die uns hilft, ein Ich-Bewusstsein zu entwickeln.

Die Gesprächsform des Dialogs geht auf die oralen Kulturen zurück. Indigene Völker haben ihr Wissen nicht in Schriftform, sondern durch Erzählungen weitergegeben. Wissen war damit an Menschen, Orte und Gegenstände gebunden und somit stark kontext- und feldabhängig. *Tyson Yunkaporta* beschreibt Gesprächsformen, die wir als ‚Dialog' bezeichnen können. Den Übertrag der dialogischen Kultur in unsere Denkwelt haben in erster Linie *David Bohm* und *Martin Buber* vorangetrieben. Sie versuchten damit beschreibbar zu machen, was sich der Schriftform im-

106 David Bohm, 2014, Der Dialog: Das offene Gespräch am Ende der Diskussionen, Klett-Cotta; 10. Auflage

107 Peter Sloterdijk, 2016, Sphären I, Blasen, Suhrkamp, 13. Auflage, Seite 46

108 Martin Buber, 2006, Das dialogische Prinzip: Ich und Du. Zwiesprache. Die Frage an den Einzelnen. Elemente des Zwischenmenschlichen. Zur Geschichte des dialogischen Prinzips, Gütersloher Verlagshaus, 10. Auflage

mer entzogen hat. Wenn wir akzeptieren, dass wir bei dieser Übertragung einen Verlust an Komplexität erleiden, dann macht es Sinn, den Dialog ‚handlungsanleitend' zu beschreiben und uns zugänglich zu machen.

David Bohm war als Quantenphysiker vom ganzheitlichen Denken fasziniert und widmete seine letzten Schaffensjahre der Kommunikation von Gruppen. In seinem Buch *Der Dialog – das Gespräch am Ende der Diskussionen*[109] zeigt er eine Gesprächsform für Gruppen auf, in der die beteiligten Menschen ihre eigenen Muster und Programme offenlegen und sie in ein bewertungsfreies, offenes ‚Miteinanderdenken' bringen soll. Dabei baut er auf die Kraft eines Geistes, der es gelernt hat, nicht zu bewerten.

Schon zuvor hat der Religionsphilosoph *Martin Buber* das dilogische Prinzip ausgearbeitet. Er beschreibt dabei *Ich-Du* als Beziehungsprinzip und *Ich-Es* als Distanzierungsprinzip. Für Buber wurde klar: *„Menschsein ist Gespräch und Begegnung"*.[110]

Im Dialogkreis können Menschen ihre vielfältigen Sichtweisen vertrauensvoll einbringen und gemeinsam zu Lösungen komplexer Probleme finden.

Freischwebende Aufmerksamkeit

Die Dinge in der Schwebe lassen. Vielleicht klingt das für Sie zunächst wie eine Beschreibung einer unerwünschten Eigenschaft von Führungskräften, die wir Entscheidungsschwäche nennen würden. Aber bedenken Sie die Spielregel, die für strategische Entscheidungen gilt: *Entscheide nicht gleich, initiiere einen Prozess und kommuniziere* (Seite 86). Was hat es also mit dem ‚Schweben lassen' auf sich?

Vielleicht können Sie sich an ein Spiel in der Kindheit erinnern, wo Sie eine kleine Schlaufe in ein Behältnis mit Seifenwasser getaucht und dann

109 David Bohm, 2014
110 Martin Buber, 2006

voller Begeisterung Seifenblasen in die Luft geschickt haben? Besonders die großen Blasen, die vom leichten Wind getragen wurden und hoch und lange schwebten, brachten Freude und Erstaunen. Dieses wundervolle Schweben der Blasen lässt die Hoffnungen und die Aufmerksamkeit des Kindes mitschweben, es geht ganz im Raum auf. Für die kurze Lebenszeit der Seifenblase ist das Kind voll mit dem schwebenden Objekt verbunden, die Blase hält die ganze Aufmerksamkeit eingehüllt. *Peter Sloterdijk* schreibt dazu: „*Was sind geplatzte Hoffnungen anderes als Anlässe zu neuen Versuchen?*"[111] Vielleicht ist dieses Spiel für uns Menschen ein Grundstein unserer optimistischen, chancensehenden Grundhaltung.

Wenn wir einen ganzheitlichen Blick auf den Raum werfen, in dem Seifenblasen schweben, dann ist dieser Raum mit Aufmerksamkeit gefüllt. Zwischen Auge und Seifenblase wird der Raum zu einer *beseelten Sphäre.*[112] Was wir daraus für unsere Dialoge aus der Kindheitserfahrung mitnehmen können, ist das Gefühl, dass Raum und Geist eine Einheit bilden können. Wenn Sie zu so einem Zugeständnis bereit sind, dann haben Sie die ganzheitliche Dimension des Dialogs verinnerlicht.

Heute wird in Organisationen oft über den Sinn, auch *Purpose*[113] genannt, gesprochen. Dabei geht es nur um diese eine Sache: Die Organisation will ein Sinnraum werden. Wir sind aufgerufen, dem ganzen Sein der Organisation, allem, was da ist, Sinn einzuhauchen und den geteilten Gemeinschaftsraum mit Leben zu erfüllen. Alles muss Sinn machen, und alles muss jemandes Sorge werden. Auf diese Weise wiederholen wir unsere eigene Schöpfungsgeschichte. Die Organisation ist ohne Menschen nur ein hohles Gefäß. Dieser Hohlraum will gefüllt werden, mit Leben, mit Sinn. Die Frage nach dem Purpose können wir daher auch so stellen: Wer bläst der Organisation den Lebensatem ein, damit sie zu einem lebendigen *Wesen* oder einer lebendigen, agilen Organisation wird?

111 Peter Sloterdijk, 2016, Sphären I, Blasen, Seite 18.

112 Peter Sloterdijk, 2016, Sphären I, Blasen, Seite 19

113 Franziska Fink, Michael Moeller, 2018, Purpose Driven Organizations - Sinn Selbstorganisation Agilität, Schäffer-Poeschel

Zurück zum Dialog und zur *freischwebenden Aufmerksamkeit.* Der Begriff kommt aus der Psychoanalyse und wird dort meist ‚gleichschwebende Aufmerksamkeit' genannt. *„Man halte alle bewussten Einwirkungen von seiner Merkfähigkeit ferne und überlasse sich völlig seinem ‚unbewussten Gedächtnisse', oder rein technisch ausgedrückt: Man höre zu und kümmere sich nicht darum, ob man sich etwas merke."*[114] Genau das ist die Grundhaltung für den Dialog nach *David Bohm.*[115] Im Dialog sitzen die Menschen im Sesselkreis. In der Kreismitte steht ein Objekt, das die Blicke und Aufmerksamkeit der Teilnehmenden aufnehmen kann. Beispielsweise kann das ein Blumenstrauß oder ein Modell eines Leuchtturms sein. Die Menschen sprechen ihre Gedanken, ihre Sichtweisen nicht zu einem anderen Menschen, sondern in die Kreismitte. Wenn wir unsere Gedanken alle in die Kreismitte senden, dann kann alles in der Schwebe bleiben. Unsere Gedanken sind dann wie Seifenblasen, die wir in den Raum blasen. Niemand muss sofort einen Gedanken aufgreifen, alle Gedanken bleiben in der Schwebe. Sie können sich bewusst und unbewusst vernetzen und zu einem gemeinsamen Denkraum beitragen.

Die Grundidee dahinter ist einfach. Unter hoher Komplexität brauchen wir die vernetzte Intelligenz des gesamten Teams und unsere unbewusste Intelligenz, die wir Intuition nennen können. Wenn der Dialog komplex wird und sehr viele verschiedene Sichtweisen eingebracht werden, dann ist unser rationaler Geist mit seiner sequenziellen Verarbeitung nicht mehr in der Lage, seine Schlussfolgerung zu ziehen, ohne stark zu reduzieren und zu vereinfachen. Unsere unbewusste Intelligenz aber kann das schaffen. Damit wird auch klar, warum wir das Schweben der Gedanken und Ideen aushalten müssen. Intelligenz vernetzt sich nicht schnell, weil sie ein kollektives Denken voraussetzt, das ein Team nur im wiederholten Dialog aufbauen kann. Und unsere unterbewusste Intelligenz, die uns

---

114 Sigmund Freud, 1999, Ratschläge für den Arzt bei der psychoanalytischen Behandlung. In: Gesammelte Werke - Chronologisch geordnet, Band VIII: Werke aus den Jahren 1909 – 1913. Fischer Verlag, Seite 376.

115 David Bohm, 2014, Der Dialog: Das offene Gespräch am Ende der Diskussionen, Klett-Cotta; 10. Auflage

als Intuition zur Verfügung steht, wird sich nicht immer gleich lautstark melden. Im Gegenteil. Die unterbewusste Intelligenz will ‚prozessieren', sie will sich Zeit lassen und ungestört vor sich hinarbeiten. Daher auch die Spielregel: *Halte inne, bis alle gelernt haben.*

Das Ziel der freischwebenden Aufmerksamkeit im Dialog ist es, Mehrdeutigkeit und Unsicherheit gemeinsam zu besprechen, diese auszuhalten und keine voreiligen Entscheidungen zu treffen. Im Dialog kommen Sie zu einem Punkt, an dem die Lösung vor den Augen erscheint. Sie werden spüren, wann der Zeitpunkt dafür gekommen ist. *Ed Schein*[116], der Guru der Unternehmenskultur, schlägt die *Campfire Exercise* vor. Er sieht ebenso die zunehmende Komplexität unserer Aufgaben. Als Reaktion versuchen viele Organisationen, Vereinfachungen und Abkürzungen zu finden. Meist glauben die Teams dann, dass ein gemeinsames Verständnis entstanden sei, das kommt aber nur selten vor. Wenn wir aber eine echte Kultur der Zusammenarbeit erzielen wollen, ist ein gemeinsames Verstehen, ein kollektiver Denkraum unerlässlich. Der Dialog und die freischwebende Aufmerksamkeit bringen neben dem gemeinsamen Verständnis noch eine Vertiefung der Beziehungen mit sich. Der Dialog ist ein Übungsraum für eine Vertrauenskultur und eine Schule der Empathie.

Dissens und Widerspruchsarbeit

Wir Menschen wurden aus dem Paradies der Eindeutigkeit der Welt vertrieben. Fern dieses wundervollen Ortes ist es deutlich differenzierter, ambivalenter, streitbarer, voller Widersprüche und Konflikte, mehrdeutiger eben. Das Entweder-oder-Denken, die Leitunterscheidung Richtig-Falsch, die Entscheidungssicherheit aufgrund einer ausreichenden Datenbasis und wohl noch einiges mehr, haben wir beim Exodus aus dem Paradies verloren. Heute sind wir dazu verdammt, Unterschiede auszuhalten, das genaue Gegenteil unserer Sichtweise gelten zu lassen, den Schmerz zu erdulden, dass andere Menschen ganz andere Meinungen

116 Edgar H. Schein, Peter Schein, 2018, Organisationskultur und Leadership, Vahlen, 5. Auflage

vertreten und die eigene Idee nur eine unter vielen ist; vielleicht sogar bei weitem nicht die beste.

Die neue Unternehmenskultur, die wir in einer komplexen Welt zunehmend brauchen, wird also von moderierten, gezähmten Konflikten durchzogen sein. Wir meinen aber keine emotional-affektive Streitkultur. Wir müssen bereit sein für den Dissens, unsere Harmoniesucht in etwas Reiferes umzuwandeln. Was dabei wichtig wird?

Wir schlagen folgendes Übungsprogramm vor:

- Die Unterschiedlichkeit der Menschen respektieren. Mit diesem Respekt öffnen wir den Raum für mehr Vielfalt und gesunde Diversität.
- Perspektivenvielfalt ergibt sich aus einer hohen Diversität. Gleichgeschaltetem Denken, schneller Einigkeit und der Einebnung der Differenzen muss eine Führungskraft entgegenwirken.
- Umwertung der Bedeutung von Differenzen, Unterschiedlichkeiten und Konflikten als treibende Spannung für Lernen und Entwicklung. Der Konflikt ist Ressource, ist Lösung, ist der Beginn einer Veränderung.
- Kultur als Übungsprogramm verstehen. Vertrauen lässt sich durch wiederholte Investition erlernen und erfahren. Empathie ist ebenso eine Fähigkeit, die sich übend erlernen lässt. Das Programm beginnt mit dem Training der Achtsamkeit.
- Wenn es einen Wert, eine ***Haltung,*** eine Eigenschaft, eine Fähigkeit gibt, die in der neuen Kultur wichtiger als alles andere wird, dann ist es eine Form der ***heiteren Gelassenheit.*** Eine heitere Gelassenheit ergibt sich aus einer humorvollen Verbindung von Aggression ohne Gewalt, ein Ausdruck von Entschiedenheit und einer starken Stimme ‚auf der Bühne' (speak-up) und einer willensstarken Gelassenheit, ein genaues Gegenteil einer willenlosen Gleichgültigkeit.[117]

117 Herbert Pietschmann, 2002, Eris & Eirene, Ibera-Verlag, Seite 123

Wer mit Teams arbeitet und sich dabei über die vielfältigen Sichtweisen, Kompetenzen, Zugänge zur Lösung, also über die vorhandene Diversität erfreut, kommt oft an einen sehr enttäuschenden Punkt. Das Potenzial des vielfältigen Teams müsste zu einer sehr guten Entscheidung führen, was aber häufig gar nicht der Realität entspricht. Diese Frustration ist bei Führungskräften oft so stark, dass Sie sich von Teamentscheidungen wieder abwenden und auf Einzelentscheidungen bauen. Das ist aber kein guter Weg für die Lösung komplexer Probleme. Das Problem, warum Teams trotz oder gerade wegen ihrer Vielfalt schlechte Entscheidungen treffen, ist seit langem bekannt und wird als *Groupthink*[118] oder *Gruppendenken* beschrieben.

Gruppendenken vermeiden! Die zwei Annahmen, die sich bewahrheiten sollten: Gruppen haben immer mehr Wissen zur Verfügung, als jedes einzelne Mitglied dies für sich allein hätte. Daher kann die Gruppe eine *informiertere* und somit bessere Entscheidung treffen. *Stefan Schulz-Hardt* nennt drei Gründe, warum Gruppen ihr Potenzial nur schwer heben können: vorschneller Konsens, asymmetrische Diskussion, asymmetrische Informationsbewertung. Das ‚Hidden Profile' der Gruppe umfasst die Gesamtheit der Sichtweisen, die geteilten und die ungeteilten Randmeinungen. Davon weiß die Gruppe zunächst aber kaum etwas, somit fällt es auch nicht auf, wenn das Potenzial nicht genutzt und für die Entscheidung nicht offengelegt wird.

Vorschneller Konsens: Die Gruppe wird eingeladen, sich über ein kritisches Thema auszutauschen. Die Mitglieder äußern ihre individuellen Präferenzen und stellen dabei sehr schnell fest, dass sie der gleichen Meinung sind und treffen aus diesem Grund eine vorschnelle Entscheidung. Die Sache scheint für alle klar zu sein. Da die einzelnen Mitglieder die Argumente im ‚Hidden Profile' nicht erkennen können, wird meist nicht weiter nach Argumenten für die andere Option gesucht. Es folgt eine relativ schlechte Entscheidung, eine schlechtere, als es möglich wäre.

118 Stefan Schulz-Hardt, Gruppen als Entscheidungsträger in kritischen Situationen, 2007, in: Stefan Strohschneider (Hrsg.)

Asymmetrische Diskussion: Wenn eine Gruppe in die Diskussion geht, wird entscheidungsrelevantes Wissen geteilt. Es liegt auf der Hand, dass mehr *geteilte* als *ungeteilte* Informationen ausgetauscht werden. Menschen können und wollen nicht alles sagen, was sie wissen. Aus guten Gründen bringen die Personen mehr Argumente ein, die ihre Präferenzen unterstützen als solche, die ihnen widersprechen. Die Randthemen, die seltenen Sichtweisen, die außergewöhnlichen und seltsamen Meinungen werden, sofern überhaupt, nur sehr sparsam auf den Tisch gelegt. Somit werden Meinungen vergessen oder absichtlich nicht eingebracht.

Asymmetrische Informationsbewertung: Selbst, wenn kein vorschneller Konsens erzielt wird und die Gruppe genügend ‚hidden' Argumente einbringt, wird oft für die ursprünglich präferierte Lösung gestimmt. Diese Lösung ist meist suboptimal. Warum das so ist? Geteilte Informationen (Argumente) werden höher gewichtet als ungeteilte (sie kommen weniger oft vor). Das macht geteilte Informationen glaubwürdiger (‚Verfügbarkeitsfehler'). Informationen, die der eigenen Meinung widersprechen, werden als unglaubwürdig eingestuft (‚Bestätigungsfehler').

Was können Führungskräfte tun, um das Potenzial des Teams zu nutzen?

- Die Heterogenität des Teams erhöhen (Meinungsvielfalt strukturell sicherstellen)
- Minderheitenmeinungen Einfluss geben, weil das besonders das divergente Denken unterstützt. Es ist wichtig zu wissen, dass abweichende Meinungen unterstützen und produktiv sein können, auch wenn sie falsch sein mögen!
- Eine kontroverse Diskussionskultur durch die Moderation unterstützen und nicht der Harmonie den Vorzug geben.
- Diskussionstechniken und Prozeduren einführen und umsetzen, die eine Dissenskultur fördern. Beispiel: Advocatus Diaboli
- Der gemeinsamen Reflexion und dem Dialog Zeit geben, um gemeinsam zu lernen.

Methodische Hilfen für eine neue Dissenskultur: Es gibt zahlreiche Diskussionsmethoden, die genau für den Zweck, die Vielfalt der Meinungen, der Sichtweisen, der Lösungsansätze zu erhöhen, geeignet sind. Nutzen Sie diese für bessere Entscheidungen. Wir greifen hier vier verschiedene Zugänge heraus und stellen sie ganz kurz dar:

- Provokationstechnik Advocatus Diaboli (‚Devil's Advocate')
- Die sechs Denkhüte (‚Six Thinking Hats') von Edward De Bono
- ‚Ritual Dissent' als provokante Feedbackmethode
- Syntheseprozess zur Konfliktlösung (Aufhebung der Aporie)

Provokationstechnik Advocatus Diaboli: (‚Devil's Advocate'): In der Gruppendiskussion wird eine Person eingeladen, in die Rolle des *Advocatus Diaboli* zu schlüpfen und diese Rolle kompromisslos auszutragen. Zur Rolle gehört es erstens, provokante Thesen aufzustellen und provokante Fragen vorzubringen. Zweitens übernimmt der Advokat des Teufels immer eine Gegenposition und eine ablehnende Haltung den anderen Sichtweisen gegenüber ein. Weil alle wissen, dass es sich hier nur um ein Rollenspiel handelt, ist es unwahrscheinlich, dass sich Menschen persönlich beleidigt fühlen und sich aus der Diskussion nehmen. Im Gegenteil. Wir können annehmen, dass diese Rolle die anderen Teilnehmer:innen der Diskussion motiviert, ihre Argumente besonders gut zu hinterlegen und dabei das ‚hidden profil' möglichst offen zu legen.

Die sechs Denkhüte von Edward De Bono: *Edward de Bono*[119] stellte 1986 eine bahnbrechende Kreativitätstechnik vor. Er nannte sie die ‚Six Thinking Hats' oder das laterale Denken. Dabei definiert er für die Gruppendiskussion sechs unterscheidbare Perspektiven, die jeweils aus Gegensatzpaaren, also Widersprüchen, bestehen. Die drei Widerspruchspaare lauten: positives Denken (gelb) – kritisches Denken (schwarz), sachlich-rationales Denken (weiß) – emotionales Denken (rot), kreatives-divergentes Denken (grün) – ordnungs- und konvergentes Denken (blau).

119 Edward de Bono, 2016, Six Thinking Hats: The multi-million bestselling guide to running better meetings and making faster decisions, Penguin Life

Diesen Perspektiven hat er Farben zugeordnet (‚farbige Denkhüte') und sequenziell durchgespielt. Alle Teilnehmer:innen der Diskussion müssen also gleichzeitig, parallel, aus der gleichen Perspektive denken und diskutieren. Mit dieser Methode kann ein Team lernen, sehr perspektivenreich zu diskutieren und andere Sichtweisen schrittweise besser zu verstehen.

Ritual Dissent: Die Methode ‚*Ritual Dissent*'[120] (ritueller Dissens) eignet sich bestens, um neue Ideen auf ihre Brauchbarkeit zu testen und wirklich kritisches Feedback einzuholen. Eine der Standardanwendungen finden wir in der Strategiearbeit, wenn neue Optionen entwickelt und getestet werden sollen. Die Idee dahinter ist einfach erklärt: Jede Kleingruppe im Workshop entwickelt Ideen und Optionen für die Zukunft des Unternehmens. Damit die Ideen und Optionen aber wirklich reifen können, braucht es das ehrliche Feedback der jeweils anderen Gruppen. Um aber zu vermeiden, dass nur lauwarmes Feedback gegeben wird, um andere nicht zu verstimmen, wird ein Ritual eingeführt. Eine Sprecherin einer Workshopgruppe geht mit den eigenen Ergebnissen zu einer anderen Gruppe und präsentiert in Kurzform deren Ideen. Dann wendet sie oder er sich von der Gruppe ab, sodass kein Face-to-Face-Kontakt mehr besteht (einfach den Sessel umdrehen und der Gruppe den Rücken zuwenden oder eine Maske aufsetzen) und lädt die Gruppe ein, ein wirklich klares, ungeschminktes und sehr kritisches Feedback zu geben. Gerade weil die Feedbackgeber:innen keinen persönlichen Blickkontakt zur Empfänger:innen des Feedbacks haben, macht es Spaß, kritisch zu sein und die Ideen zu zerpflücken. Mit dem Feedback geht die Sprecherin in die eigene Gruppe zurück und überarbeitet die Ideen. Dieser Prozess kann iterativ wiederholt werden.

Der Syntheseprozess: Der ‚*Syntheseprozess zur Konfliktlösung*' ist eine mächtige Methode, die Führungskräfte dabei unterstützt, einen besseren Umgang mit allen Formen von Konflikten zu finden. Die Methode ist unabhängig von der Art des Konfliktes einsetzbar. Sie können damit einen Streit schlichten, eine Verhandlung führen, einen Zielkonflikt lösen,

120 Cognitive Edge, Cynefin Company, Premium Ressources: https://thecynefin.co/

einen strategischen Widerspruch aufheben oder einfach einen Widerspruch der Organisation und der Führung auf eine neue, höhere Ebene bringen. Dazu mehr im nächsten Kapitel.

Der Syntheseprozess zur Konfliktlösung

Wie lösen wir in vielen Fällen einen Konflikt in einer Organisation? Der erste und einfachste Schritt ist immer die Unterordnung einer Seite, also eine Entscheidung für eine der beiden Standpunkte. Bei Aporien macht das aber keinen Sinn, weil der Grundkonflikt nicht entscheidbar ist und daher bestehen bleibt. Unterordnung ist nur eine Lösung für kurze Zeit. Bleibt der Kompromiss, der von beiden Seiten ein bisschen gibt und gleichzeitig nimmt. Auch dieser Weg führt zu keiner langfristigen Lösung, weil der Konflikt nicht wirklich aufgehoben wird.

Bei realistischer Betrachtung ist es aber der Kompromiss, der in vielen Organisationen das Miteinander ermöglicht und die Konflikte niederschwellig hält. Aus Effizienzgründen ist das manchmal auch ein ausreichend guter Weg. Jede Führungskraft wird sich immer wieder in der Lage befinden, einen schnellen Kompromiss zu schließen. Sie wollen ein neues IT-Projekt initiieren? Gerne, aber die IT-Abteilung hat gerade keine Ressourcen und stimmt dem Vorhaben unter einigen Bedingungen zu: Das Projekt startet erst in sechs Monaten und von den Zielen müssen einige gestrichen werden. Das Projekt wird zur Kompromisslösung. Dieses Vorgehen hinterlässt oftmals den Beigschmack, nur wenig erreicht und die eigene Position nicht durchgebracht zu haben. Das ist auch so. Dieses Gefühl des Verlustes können wir nur positiv umwandeln, wenn wir uns in Richtung *Konsens* bewegen.

Für wichtige strategische Fragen bleibt die Königsdisziplin der Konfliktlösung: die Suche nach einem *Konsens* im *Syntheseprozess.* Der Widerspruch als Konfliktfall im Unternehmen muss alle Stufen der Konfliktlösung durchlaufen und kann letztlich zum Konsens führen.

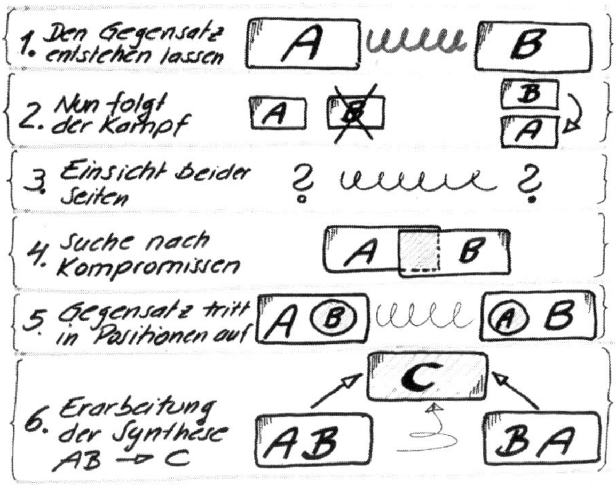

Abbildung 28: Gerhard Schwarz, 2014, Konfliktmanagement, Springer Verlag, 9. Auflage, (Quelle: eigene Darstellung.

Es ist ein anstrengender Prozess, aber zweifellos ein lohnender! *Peter Kruse*[121] sah in der *Synthesekompetenz* eine zentrale Führungskompetenz. In der Welt hoher Ambiguität stellt sich die Herausforderung, eine Synthese zu finden, immer häufiger. Es sind die strategischen Fragen, die immer Aporien enthalten und die daher Synthesekompetenz erfordern.

Der Syntheseprozess oder auch der konsensuale Entwicklungsprozess in Schritten[122] am Anwendungsbeispiel dargelegt: Konflikt zwischen der Zentrale und dem Außendienst. Hier ein Versuch, diese Aporie allgemein zu formulieren: Aussage 1 (These): Vertriebsmitarbeiter:innen sind Angestellte und müssen sich an die Vorgaben und Regeln der Zentrale zwingend halten und bestmögliche Ergebnisse erzielen. Aussage 2 der Gegenseite (Antithese): Vertriebsmitarbeiter:innen sind wie freie Unternehmer:innen zu denken, die bei Bedarf Unterstützung und Serviceleistungen der Zentrale annehmen können (Phase 1).

121 Peter Kruse, 2004, next practice. Erfolgreiches Management von Instabilität, Gabal, 8. Aufl.

122 Gerhard Schwarz, 2014, Konfliktmanagement, Springer Verlag, 9. Auflage

Hinter diesem Widerspruch steckt die Aporie von *Ordnung ⇔ Freiheit.* Wenn in einem Unternehmen der Konflikt zwischen Zentrale und Außendienst gerade eskaliert, weil die einen die anderen der Arroganz, der überflüssigen Existenz, der Unbrauchbarkeit beschuldigen, sind sie in Phase 2 der Konfliktlösung, nämlich mitten im Versuch, die Gegenseite zu unterwerfen. In Phase 3 müssen beide Seiten zur Einsicht kommen, dass sie übertreiben und sich selbst schaden. Dann beginnt die Suche nach Kompromissen (Phase 4). Dabei gelingt es zunehmend, die andere Seite zu verstehen und deren Sichtweise in die eigene zu integrieren (Phase 5). Der Konsens kündigt sich an. Die Aufhebung des Konfliktes im Konsens (Phase 6) nimmt das Beste von beiden Seiten mit in die Lösung, die als Lösung AB=C eine Lösung auf höherer Ebene darstellt, eine echte Synthese.

Der erste Schritt in der Konfliktlösung ist immer die Einsicht, in der eigenen Argumentation zu übertreiben, und – wie *Herbert Pietschmann*[123] das nennt – in den eigenen Schatten zu fallen. Mit Schatten ist eine negative, destruktive Übertreibung gemeint. Nach der Einsicht folgt die Bereitschaft, die Welt mit den Augen des anderen zu sehen und somit die Perspektive zu wechseln. „*Walk a mile in my shoes*"[124] ist die dazu passende Einladung. Je mehr die Teams die Reflexion der eigenen Handlungsmuster trainieren, sich in der Ko-Kreativität und im Dialog üben, umso leichter wird es fallen, perspektivenreich zu diskutieren und Widersprüche auf die nächste Ebene zu bringen. Synthesekompetenz ist ein Trainingsprogramm für das gesamte Team.

Feedback und Reflexion als Lernstrategie

Feedback ist schon lange ein wichtiger Lern- und Entwicklungsprozess in Unternehmen und wichtiger Aspekt der Führungsarbeit. Dabei wird Feedback in zwei Varianten eingesetzt, erstens als quantitatives Feedback im Controlling (im Sinne einer Regelung des Systems durch eine Rückkopplung) und zweitens als qualitatives Feedback als Entwicklungshal-

123 Herbert Pietschmann, 2002, Eris & Eirene, Ibera-Verlag

124 Yeah, before you abuse, criticize and accuse, walk a mile in my shoes": Lyrics by Bob Dylan.

tung der Führungskräfte, um Mitarbeiter:innen im Lernprozess zu unterstützen (Menschen fördern und entwickeln)[125].

Wenn wir im gemeinsamen Lernprozess von Feedback sprechen, dann ist damit aber nicht die Form von Feedback gemeint, wie sie in Führungstrainings gelehrt wird. Feedback wird dort oft als Einladung und Geschenk verstanden, sich der Rückmeldung anzunehmen und, sofern diese als sinnvoll und hilfreich erachtet wird, auch umzusetzen. Diese Form des unverbindlichen Feedbacks ist zu aufweichend, zu verwaschen, wie dies *Stephanie Borgert*[126] sehr klar zum Ausdruck bringt. Feedback unter komplexen Bedingungen muss vielmehr eine echte *Rückkopplung* werden. Das Ergebnis einer Handlung muss auf die nächste Handlung einen direkten Einfluss haben. Wie sonst sollte es uns gelingen, Strategien zu entwickeln, Projekte zu meistern, das Zusammenspiel zu verbessern und gemeinsam zu lernen? *Fredmund Malik*[127], einer der ganz großen Managementvordenker aus Sankt Gallen, geht noch einen Schritt weiter. Für ihn wird die *Rückkopplung* erst wirkungsvoll, wenn es auch zu einer sprachlichen Rückkopplung in eigenen Worten kommt. Jede wichtige Kommunikation von Sender:innen wird von Empfänger:innen in eigenen Worten wiederholt, um wirklich zu klären, welche Botschaft angekommen ist. Diese Atmosphäre der militärischen Strenge scheint für viele auf den ersten Blick unangebracht. In sehr schwierigen Zeiten aber kann sie sich zum Segen entwickeln, wenn Menschen es gelernt und geübt haben, einander wirklich zu verstehen.

Unter den Herausforderungen der VUKA-Welt – also unter schwierigen Bedingungen – wird Feedback zur wichtigen Handlungsstrategie der Führungsarbeit. In einer dynamischen Arbeitswelt und unter zunehmen-

125 Marion Jonassen et al., 2019, Gestaltung der Beziehung zu einzelnen Mitarbeitenden, Seite 376 ff., in: Eric Lippmann, Andreas Pfister, Urs Jörg (Hrsg.), 2019, Handbuch Angewandte Psychologie für Führungskräfte, Band I, 5. Auflage, Springer Verlag.

126 Stephanie Borgert, 2018, Unkompliziert, Gabal Verlag, Seite 147. Dieses Buch bietet eine einfache Darstellung für den Umgang mit Komplexität und ergänzt unsere Bewältigungsstrategien.

127 Fredmund Malik, 2006, Führen Leisten Leben: Wirksames Management für eine neue Welt, Campus Verlag

der Unsicherheit und Mehrdeutigkeit müssen sich die Mitglieder eines Teams viel intensiver rückkoppeln, um sinnvoll arbeiten zu können. Ein gemeinsames Verständnis und eine Bewertung der Situation ist an häufiges und unmittelbares Rückkoppeln gebunden. Das geschieht auf mindestens drei Ebenen:

- Feedback in der Führungsarbeit
- Reflexion als Teamkultur
  (Lernatmosphären gestalten, gemeinsames Lernen)
- Die Retrospektive (eine Reflexion auf Prozessebene)

Feedback in der Führungsarbeit (Feedbackkultur)
Wenn es Teams gelingt, eine *Feedbackkultur* zu etablieren, dann wird durch den Dialog die eigene Wirksamkeit in Bezug auf die Situation und die Ziele reflektiert, und das Team kommt in einen Lernprozess. Hierbei geht es um die anfangs beschriebenen Arten von Feedback in der Führungsarbeit. Wobei das Feedback keine Einbahnstraße sein darf. Demnach erhalten Mitarbeitende Feedback von Führungskräften und vice versa. Natürlich verlangt die Feedbackkultur auch das Feedback im Team untereinander.

Reflexion als Teamkultur (Lernatmosphären gestalten, gemeinsames Lernen)
Wichtiger als direktes Feedback an Einzelpersonen wird die Reflexion des Verhaltens des Teams im Sinne einer *Mustererkennung*. Wie verhalten wir uns in welcher Situation? Welche Verhaltensmuster unterstützen uns und wollen wir daher verstärken? Welche Handlungsmuster werden wir reduzieren? Welche Antworten geben wir derzeit noch nicht, und welche Muster gilt es zu entwickeln? Welche Handlungsmuster schaden uns und werden wir daher über Bord werfen? Mehr dazu finden Sie in den Arbeiten von *Niels Pfläging*. [128]

128 Niels Pfläging, 2013, Organisation für Komplexität. Wie Arbeit wieder lebendig wird – und Höchstleistung entsteht, BetaCodexPublishing

Feedback ist der Mechanismus der *Rückkopplung von Systemen* in Interaktion. Mit reflexiven Feedbackschleifen verbinden sich nicht nur Mitglieder eines Teams, Teams untereinander, sondern auch die Organisation mit der Umwelt, also beispielsweise das Team mit dem Kundensystem. In jeder Form der *Iteration* ist die Rückkopplung über Feedback der treibende Mechanismus der Entwicklung. Die VUKA-Herausforderungen fordern nun von Organisationen ein schnelleres, flexibleres Reagieren auf Veränderungen in der Umwelt. Dafür ist der Impuls aus der Umwelt ein Entwicklungsfeedback für die Organisation, deren interne Antworten und Anpassungen dann wieder in die Umwelt rückgekoppelt werden und somit wieder ein Feedback darstellen. Diese Interaktionen werden kleinteiliger im Sinne von kleineren Schritten mit höherer Frequenz (Iterationen). Feedback wird also häufiger und unmittelbarer und Teil der Überlebensstrategie der Organisation.

Die Retrospektive (eine Reflexion auf Prozessebene)

In der agilen Arbeitswelt haben sich Retrospektiven zum neuen Standard des Lernens entwickelt. Mit einer Retrospektive werden nicht primär die Teamkultur oder die Zusammenarbeit im Team reflektiert, sondern ganz konkret die Arbeitsprozesse. Ihren Ursprung fanden die Retrospektiven in der Softwareentwicklung. Die dort bekannten Methoden wie SCRUM[129] haben diese fest in ihren Abläufen verankert. Dazu zeigen wir später noch andere Methoden, wie die *After Action Review* oder die *Blue Ocean Reflexion* (Seite 207).

129 The home of SCRUM, Ken Schwaber, https://www.scrum.org/resources/what-is-scrum (am 19.2.2022)

War's das oder kommt noch was?
Bin ich schon ausreichend gerüstet?
Was steckt in den Strukturen?
Können wir darauf eine neue Welt errichten?

Auf der systemischen Hochebene

10 Systemische Bewältigungsstrategien

Kühn betraten sie das unbekannte Land, entschlossen bewegten sie sich von einem Irrtum zum nächsten.

Paul Feyerabend

Wir leben in einem Orkan von menschengebundener Kreativität.

Peter Sloterdijk

Fen O'Men legte die Stirn in Falten. „Cooper, du sprichst von unserer Organisation immer noch wie von einer Maschine. Fällt dir das auf?"

Dodo Kresse

Die Materie zeigt die ihr inhärente Eigenschaft zur Entwicklung in die Richtung höherer Komplexität.

Teilhard de Chardin

Über die Komplexität meines Teams

Wenn es um die Frage der Steuerung eines komplexen Systems geht, treten wir in das Reich der *Kybernetik* ein. Dort finden wir eine Regel oder ein Gesetz, das auf *Ross Ashby*[130] zurückgeht. Es besagt, dass ein System, das ein anderes System steuert, mehr Irritationen und Störungen ausgleichen kann, wenn es über eine hohe Vielfalt an Handlungsmöglichkeiten verfügt. Auch wenn dieses Gesetz, wie viele andere Gesetze nur unter bestimmten Bedingungen gilt, können wir für unseren Bedarf daraus einige Schlussfolgerungen ableiten. Vereinfacht könnten wir schließen, dass hohe Komplexität nur mit einem System hoher Komplexität bearbeitet werden kann. Das gilt nicht uneingeschränkt, weil wir in der Praxis oft mit erstaunlicher Einfachheit Komplexität ‚zerstören' können. Wenn wir aber Komplexität als Ressource nutzen wollen, dann brauchen wir auf eine komplexe Frage auch eine ausreichend komplexe Antwort.

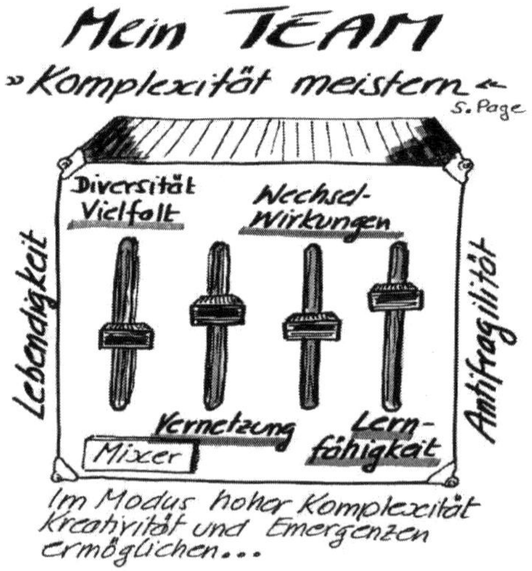

Abbildung 29: Die vier Regler für die Entwicklung eines lernfähigen, adaptiven Teams, das Komplexität meistern kann.

130 William Ross Ashby, 1956, An Introduction to Cybernetics, Chapman & Hall, Link: http://pespmc1.vub.ac.be/books/IntroCyb.pdf (am 23.2.2022).

Dazu ein Beispiel, damit klarer wird, wohin unsere Gedankenreise führen wird: Angenommen Sie arbeiten in der Stadtentwicklung und wollen mit Ihrem Team eine gute Lösung für die Erneuerung eines Stadtteils erarbeiten, der von einer sehr diversen Zielgruppe belebt wird. Dort finden sich viele kreative Menschen unterschiedlicher Herkunft und kultureller Zugehörigkeit, sie finden große Unterschiede in Bildung und sozialem Status, und damit auch sehr vielfältige Entwicklungsvorstellungen. Wir können vereinfacht sagen, dass dieser Stadtteil als System eine hohe Komplexität aufweist. Um eine passende Lösung zu erarbeiten, müssen Sie ein Lösungssystem aufstellen, dass eine ebenso hohe Komplexität aufbringen kann. Zweifellos werden Sie eine komplexe, interaktive Dialogstruktur initiieren, Meinungen einholen, Sichtweisen anhören und auf diese Weise viele Menschen einbinden. Auch das Team, das letztlich aus allen Anregungen und Ideen die Lösung in Variante 1 ausarbeitet, muss in sich komplex genug sein. Welche Möglichkeiten haben Sie dazu?

Das Team wird ein komplexes Team werden, wenn Sie vier Parameter berücksichtigen[131]:

- Stellen Sie im Team eine genügend hohe *Diversität* sicher, die es mit der Diversität des Systems aufnehmen kann.
- Das Team muss sich intern *vernetzen*, damit es die Diversität als Ressource wahrnehmen kann.
- Das Team muss in *Interaktion* gehen und miteinander arbeiten, damit genügend Energie entsteht und Kreativität geweckt wird (Abhängigkeiten und Wechselwirkungen im Arbeitsprozess).
- Schlussendlich müssen alle Mitglieder des Teams als Individuen reflektieren können und *Lernfähigkeit* beweisen. Aus jedem iterativen Schritt muss gelernt werden.

Mit diesen vier Aspekten verfügen Sie über einen effektiven ‚Komplexitätsmixer' für Ihr Team. Verwenden Sie ihn mit der angebrachten Vorsicht, weil zu viel Komplexität nicht immer von Vorteil ist, schon allein

131 Scott E. Page, 2019, Understanding Complexity, Audible Hörbuch, The Great Courses.

aufgrund des notwendigen hohen Energieaufwandes für Sie als Führungskraft, um die Komplexität zu erhalten.

Wenn Ihr Kundensystem hochdivers ist, dann sollte Ihr Team, das Lösungen für dieses System erarbeitet, ebenso eine hohe, aber passende Diversität aufweisen. Diversität hat viele Gesichter, es kann sich um kulturelle, kognitive oder soziale Diversität handeln. Auch die unterschiedlichen *Diversity*-Ausprägungen[132] können relevant sein (Geschlecht, sexuelle Orientierung, Alter, Herkunft, Religion, Behinderung, sozialer Status). Wenn Sie intuitiv an diese Frage herangehen, werden Sie gute und sinnvolle Schritte setzen. Zur Klärung noch zwei Beispiele: Wenn Sie technische Lösungen im B2B-Bereich erarbeiten, dann wird Ihr Kundensystem vielleicht eine recht überschaubare Diversität aufweisen. Wenn Ihr Team dann fast nur aus Technikern und Technikerinnen besteht, ist das wahrscheinlich ausreichend. Wenn Ihr Kundensystem eine NGO ist und dort eine hohe Diversität vorherrscht, dann werden Sie in Ihrem Team eine höhere Diversität brauchen, um ähnlich wie das Kundensystem zu denken und passende Lösungen zu entwickeln. Die Leitfragen für Sie lauten: Wie hoch ist die Diversität meines Kundensystems? Wie gut sind wir in der Lage, uns in das Kundensystem hineinzudenken, es zu verstehen und passende Lösungen zu entwickeln? Welche Form der Diversität finden wir vor? Ist die Aufstellung unseres Teams dafür passend?

Die beiden anderen Parameter des Mixers, die Vernetzung und die wechselseitigen Interaktionen, dienen dann nur mehr dazu, die Diversität verfügbar und nutzbar zu machen. Vernetzung der Teammitglieder ist die Basis, um ein komplexes System zu generieren. Aber ohne die wechselseitige Interaktion, die Abhängigkeiten im Arbeitsprozess, ist Komplexität nicht zu haben. Die Generierung der Lösungen muss also wirklich in Teamarbeit erfolgen und alle entsprechend in die Kreation einbeziehen.

Der vierte Parameter der Lernfähigkeit ist dann noch die Draufgabe.

132 Diversity-Dimensionen siehe Wikipedia: https://en.wikipedia.org/wiki/Diversity (am 23.2.2022).

Die Lernfähigkeit muss durch Reflexion im Team erfolgen und auch jedes einzelne Individuum erfassen. Nur ein Team, das eine Feedback- und Reflexionskultur lebt, kann ein *adaptives, lernfähiges Team* werden. Und selbstverständlich muss jedes Teammitglied individuell eine hohe Lernbereitschaft aufweisen.

Unabhängig von *Ashby's Law* gibt es noch einen wirklich bestechenden Grund, ein komplexes, lernfähiges Team zu entwickeln. Wir wissen bereits, dass nur in der komplexen Domäne das entsteht, was wir als wertvollste Ressourcen in Organisationen wahrnehmen: *Kreativität.* Kreativität ist nicht planbar, wir müssen sie als Geschenk betrachten, das uns unter bestimmten Bedingungen zufällt. Diese Bedingungen können wir natürlich beeinflussen und die Basis für kreative Prozesse legen. Kreativität bleibt aber ein *Emergenz-Phänomen.* Sie entsteht aus der komplexen Interaktion der Menschen im Team. Das gilt zumindest für die Problemlösungskreativität, die wir in Organisationen brauchen. Für die ästhetische, künstlerische Kreativität mögen andere Bedingungen gelten und diese Form mag auch mehr an Individuen gebunden sein. Die Arbeit mit komplexen Systemen braucht die Kreativität der Problemlösung und die ist ein Ergebnis der Arbeit in komplexen Teams. *Hier wirkt der Mechanismus der Ko-Kreativität!*

Die Ambidextrie in der Führung

Seit einiger Zeit geistert ein Begriff durch die Organisationswelt, der auf das erste Hinhören den meisten Menschen wenig bekannt ist. Es ist auch einer der wenigen Begriffe, die nicht einfach nur in einer aufgewärmten Version erneut den Beratungsmarkt erobern. Wir würden den Begriff auch in seiner Bedeutung als grundsätzliche Innovation bezeichnen. Es geht dabei um eine Form der Beidhändigkeit von Organisationen und Führungskräften, die den Namen *Ambidextrie* oder auch *Ambidexterity* trägt[133].

133 Wolfgang H. Güttel, 2019, Performance Core: Führung, Wandel und Leistung, Seiten 27–59, in: Wolfgang Güttel (Hrsg.), 2019, Erfolgreich in turbulenten Zeiten – Impulse für Leadership, Change Management & Ambidexterity, 2. Auflage, Rainer Hampp Verlag, München.

Was ist die Idee hinter der Ambidextrie? Das langfristige Überleben eines Unternehmens in turbulenten Zeiten, also unter den VUKA-Bedingungen, setzt eine kontinuierliche Anpassung an die Umweltbedingungen voraus, d. h. eine Form der organisationalen Lernfähigkeit. Hier können wir auch auf das Konzept der *lernenden Organisation* von *Peter M. Senge* referenzieren, das bereits im Jahr 1990 mit dem Buch *'Die fünfte Disziplin'*[134] präsentiert wurde. Um die Lernfähigkeit zu sichern, müssen wir uns die Aporie *verändern ⇔ bewahren* in Erinnerung rufen. Dabei geht es um eine Form der Synthese (vgl. Syntheseprozess) aus beiden Welten. Die Organisation muss erstens in der Lage sein, ihre innere Stabilität zu erhalten und sich als System dauernd zu replizieren (*bewahren*). Dafür sorgt das Management der Stabilität und damit untrennbar verbunden, der kontinuierliche, aber inkrementelle Verbesserungsprozess zur laufenden Optimierung. Die Organisation muss professionell in der Lage sein, die vorhandenen Ressourcen und Potenziale bestmöglich zu nutzen und damit Geld zu verdienen und Gewinne zu erwirtschaften. Dieser Prozess wird *Exploitation* genannt.

Auf der anderen Seite muss die Organisation auch größere Veränderungsschritte bis hin zur radikalen Transformation (*verändern)* verarbeiten. Für die Transformation aber braucht die Organisation neben dem Management der Stabilität auch ein Change- oder Transformationsmanagement. Dieses System ist in der Lage, die Organisation durch turbulente Zeiten zu navigieren und Komplexität zu meistern. Dieser Prozess wird *Exploration* genannt.

Ambidextrie ist nun das Bestreben und letztlich die Fähigkeit einer Organisation, beide Prozesse, die *Exploitation* und die *Exploration,* zu verbinden. Ambidextrie ist somit das Ergebnis eines organisationalen Syntheseprozesses aus verändern ⇔ bewahren oder – mit den Begriffen der Ambidextrie ausgedrückt – aus Exploration ⇔ Exploitation. Diesen Widerspruch in der Organisation zu lösen, ist eine komplexe Aufgabe. Es

134 Peter M. Senge, 2001, Die fünfte Disziplin. Kunst und Praxis der lernenden Organisation, Klett-Cotta.

ist eine große Herausforderung, das Auskommen in einem geschaffenen Möglichkeitsraum zu optimieren (Exploitation als eine Form der Ankunft) und gleichzeitig die Erweiterung und Suche nach neuen Möglichkeiten (Exploration als eine Form der Steigerung) zu professionalisieren.

Hinter der *Ambidextrie* verbergen sich nun mehrere unterscheidbare Formen, die beachtet werden müssen. Wir sprechen von einer strukturellen Ambidextrie, wenn wir in der Organisation quasi zwei unabhängige, aber vernetzte Betriebssysteme aufbauen und umsetzen. Das eine System meistert das Management, das zweite System die Transformationen. Am einfachsten wird das Problem gelöst, in dem es zwei Bereiche gibt, die jeweils das eine und das andere System ausbilden und die jeweiligen Kompetenzen schaffen. Eine vollständige Entkopplung ist aber weder sinnvoll noch erwünscht. Zumindest auf der Top-Management-Ebene müssen die Systeme gekoppelt werden. Nicht selten wird das System für die Transformation und disruptiven Innovationen ausgegliedert. Dazu eignen sich Joint Ventures oder Spin-offs[135]. *John Kotter*[136] spricht sich in seiner Neukonzeption seines bekannten Acht-Schritte-Change-Prozesses[137] im Buch *Accelerate!* für eine stärkere interne Vernetzung der beiden Systeme aus. Das Management-System ist hierarchisch und eher konventionell strukturiert, das Change-System basiert auf einer Netzwerkstruktur und auf Freiwilligkeit der beteiligten Personen. Die Idee der beiden parallelen und vernetzten Betriebssysteme entspricht einer echten Synthese, während die nahezu entkoppelten Systeme mehr einen Kompromiss darstellen, der aber eine schnelle Handlungsfähigkeit sicherstellt.

Die *kontextuelle Ambidextrie* betrifft die individuelle Ebene, hier anfangs besonders die Führungskräfte, aber dann auch viele Mitarbeitende. Die Idee dabei ist es, durch Projektarbeit die Menschen immer mit Exploitation und Exploration zu konfrontieren und auf diese Weise für

135 Wolfgang Güttel, Seite 44.

136 John Kotter, 2015, Accelerate: Strategischen Herausforderungen schnell, agil und kreativ begegnen, Vahlen

137 Video-Tutorial zum Modell von John Kotter: https://hpwallner.com/train-the-eight-leadership-die-videos/

einen ständigen Wissensaustausch zu sorgen. Beide Formen des Arbeitens kommen auf diese Weise in die Organisation und entwickeln sich zu einer neuen strategischen Kompetenz. Bei der hybriden Ambidextrie werden strukturelle Formen der Ambidextrie und kontextuelle Ansätze vereint und dürfen parallel koexistieren[138].

Modell der ‚Three Pillars of Organization' and Leadership

Es ist der Komplexität der Zeit geschuldet und wohl eine nachvollziehbare Antwort auf die aktuellen Herausforderungen, dass nahezu gleichzeitig und parallel unterschiedliche und in den Grundzügen doch sehr konvergente Konzepte entwickelt werden. Wir wollen noch ein Konzept herausgreifen, weil es Antworten auf die Frage gibt, wie wir Organisationen und Führung in komplexen, disruptiven Zeiten ausgestalten können.

Peter Wollmann, Frank Kühn und *Michael Kempf*[139] haben das *Modell der Three Pillars* vorgestellt. Sie gehen dabei der Frage nach, ob es bei aller Komplexität so etwas wie Bausteine (Building Blocks) für die Organisationsentwicklung gibt, die wir als erfahrungsgestützte Anhaltspunkte bei Veränderungen erkennen können. Wenn ja, dann könnten diese Bausteine die stabilen Säulen für Organisationen in einer VUKA-Welt werden. Mit deren Hilfe kann definiert werden, was *Good Organization, Leadership, Management and Governance* ausmacht[140].

The Three Pillars (die drei Säulen):

- Sustainable Purpose
- Travelling Organization
- Connecting Resources

Der Sustainable Purpose bringt die Frage nach dem Warum auf. Was ist der Sinn unserer Organisation und welchen Beitrag kann ich als Mensch

138 Wolfgang Güttel, Seite 45.

139 Peter Wollmann, Frank Kühn, Michael Kempf (Hrsg.), 2020, Three Pillars of Organization and Leadership in Disruptive Times. Navigating Your Company Successfully Through the 21st Century Business World, Springer Nature.

140 Peter Wollmann, Frank Kühn, Michael Kempf (Hrsg.), Seite 11.

in dieser Organisation leisten? Oder weitergehend: Welchen Beitrag leistet die Organisation für die Entwicklung der Welt? Jede Führungskraft, die sich solchen Fragen einmal hingegeben hat, wird die Komplexität dieser Aufgabe schnell erkennen. Der Sustainable Purpose muss langfristig gültig sein, er muss für die langfristige Orientierung sorgen, besonders in einer Zeit hoher Volatilität, in der die Ziele sehr flexibel gestaltet werden müssen, und er soll inspirierend wirken. Bei der hohen Vielfalt der Perspektiven und der Möglichkeiten ist ein zentraler Orientierungspunkt oder ein definierender, identitätsstiftender Rahmen extrem wichtig für Menschen. Es versteht sich von selbst, dass die Erarbeitung eines *Sustainable Purpose* ein ko-kreativer Akt sein muss und von den Führungskräften aller Ebenen in der Tiefe verstanden (weil mitgeschaffen) und klar handlungsanleitend im Alltag wirken muss.

Wir haben zu Beginn vier Leitstrategien vorgestellt, eine davon lautet: Put Sustainability First. Mit der Säule Sustainable Purpose können wir hier andocken. Für viele Unternehmen liegt die große Chance, einen wirklich inspirierenden Sustainable Purpose zu entwickeln, in den Themenfeldern des ‚*Sustainable Development*'. In diesem Konzept finden Unternehmen den *Blue Ocean* für neue Dienstleistungen und Produkte, die allesamt die Welt ein bisschen besser machen könnten. Die Denkrichtungen der vielfältigen und bunten Business-Modelle der Nachhaltigkeit sind schon lange formuliert. Das Bestmögliche aus den Ressourcen zu schaffen, möglichst nachwachsende Ressourcen einzusetzen, auf ökologische Belastungen zu verzichten, Menschen zu unterstützen und nicht auszunutzen, sind einige Punkte daraus.

Auch die UN-SDG (Sustainable Development Goals)[141] bieten ein breites Spektrum an Optionen, um als Unternehmen einen Beitrag zur nachhaltigen Entwicklung der Welt zu leisten. Nehmen Sie Mitarbeiter:innen und Stakeholder:innen mit auf den Erkundungsweg und nehmen Sie die Sache ernst. Langfristig hängt der unternehmerische Erfolg davon ab.

---

141 SDGs Website: https://sdgs.un.org/goals.

Die Säule *Travelling Organization* führt zu einem neuen Selbstverständnis, in dem sich Organisationen auf einer beständigen Reise befinden und immer auf der Suche nach den bestmöglichen Lösungen und gemeinsamen Erfolgen sind. Auf der Landkarte erweist sich der Weg als Zickzack zwischen Polen möglicher Lösungen und als ständiger Suchprozess nach Alternativen und neuen Optionen für die Zukunft. In *Travelling Organizations* soll ein agiles Mindset zum Teil der DNA der Organisation werden, das sich durch Selbstreflexion und Veränderungsbereitschaft auszeichnet.

Die 3. Säule *Connecting Resources* bei *Wollmann, Kühn und Kempf*[142] will Bewusstsein dafür schaffen, dass wir der Komplexität einer vernetzten Welt nur mit interner Vernetzung und dynamischer Interaktion (Connectivity) begegnen können. Dafür braucht es nicht nur organisationale Kompetenzen zur Vernetzung von Intelligenzen sondern auch Interaktion zwischen Kulturen, Strategien, Strukturen, Prozessen und Arbeitsweisen. *Peter Kruse*[143] nennt in diesem Zusammenhang die Netzwerkintelligenz der Organisation. Dieses Konzept ist eine Absage an die Fokussierung auf die Innenwelten, eine Absage an Isolationstendenzen, wie wir sie in den Silos der Organisationen häufig finden. Und es ist ein Aufbruch in die offene Welt, die mit der Einladung zum Dialog einhergeht. Die Interessensgruppen in den Organisationen und die multiplen Stakeholdergruppen müssen in ein dynamisches, reflexives Zusammenspiel finden.

Mit Ansätzen wie dem *Three Pillar Model*, der Ambidextrie und den zwei Betriebssystemen werden Führungskräfte in Zukunft keine Expertinnen und Experten mehr für das Klare und Fokussierte sein, sondern sich vermehrt zu Profis für das Arbeiten im Unebenen und verworren Erscheinenden entwickeln. Sie müssen durch unbekanntes Land navigieren. Dabei aber müssen sie weiterhin als heller, idealer Nordstern für die Menschen erstrahlen. Wenn der Stern alles ist, was den Menschen von der

142 Peter Wollmann, Frank Kühn, Michael Kempf (Hrsg.), 2020.

143 Peter Kruse, 2004, next practice. Erfolgreiches Management von Instabilität, Gabal, 8. Auflage.

Schönheit bleibt, dann dürfen wir ihnen diesen auf keinen Fall nehmen.

Mehr über das Navigieren einer Travelling Organization finden Sie in: Michael Kempf, Frank Kühn (Hrsg.), 2022, Navigating a Traveling Organization – Insights, Ideas and Impulses from the 3-P-Model, Springer International Publishing

Geht's jetzt endlich los?
Wird jetzt in die Hände gespuckt?
Entdecken wir eine neue Schwerkraft?

Im Vergnügungspark auf der Achterbahn

11 train the eight – als Zyklus und als Landkarte

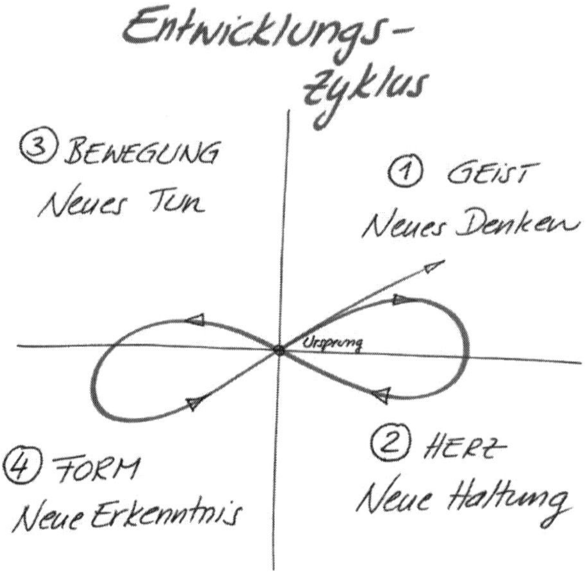

Abbildung 30: Der ‚train the eight'-Entwicklungszyklus

TT8-Innan[144]:

1. Geist: Stimuliere die Neugier
2. Herz: Fördere die Eigenverantwortung
3. Bewegung: Provoziere das Ausprobieren
4. Form: Ermögliche das Lernen

Der ‚train the eight'-Entwicklungs-Zyklus ist ein vielfältig nutzbarer Zyklus mit vier Domänen. Bei einem Durchlauf durch die vier Quadranten wird neben den vier Domänen der Entwicklung – die wir Geist-Herz-Bewegung-Form nennen – auch zweimal der Ursprung durchlaufen. Jedes

144 Die ersten drei Prinzipien stammen von Peter Kruse (Peter Kruse, 2004, next practice. Erfolgreiches Management von Instabilität, Gabal, 8. Auflage, Seite 209).

Durchschreiten des Ursprungs dieser liegenden Acht ist ein Entscheidungspunkt. Einmal ist es die Enthemmung zur Tat: Übergang aus der Domäne der Haltung in die Domäne des Tuns. Und ein weiteres Mal ist es die bewusste Entscheidung zur Wiederholung, die Einwilligung in einen Trainings- und Übungs-Zyklus.

Mit dem ‚train the eight'-Zyklus stellen wir uns Lernen, Veränderung, Entwicklung als Prozess entlang dieser liegenden Acht vor. Jede Entwicklung beginnt im Kopf, also mit einem neuen Denken, mit einer Idee, mit einer Vorstellung von Zukunft. Damit diese Gedanken und Bilder erfolgreich in unserer Welt wirken können, ist es wichtig, die passende Haltung dazu zu entwickeln. Wir müssen die Idee spüren und Motivation zur Umsetzung aufbringen. Dabei entsteht ein Resonanzkreis aus Geist und Herz. Aus dieser Resonanz entwickeln wir den Wunsch, die Idee in der Außenwelt erkennbar zu machen und die Dinge in Bewegung zu bringen. Ein Lernzyklus wird es aber erst, wenn wir die Reflexion nicht vergessen. Was ist unsere Erkenntnis aus den ersten Versuchen der Umsetzung, aus den ersten Experimenten und Pilotprojekten? Die Erkenntnis hilft uns, selektiv auszuwählen, was wir als Ergebnis erneut in die Regelanwendung, das neue Denken, einspeisen und iterativ entwickeln. Aus der Entscheidung zur guten Wiederholung (im Sinne einer Iteration) entstehen schrittweise neue Gewohnheiten und Muster. Die vierte Domäne nennen wir daher Form, weil hier der Grundstein für jedes neue Muster gelegt wird[145].

Diesen ‚train the eight'-Zyklus können wir für beliebige Entwicklungsprozesse nutzen. Es lässt sich die persönliche Entwicklung, das Self-Leadership, damit ebenso abbilden wie ein Team-Entwicklungsprozess oder auch ein Change oder eine Produktentwicklung. Mit dem Zugeständnis, dass wir Veränderung vereinfacht mit diesen vier Domänen als Prozess

145 Kurt Völkl, Heinz Peter Wallner, 2018, Das innere Spiel: Wie Entscheidung und Veränderung spielerisch gelingen, BusinessVillage, 2. Auflage; Heinz Peter Wallner, Kurt Völkl, 2022, The Leader's Personal Approach to Navigating a Travelling Organization, in: Michael Kempf, Frank Kühn (Hrsg.), 2022, Navigating a Traveling Organization – Insights, Ideas and Impulses from the 3-P-Model, Springer International Publishing.

beschreiben können, sind der Anwendung keine Grenzen mehr gesetzt. Der ‚train the eight'-Zyklus mit seinen vier Quadranten kann aber auch als Landkarte hilfreich sein. Wir beschreiben dann keinen ‚Prozess', sondern vier inhaltlich unterschiedene, aber verbundene Landschaften: die Landschaft des neuen Denkens, die Landschaft der neuen Haltungen, die Landschaft der neuen Handlungsweisen und die Landschaft der neuen Erkenntnisse, der Reflexions- und Lernmethoden. Statt ‚train the eight'-Zyklus benennen wir diese Landschaft dann ‚train the eight'-Landkarte[146] (TT8-Landkarte). Im Grunde lassen sich viele Konzepte der Organisation und des Leaderships mit diesen Landkarten selektiv und attraktiv visualisieren. Wir werden einige Beispiele zeigen.

Weil das ‚train the eight'-Modell so vielfältig einsetzbar ist, werden wir später noch Symbolbilder mit ganz kurzen Sätzen präsentieren. Wir nennen die Bild-Text-Darstellung ‚train the eight'-Innan. Innan, ein altdeutsches Verb, das so viel meint wie *bewohnen, habitare, sich aufhalten, sein-in* oder *existenziell in-sein – vertraut sein mit.*[147] Mit einem TT8-Innan können wir beispielsweise die Skizzen der neuen Führung symbolisch darstellen, oder einfache Wertelandschaften leicht zugänglich machen.

Wir werden in den folgenden Kapiteln mit dem TT8-Zyklus und mit der TT8-Landkarte spielerisch umgehen und das ‚train the eight'-Leadership vielfältig beleuchten und darstellen. TT8 hilft in jedem Fall zur Visualisierung und – so hoffen wir – Ihnen als Leser:in zum besseren Verständnis und zum Aufbau eines Metawissens für die neue Führung.

---

146 Landkarte und nicht Landschaft, frei nach: „Die Landkarte ist nicht das Land".

147 Martin Heidegger arbeitet mit dem ‚sein-in' und dem ‚in-sein' in seiner berühmten Schrift ‚Sein und Zeit', 1967.

12 train the eight-Führungs-Landkarte

Wir beginnen für eine Reflexion der neuen Führung mit einer TT8-Landkarte:

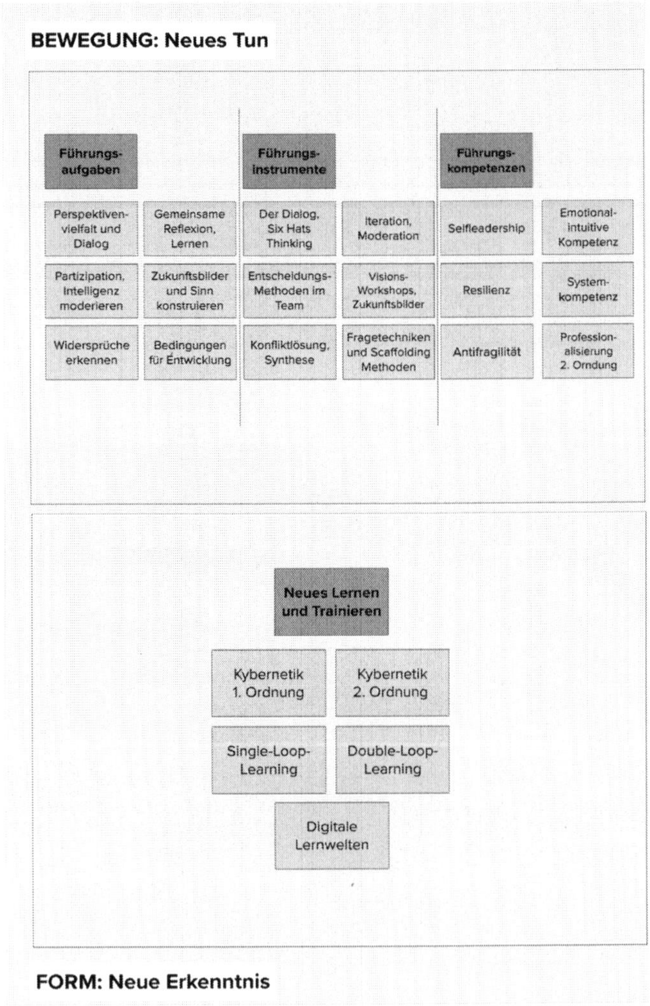

Abbildung 31: ‚train the eight'-Landkarte der neuen Führungswelt.

GEIST: Neues Denken
Komplexität und VUKA
Co-Kreativität
Vision, Mission, Purpose
Widersprüche wahrnehmen
Human Skills
Segeln auf Sicht
Intuition und Heuristiken
Scaffolding Methoden
Langsamkeit, Menschlichkeit
Vernetzung von Intelligenz
Virtuelle, digitale Führung
Führungsethik, Imperative
Führungsmoral, Gemeinschaft
Würdigung
Sinn & Sorge
Welt-Offenheit
Achtsam-keit
Vertrauen, Gelassenheit
Empathie
Wert-schöpfung
Mut und Zutrauen
"gut genug"
Übung und Konsequenz
Fokussierug
Selbst-verpflichtung
HERZ: Neue Haltung

Erster Quadrant: GEIST – Führung neu denken

Wir skizzieren hier zusammenfassend einige Entwicklungstendenzen in der Führungsarbeit, die wir wahrnehmen und die wir in diesem Buch bisher aufgezeigt haben. Dabei bauen wir natürlich auf den Vorarbeiten anderer auf. Wie alle Autorinnen und Autoren, so stehen auch wir ‚auf den Schultern von Riesen' (Seite 268), die bereits fast alles gedacht, gesagt und geschrieben haben. Es bleibt uns nur die weitere Explifikation.

Abbildung 32: Die neue ‚train the eight'-Führungswelt – GEIST (Neues Denken, 1. Quadrant). Die Abb. zeigt wichtige Tendenzen auf. Ohne Anspruch auf Vollständigkeit.

Komplexität und VUKA-Herausforderungen meistern

Das Meistern von Komplexität wird als Kompetenz der Führung immer wichtiger. Führungskräfte müssen sich mit ihren Teams den vier VUKA-Herausforderungen stellen und die Dynamik der offenen Welt willkommen heißen. Komplexität braucht einen neuen Rahmen. War sie bisher gefürchtet, weil sie Unsicherheit auslöst und verworrene Geister hinterlässt, so wird sie zunehmend positiv gerahmt, weil sie unglaubliches Potenzial mit sich bringt. Komplexität ist die Ressource der Zukunft. Sie birgt die Kreativität, ohne die in der schnellen, dynamischen Wirtschaftswelt kein Überleben mehr möglich ist.

Auch wenn viele Organisationen immer wieder längere Phasen der Stabilität erleben und das Management noch steuern kann, so nehmen die instabilen Phasen zu und dauern immer länger. Die Anzahl der komplizierten Aufgaben, die berechenbar sind und deren Ausgang vorhersehbar ist, wird nicht abnehmen. Das Management von Stabilität bleibt also Führungsaufgabe. Hinzu kommen aber die komplexen Aufgaben aufgrund instabiler Situationen und häufiger Veränderungsprozesse. Das Management von Instabilität wird wichtiger und füllt zunehmend die Agenda der Führungskräfte.

Führung wird mehr Gemeinschaftsaufgabe und ko-kreativer:
Die Zeit der starken Führungskraft, die als ‚Oberleuchter:in' am Set steht und Licht für alle abgibt, ist zunehmend vorbei. Vielmehr werden alle Mitarbeiter:innen eingeladen, ihre Intelligenz zur Verfügung zu stellen, sich in verschiedenen Rollen einzubringen und in Interaktion zu gehen. Führung wird eine Geste der Einladung. Es heißt also in vielen Organisationen heute, die großen Lichter aus- und die Stirnlampen aller einzuschalten. Diese Geste ermöglicht den gemeinsamen Suchprozess, weil keine Organisation sich eine Menge an erloschenen Lichtern leisten kann. Die Gründe dafür mögen vielfältig sein. Sicher hat das mit der kulturellen Entwicklung der Gesellschaft und den Erwartungen der Menschen zu tun. Ebenso können wir Gründe in der notwendigen Bewältigung der zunehmend komplexen Aufgaben finden, die von Individuen nur noch schwer gemeistert werden können. Ko-kreativ führen meint auch, die Top-down-Prozesse zu minimieren und stärker auf Bottom-up-Prozesse zu setzen.

Weniger Planung, mehr Segeln auf Sicht, mehr Iteration

Die strategische Kompetenz galt einst als Königsdisziplin der Führungsarbeit. Wir sehen auch heute in der Strategiearbeit ein wichtiges Asset. Die Strategiearbeit wird nur dynamischer und die Meetings folgen einem schnelleren Rhythmus. Und die Impulse und Inputs folgen weniger aus den Analysen schlauer Menschen, sondern aus dem Wissen des Netzwerkes an Intelligenzen im Unternehmen und in den Stakeholdergruppen. Als Ergänzung zur Strategiearbeit folgt auf der Umsetzungsebene die Bereitschaft, sich auf die Dynamik der offenen Welt einzulassen. Das Segeln auf Sicht wird der neue Erfolgsmechanismus. Mit der Iteration kommt eine wirkungsvolle Methode in die Strategie- und Entwicklungsarbeit, die der Komplexität gegenhalten kann und die Grundlage der Agilität ist.

Gegensätze und Widersprüche intensiver wahrnehmen

Die Welt war immer voller Widersprüche und Aporien. In der Organisationswelt konnten diese Widersprüche über lange Zeit ausgespart werden. Die Logik, das Richtige und das Falsche, also der Fehler, die Rationalität und die Planung, die Ordnungen und Regeln der Hierarchie und die Steuerbarkeit der Organisation mit der Kybernetik erster Ordnung waren die Stützpfeiler des Managements. Widersprüche wie Bewahren-Verändern, Gruppe-Individuum, Linie-Projekt, Tradition-Innovation, Alt-Jung, Mann-Frau wurden in klassischen Hierarchien zugunsten der ersten Positionen jeweils vorentschieden. Heute sind alle diese Widersprüche in die Organisation eingewandert und müssen im Dialog bearbeitet werden. Hinzu kommen die Widersprüche auf den Märkten und in der Umwelt. Klare, auf Analysen und Daten beruhende Entscheidungen auf strategischer Ebene sind eine Seltenheit geworden. Der Aufbau von Widerspruchskompetenz und die Entfaltung der Paradoxien bleiben keiner Führungskraft mehr erspart. Was Führungskräfte entwickeln müssen, ist eine hohe Ambiguitätstoleranz. Die Grundhaltung der heiteren Gelassenheit ist eine erste Basis.

Vision, Mission, Purpose verstärken

Menschen lassen sich begeistern, sie wollen einer Idee folgen und sich einbringen. Die Beschäftigung mit Zukunft wird in der Zeit zunehmender Komplexität immer wichtiger. Langfristige Entwicklungsvorhaben, ein erkennbarer und sinnvoller Beitrag zur Entwicklung der Gesellschaft und zur nachhaltigen Entwicklung der Welt können Menschen emotional an eine Organisation binden. Besonders im Trend liegt die Arbeit am Purpose. Der Sinn oder auch der Purpose können weder gefunden werden noch können sie Vorgaben sein. Sinn ist immer eine gemeinsame Konstruktion der Menschen einer Gemeinschaft. Wenn ein Mensch einen Sinn in der Arbeit erkennen kann, dann hat Führung einen guten Job gemacht. Zu bedenken ist dabei immer der Umgang mit Verantwortung. Die Organisation bietet einen Sinnraum an, in den Menschen sich integrieren und emotional einbringen. Wenn wir Sinn erkennen, dann machen wir uns Sorgen. Wir wollen für den Erfolg der Organisation Sorge tragen. Sinn und Sorge gehören zusammen. Dabei übernehmen die Menschen Verantwortung für ihr Tun und ihren Beitrag zum Erfolg der Organisation. Die Organisation muss diese Sorge mit Sorgfalt beantworten und sich der Menschen annehmen. Die Verantwortlichkeiten müssen in einer guten Balance stehen.

Mehr Vernetzung von Intelligenz, Netzwerkintelligenz

Für die ko-kreative Arbeit in der Organisation braucht es die Netzwerke der Intelligenzen. Die Individuen werden zu Teams vernetzt. Es entsteht die Teamintelligenz, mit der die Führung arbeiten kann. Dabei wird nach *Peter Kruse*[148] die Moderation von Intelligenz zur Führungsaufgabe. Heute geht es nicht mehr darum, dass die Führungskraft die größte Intelligenz im Team aufbietet. Die hellste Birne am Luster hat kaum mehr Bedeutung. Intelligenz entsteht aus der Vernetzung und aus der Interaktion, aus der Offenheit der Menschen, aus der Transparenz der Organisation und aus gemeinsamen Lernprozessen. Am Ende braucht heute jede Organisation eine Netzwerkkultur, also eine Unternehmenskultur, die Vernetzung ermöglicht und unterstützt.

148 Prof. Dr. Peter Kruse in einem Video auf YouTube: https://youtu.be/YTY8JKHjufY (am 19.2.2022).

Mehr Rahmenbedingungen schaffen, Gerüste anbieten

Führungskräfte hatten mit ‚Menschen fördern und entwickeln' eine Aufgabe auf ihrer Agenda, die der Führungskraft eine gewisse Vormachtstellung im Rang zugestanden hat. Es gibt also eine Person, die andere entwickeln kann, und auf der anderen Seite gibt es Menschen, die deren Hilfe für ihre Entwicklung bedürfen. Das hat sich geändert. Heute bietet Führung nur mehr den Kontext, die besten Bedingungen und Möglichkeiten, also eine Atmosphäre und ein Milieu, in dem Menschen sich berufen fühlen, ihre Potenziale zu entwickeln. Führung darf dabei auch unterstützen, wenn das gewünscht wird. Der Begriff für diese Art von Führung wird *Scaffolding*[149] genannt. Es geht darum, Klettergerüste zu schaffen. Auch hier ist Führung eine *Geste der Einladung*.

Mehr Intuition und Heuristik in Entscheidungen

Es gibt viele Arten von Wissen in Organisationen. Jenes Wissen, das wir explizit beschreiben, das wir in Wissensdatenbanken ablegen und im Idealfall in Aktenordnern auf den Korridoren auf kleinen Wagen transportieren können, war das Lieblingswissen in Organisationen. Für die heutige komplexe Entscheidungswelt verliert diese Art von Wissen an Bedeutung. Was bei den Herausforderungen heutiger Zeit wichtiger wird, ist das implizite Erfahrungswissen der Menschen. Es ist das ein Wissen, das nicht verschriftlicht werden kann, daher auch nicht handlungsanleitend übertragbar ist. Wir können dieses Wissen auch passender *‚unterbewusste Intelligenz'* oder – wenn Sie das Zugeständnis geben – Expertinnen- und Experten-Intuition[150] nennen. Komplexe Situationen können rational nicht durchdrungen und erfasst werden. Es helfen uns nur die emotionale Bewertung, die Kompetenz der Mustererkennung, also unsere intuitiven Fähigkeiten. Diese sind umso höher, je mehr Erfahrung die Menschen in einem Gebiet haben, sofern sich der Kontext der Erfahrungswelten nicht grundlegend verändert hat. Solche Kompe-

---

149 Vortrag von Dave Snowden auf YouTube:
Design thinking and scaffolding in cultural transformation.
https://youtu.be/VX2RZ5Jig4A (am 24.2.2022).

150 Gerd Gigerenzer, Hainer Kober, 2008, Bauchentscheidungen: Die Intelligenz des Unbewussten und die Macht der Intuition, Goldmann Verlag, 11. Auflage.

tenzen werden nur in einer Atmosphäre des Vertrauens ausgespielt und eingebracht. Diese Atmosphäre muss Führung erzeugen[151].

Mehr virtuelle und digitale Führung

Die höhere Vernetzung und die zunehmende Integration von Unternehmen bringen eine zunehmend dislozierte Situation von Teams mit sich. Führungskräfte müssen in der Regel nicht nur ein Team vor Ort verantworten, sondern meist Teams, die sich an unterschiedlichen Orten aufhalten. Hinzukommen neue Arbeitsorganisationen, in denen Homeoffice eine immer größere Rolle spielt. Dazu brauchen wir keine Corona-Krise mehr, auch wenn Sie diese Entwicklung sehr beschleunigt hat. Die Führungsarbeit wird daher zunehmend in den virtuellen Raum verschoben. Das Führen auf Distanz, oder *Digital Leadership,* ist die neue Führungsrealität geworden. Auch wenn viele Situationen eine Präsenz von Menschen verlangen, die aus unserer Sicht durch virtuelle Konferenzen qualitativ nicht ersetzbar ist, nehmen virtuelle Führungssituationen zu und müssen als integrierter Bestandteil der Führungsarbeit gelten. Die technischen Anwendungen, die für virtuelle Meetings und Konferenzen zur Verfügung stehen, sind bereits überraschend effektiv. Videokonferenzplattformen, Whiteboards, Plattformen für die Interaktivität und kreative Zusammenarbeit boomen und werden ständig verbessert und erweitert. Jede Führungskraft muss die virtuelle Kompetenz entwickeln, diese Tools zu bedienen und virtuos zu nutzen und für allgemeine *virtual literacy* in den Teams sorgen. Die technische Ausstattung dafür ist heute eine Grundvoraussetzung.

Höhere Bedeutung von Human Skills und Menschsein

Bei aller Vernetzung und bei zunehmender Digitalisierung der Organisationswelten, darf die Menschlichkeit nicht verloren gehen. Ein Gespräch in einem gemeinsamen Raum, ein Dialog im Sesselkreis – all das vermittelt Menschlichkeit. Die Bedeutung von Menschen und ihrer unterschiedlichen Qualitäten wird in den meisten Organisationen sehr hoch eingeschätzt. Heute gilt kaum noch die Devise, dass Menschen einfach

151 Video mit Dr. Peter Kruse: https://youtu.be/YTY8JKHjufY (am 24.22.2022).

ersetzbar sind. Das Gegenteil ist der Fall. Wir müssen auch bedenken, dass die *Digitale Transformation* viele neue Teammitglieder in die Organisationen migrieren lässt, die künstliche Intelligenzen (KIs) darstellen. In allen Teams werden diese künstlichen Intelligenzen in unterschiedlichen Formen auftreten und den Alltag mitbestimmen. Sehr schnell wird sich die Frage stellen, welche Aufgaben die KIs besser, schneller, billiger lösen werden, als Menschen selbst es können. Wenn wir die Entwicklung in dieser KI-Welt betrachten, dann stellt sich bald die Frage, welche Aufgaben den Menschen noch bleiben? Auch wenn sich in der Programmierung in den nächsten Jahren ganz neue Aufgabenfelder auftun werden, so bleibt die kritische Frage, was Menschen zukünftig leisten werden, in vielen Organisationen offen und braucht Antworten. Hierzu ist es klug, sich der menschlichen Eigenschaften und Fähigkeiten bewusst zu werden und genau diese Human Skills zu stärken. Alles, was KIs erfüllen können, werden sie in Zukunft auch übernehmen. Das, was Menschen besser können – zumindest in absehbarer Zeit –, müssen wir herausfinden und weiterentwickeln. Hierzu gehören wohl Aufgaben, wie Beziehungen herstellen und pflegen, Menschen Empathie entgegenbringen, emotionale Atmosphären schaffen, Ko-Kreativität in Teams erzeugen, intuitive Fähigkeiten nutzen, Vertrauenskulturen aufbauen und ethische Entscheidungen treffen – um nur wenige Beispiele zu nennen. Mögen einige dieser Fähigkeiten in Zukunft auch die Maschinen erwerben, die meisten werden uns Menschen noch länger exklusiv bleiben.

Mehr Bedarf an Langsamkeit als Zeichen der Menschlichkeit

Auch wenn wir in konkreten Veränderungsvorhaben in Organisationen häufig mit einer abwehrenden Haltung konfrontiert werden und daher die Schlussfolgerung ‚Menschen mögen keine Veränderung' naheliegend scheint, so greift das doch zu kurz. Viel eher können wir in der Moderne[152] ein neophiles Projekt erkennen. Wir geben der Innovation emotional den Vorrang vor der Tradition. Viele unserer alten Kulturen, die sich bis heute selbst erhalten konnten, sind kritisch mit Innovationen umge-

152 Die Moderne umschreibt historisch eine Abkehr von Traditionen in vielen Lebensbereichen. Treibende Kräfte sind die industrielle Revolution und die Aufklärung. Auch die Säkularisierung spielt dabei eine wichtige Rolle.

gangen. Auch wenn Innovationen hier eine Rolle spielen, weil es ohne Anpassungen nicht funktioniert, die Dinge zu bewahren, so gilt es immer sehr genau zu prüfen, ob diese Innovationen als Eindringlinge in die Tradition integrierbar oder nicht integrierbar sind. Nicht integrierbare Innovationen müssen natürlich ausgeschieden werden, damit die Replikationsfähigkeit der Kultur erhalten bleibt.

In dieser Frage spielt der Zeitpfeil eine wichtige Rolle. Das Neue wird mit der Zukunft verknüpft, das Traditionelle mit der Herkunft. Der Philosoph *Odo Marquard*[153] hat den Satz geprägt: *„Zukunft braucht Herkunft"*. Demnach braucht das Neue das Alte, um sich zu entfalten. Als Menschen sind wir alle von der unvermeidlichen Zukunft unseres Todes belastet. Das verkürzt unsere mögliche Zukunft und ist ein guter Grund für uns, überwiegend an unserer Herkunft festzuhalten. *Marquard* sieht darin Grund für eine Beweislastumkehr. Nicht diejenigen, die an unserer Herkunft festhalten und daher bewahren wollen, müssen sich rechtfertigen, die Beweisführung obliegt denjenigen, die etwas verändern wollen. *Schon im Zweifelsfall müssen wir bewahren* (siehe die Aporie: bewahren ⇔ verändern).

In der Moderne aber wird das Neue anders bewertet. Die Zukunft ist neutral, weil sie keine Vergangenheit hat. Was aus der Zukunft kommt, wird also zunächst neutralisiert und gilt als unbelastet. Im Zweifelsfall wird das Neue als Lösung vorhandener Probleme betrachtet und befürwortet. Damit können sich Innovationen unbemerkt in die Traditionen einnisten und sich ungehemmt fortbewegen. Sie können die Entwicklung beschleunigen. Für die Innovationen bedeutet das auch eine schnellere Veralterung. Alles Neue wird sehr schnell wieder alt und von einer neuen Innovation ersetzt. Für uns Menschen, die wir langsamere Wesen sind, wird diese Beschleunigung der Entwicklung zur Herausforderung. Unsere Herkunft verbindet uns mit Langsamkeit, unsere Zukunft mit der Schnelligkeit. Wir Menschen brauchen Hilfsmittel, um mit unserer

153 Odo Marquard und Franz Josef Wetz, 2020, Zukunft braucht Herkunft: Philosophische Essays, Reclam, Philipp, jun. GmbH.

Langsamkeit durch den schnellen Strom der Innovationen zu navigieren, ohne dabei unterzugehen. Im Informationszeitalter und in der Ära der neuen Medien, die für Schnelligkeit stehen, wird das Mündliche wieder bedeutsam. Das langsame, achtsame Gespräch, die mündliche Übermittlung, das Geschichtenerzählen bringt uns mit Herkunft in Kontakt und hilft uns, an der Schnelligkeit nicht zu zerschellen. Der Dialog, wie wir ihn beschreiben, ist eine Anbindung an die Herkunft. *Marquard* kommt zum Schluss: *„Je schneller die Modernisierungen werden, desto unausweichlicher nötig und wichtig werden die langsamen Menschen. Modernität braucht Menschlichkeit, deine Zukunft braucht Herkunft“*[154].

Zweiter Quadrant: HERZ - Neue Führungswerte

Eine Aussage aus dem Gesamtkunstwerk von *Heinz von Förster* lautet sinngemäß: Handle stets so, dass die Anzahl der Wahlmöglichkeiten größer wird. Wenn wir von einer komplexen Umwelt und hoher Instabilität ausgehen, dann wird dieser Imperativ zum wertvollen Handlungsprinzip.

Abbildung 33: Die neue ‚train the eight‘-Führungswelt – HERZ (Neue Haltungen und Werte, 2. Quadrant).

154 Odo Marquard und Franz Josef Wetz, 2020, Zukunft braucht Herkunft: Philosophische Essays, Reclam, Philipp, jun. GmbH

Die neue Führungsethik

Wir Menschen werden sicherlich in vielen Lebensbereichen Komplexität eher reduzieren und somit auch unsere Handlungsoptionen einschränken wollen. Denken Sie nur an die Optionenvielfalt, wenn Sie heute Abend einen Film im Fernsehen auswählen möchten. Hätten Sie nicht Ihre Favoriten, die Ihre Auswahl beschränkten, könnten Sie gut und gerne eine Stunde damit verbringen, das Programm zu studieren. Manchmal ist es für unser Wohlbefinden unerlässlich, zu reduzieren, wo immer es geht, und damit extrem zu fokussieren. Das Leben wäre sonst nicht lebbar. Wenn Sie aber in einer Organisation den Wandel initiieren möchten, dann ist die gegenteilige Strategie angesagt. Dann gilt es tatsächlich, die Anzahl der Optionen zu erhöhen. Je mehr Freiheitsgrade wir im System schaffen, umso mehr Chancen bieten sich, dass wirklich neue Lösungen entstehen.

Für das Zusammenleben in einem sozialen System, also in einer Organisation, bieten sich drei Imperative an, die den Wandel besser gelingen lassen[155]:

Versuche stets so zu handeln, dass die grundsätzliche Bereitschaft zur Veränderung bei den Menschen im gemeinsamen Lebensraum eher zu- als abnimmt.

Hierbei geht es um eine vernünftige Form der *Neophilie.* Damit ist eine Veränderungsaffinität gemeint, eine gesunde Neugier und eine Grundmotivation, gute neue Lösungen zu suchen und zu finden. Eine unvernünftige Neophilie wäre es, alles Neue euphorisch anzunehmen und sich ganz darauf auszurichten. Unsere Zukunft in 20 Jahren wird aller Wahrscheinlichkeit nur wenige von jenen Entwicklungen und Dingen beinhalten, die erst in den letzten Jahren aufgekommen sind, im Gegenteil aber sehr viele von jenen, die es schon hunderte Jahre gibt (*Nassim*

155 Heinz v. Förster, Bernhard Pörksen, 2016, Wahrheit ist die Erfindung eines Lügners, Carl-Auer Verlag, 11. Auflage, Seite 35.

Nicholas Taleb[156]). Ein Beispiel ist das klassische Buch, während das eBook durch die nächste Innovation ersetzt werden wird. Die Begeisterung für die neueste technische Entwicklung stärkt uns nicht so sehr, wie die Bereitschaft, sich anzupassen und an der eigenen Antifragilität zu arbeiten.

Versuche stets so zu handeln, dass die Summe der für die Menschen in ihrem eigenen Alltag tatsächlich realisierbaren Verhaltensmöglichkeiten eher zu- als abnimmt.

Unsere Handlungsmöglichkeiten zu erhöhen, kann uns im Umgang mit schwierigen und unbekannten Situationen sehr unterstützen. Denken Sie an eine Reparatur in Ihrem Haushalt. Wenn Sie nur über einen Hammer und einen Schraubenzieher verfügen, dann werden damit Ihre Handlungsoptionen nicht groß genug sein. Besser, Sie verfügen über einen variantenreichen Werkzeugkoffer und über passende Maschinen. Wir kommen an dieser Stelle zu *Ashby's Law* zurück. Wir können ein vielfältiges Problem am besten mit einem großen Spektrum an Handlungsmöglichkeiten lösen. Beispielsweise werden Sie als Führungskraft, wenn Sie nur über ein Standardmeeting mit einem starren Ablauf als Option verfügen, kaum die Kreativität und Perspektivenvielfalt Ihres Teams nutzen können. Verfügten Sie aber über ein breites Portfolio an Moderations- und Entscheidungstechniken, sodass Sie immer einen der Situation angepassten Zugang fänden, würde Ihnen jedenfalls viel mehr Potenzial zur Verfügung stehen. Dieses Prinzip gilt auch im Umgang mit Menschen. Unterstützen Sie Mitarbeiter:innen dabei, Ihre Möglichkeiten bestmöglich zu nutzen und immer zu erweitern. Das macht Sie antifragiler.

Versuche stets so zu handeln, dass die Kompetenz zur Lösungsfindung bei den miteinander im Austausch stehenden Personen und Gruppen eher zu- als abnimmt.

---

156 Nassim Nicholas Taleb, 2018, Antifragilität: Anleitung für eine Welt, die wir nicht verstehen, Pantheon Verlag; 3. Auflage.

Um ein Team lernfähig zu machen haben wir vier Parameter diskutiert. Vielfalt, Vernetzung, wechselseitige Interaktion und die individuelle Lernfähigkeit werden dabei helfen, ein adaptives Team zu entwickeln. Als Führungskraft können Sie eine Atmosphäre des Dialogs und der Reflexion aufbauen, indem Sie diese Formen der Kommunikation gemeinsam üben und trainieren. Damit wird auch individuell jeder Mensch lernfähiger werden. Bei diesem Thema geht es um die Eigenverantwortung für die Problemlösung, die beim Menschen und beim Team liegt. Nicht Sie als Führungskraft lösen das Problem, sondern Sie schaffen die Rahmenbedingungen (Scaffolding) für die eigenverantwortliche Problemlösung.

Die neue Führungsmoral

Menschen suchen eine Begründung für die Dinge, die passieren. Auch wenn uns das meist nur im Nachhinein gelingt und wir dann eine möglichst sinnvolle Geschichte durch die Ereignisse spinnen, die an den wahren Begebenheiten vorbeischrammt, fühlen wir uns besser.. Ein sehr typisches Beispiel für einen rekursiven Prozess ist der plötzliche Kreislaufkollaps, den eine Person kürzlich erlitten hat. Auch wenn der menschliche Körper viel zu komplex ist, um eine Ursache-Wirkungsbeziehung ableiten zu können, so werden wir doch versuchen, eine Geschichte zu erzählen, die das Ereignis gut begründen kann. *„Der große Stress der letzten Tage hat dazu geführt“*. Begründungen erleichtern unser Leben. Wenn wir Entscheidungen treffen, wollen wir diese auch gut begründen können, wenn wir eine bestimmte Handlung setzen, möchten wir ebenso vor uns und vor anderen über gute Gründe verfügen. Mit dem Wunsch zur Begründung kommen wir nun in das große Feld der Moral. Wir können Moral als sittliche Begründung unserer Handlungen[157] definieren. Moral ist auch ein Mechanismus, um Komplexität zu verringern. Sie gibt uns eine Richtlinie, wie wir uns in bestimmten Situationen verhalten sollen. Damit werden viele andere Handlungsmöglichkeiten erst gar nicht in Betracht gezogen. Die Moral gibt uns für unser Handeln eine Orientierung, die Ethik finden wir auf der Metaebene. Wir sprechen von Ethik, wenn

157 Oswald Neuberger, 2002, Führen und führen lassen, Lucius & Lucius, UTB, 6. Auflage, Seite 731.

wir unsere moralischen Begründungen reflektieren und in Frage stellen. Die Führungsmoral reguliert das Zusammenleben in der Organisation. Im Mittelpunkt steht das Gelingen des Miteinanders. Wir stellen dazu immer die Frage, welche Auswirkungen mein Handeln auf andere hat. Die Themen Ethik und Moral sind in der Führungswelt schon alte Bekannte. Wenn wir mit dieser ‚train the eight'-Landkarte über die neue Ausrichtung der Führung reflektieren, dann stellt sich hier im 2. Quadranten die Frage nach der passenden Ethik und Führungsmoral für die neue Führungswelt. In welche Richtung wird die Entwicklung voranschreiten?

Wenn wir die schon lange bekannten ethischen Imperative betrachten, dann werden diese sehr wahrscheinlich auch in Zukunft ihre Bedeutung haben. Diese Regeln haben unser Miteinander über lange Zeiten sinnvoll geregelt und haben sich bewährt. Es gibt aber in Bezug auf unser Miteinander in den Organisationen einige neue Herausforderungen, die einer stärkeren Ausrichtung auf das WIR bedürfen. Je ko-kreativer wir arbeiten, je mehr echte Teamarbeit gebraucht wird, je mehr Entscheidungen miteinander getroffen werden, je mehr Dissens wir zulassen und je mehr Konflikte wir lösen müssen, desto weniger dürfen egoistische Tendenzen unser Handeln dominieren. Es geht nicht mehr darum, wie ich mich als Mensch möglichst souverän auf der Karriereleiter bewege und dabei darauf achte, den Schaden bei anderen gering zu halten. Wir kommen mehr in eine dienende Haltung, deren zentrale Frage lautet, wie ich mich mit meinen Potenzialen optimal für das Ganze einbringen kann. Der Widerspruch, den wir hier verhandeln, lautet: ICH ⇔ WIR oder Individuum ⇔ Gemeinschaft. Die neue Balance wird sich stärker Richtung WIR und Gemeinschaft bewegen.

Die Grundaporie, die wir betrachten können, bringt folgende Spannung in die Organisation: Selbstverwirklichung ⇔ Gemeinschaftssinn[158]. Beide Ausrichtungen haben gute Seiten, solange sie nicht negativ übertrieben werden. Wer die Selbstverwirklichung zu sehr in den Fokus nimmt,

158 Herbert Pietschmann, 2002, Eris & Eirene, Ibera-Verlag, Seite 116.

wird sich im Egoismus verlieren, wer sich den Gemeinschaftssinn als alleinige Messlatte auferlegt, wird sich in einer destruktiven Form des Altruismus wiederfinden. Weder der Egoismus noch der Altruismus[159] bringen Lösungen für die Zukunft. Das neue Miteinander in der Führungswelt braucht Menschen, die sich selbst verwirklichen und dabei den größten Beitrag zum Gelingen der Gemeinschaft einbringen wollen. Auch wenn die Interessen des Teams über individuellen Interessen stehen, so ist jede individuelle Meinung wichtig, jede individuelle Sichtweise bedeutsam, weil nur so das Team, die Gemeinschaft, die besten Lösungen finden kann.

Führungswerte und Haltungen

Wenn wir über *Werte* sprechen, so können wir zwischen Werten, die wir bereits leben und wiederholt erfahren haben, die also bereits Teil unserer Unternehmenskultur geworden sind, und Werten, die wir gemeinsam als Handlungsziele anstreben, unterscheiden. In diesem Kapitel geht es mehr um die Werte, die wir im Kontext einer neuen Führungswelt anstreben und trainieren können. Und wenn wir im gleichen Atemzug von Haltungen sprechen, dann meinen wir damit die persönlichen Anschauungen und Einstellungen zu gewissen Fragen, die unser Handeln stark beeinflussen. *Haltungen* geben unseren Handlungen eine gewisse Stabilität und lassen uns motiviert Hindernisse überwinden. Aus unseren Handlungen, die aus Haltungen erwachsen sind, können durch Wiederholung und gemeinsame Erfahrungen die neuen Werte einer Kultur hervorgehen.

Würdigung: Die Würde des Menschen ist unantastbar. Das ist eines unserer Grundrechte. Somit ist das kein neuer Wert, sondern ein sehr traditioneller. Würdigen hat auch in Organisationen eine große Bedeutung.

159 Das ist vom effektiven Altruismus nach Peter Singer zu unterscheiden, wo es um positive Beiträge zur Entwicklung der Welt geht. Peter Singer, 2016, Effektiver Altruismus: Eine Anleitung zum ethischen Leben, Suhrkamp Verlag.

Bazon Brock[160] meint dazu: *„Die einzige Form der nicht vernichtbaren Anerkennung ist die Kritik. Man ist also, wenn man jemand würdigen will, verpflichtet zur Kritik an dessen Position, denn die Kritik an dessen Position heißt, er ist kritikwürdig, das heißt, er hat was zu sagen.“* Würdigen meint also das Gegenüber ernst zu nehmen und sich mit den Ideen, Argumenten und Konzepten zu beschäftigen. Würdigen beginnt beim aufmerksamen Zuhören. Würde als Wert ist nur in Beziehung zu anderen Menschen zu verstehen. Würde besitzt nur der Mensch, der in der Lage ist, andere zu würdigen. Mit *Würdigung* sind andere in Organisationen oft genannte Werte, wie Anerkennung, Respekt oder Wertschätzung abgedeckt.

Sinn und Sorge: Wir haben die Bedeutung der Sinnkonstruktion in Organisationen schon besprochen. Sie ist Teil der neuen Führungswelt geworden. Aber es geht dabei nicht nur um die gemeinsame Sinnkonstruktion, sondern auch um eine neue Grundhaltung. Haben wir bisher in der Führungswelt auf Leistung und Gegenleistung gesetzt, also transaktional geführt, so geht es heute stark in die Richtung der transformationalen[161] Führung. Dabei versuchen Führungskräfte die Mitarbeiter:innen direkt mit der Organisation zu verbinden. Statt einer Zweierbeziehung zwischen Führungskraft und Mitarbeiter:in entsteht eine Dreiecksbeziehung, die – als dritte im Bunde – die Organisation einschließt. Aber welches Band soll einen Menschen mit einer Organisation verbinden? Ein etwas weit hergeholter, aber schlüssiger Gedanke ist dabei folgender: Menschen sind auf ein Gegenüber hin ausgelegt, wir sind gesellige, auf Kooperation getrimmte Wesen. Diese Gemeinsamkeit können wir aber nur positiv erleben, wenn wir uns in einer Hülle befinden, die uns Schutz bietet. Wenn wir heute kein Himmelszelt mehr über uns haben, sondern nur die unendlichen Weiten des Alls, dann schaffen wir uns neue Schutzhüllen. Neben der eigenen Wohnung oder der virtuellen Welt, in die wir

160 Audio-Transkript des Gesprächs mit Bazon Brock über die (kritik-)unwürdige Gesellschaft am 1. Juni 2017, angefertigt von Werner Meixner, TU München: https://wwwmayr.in.tum.de/personen/meixner/InterviewMitBazonBrock.pdf (am 24.2.2022).

161 Bruce J. Avolio und Bernhard M. Bass, 1991, The Full Range of Leadership Development Programs: Basic and Advanced Manuals, Bass, Avolio & Associates.

uns zurückziehen können, kann auch eine Organisation einen Schutzmantel bieten. Dazu müssen wir die Organisation ausstatten und mit Bedeutung befüllen. Nur dann kann sie diese Funktion für uns wahrnehmen. Der Begriff der lebendigen Organisation lässt vermuten, dass wir in Organisationen ohnehin viel mehr als eine Infrastruktur und Arbeitsstätte sehen wollen. Sie wird zu einem Teil unseres Lebens. Die Ausrichtung auf den Sinn, auf den Beitrag zur Entwicklung der Welt, kann helfen, ein starkes Band zwischen Mensch und Organisation zu knüpfen. Die hohe Fluktuation in Organisationen und die Tatsache, dass kaum mehr jemand eine Lebensstelle in einer Organisation findet, scheint da kein Gegenargument zu bieten. Vielmehr sehen wir in der Suche nach der richtigen Arbeitergeber:in eine Bestätigung für die These, dass Menschen einen sinnhaften Bund mit der Organisation schließen wollen. Wir können also unter diesen Bedingungen auf die Frage, wie wir Menschen motivieren können, verzichten. Motivation ist in einer gemeinsamen Hülle der Sinnkonstruktion der natürliche Lauf der Dinge.

Weltoffenheit: Wir könnten hier auch einfach Offenheit als Wert notieren. Damit wäre es einfach, sich der Diskussion um das ‚richtige' Mindset anzuschließen und Offenheit als eine Haltung eines offenen Geistes zu definieren. Menschen, die sich den Neuheiten und Entwicklungen in ihrer Umwelt mit einer gewissen Neugier nähern und der Idee eine Chance geben, gelten als ‚open minded'. Wir haben schon das Modell der ‚*Growth- and Fixed Mindsets*' von *Carol Dweck*[162] erwähnt. Hier steckt die Annahme dahinter, dass Offenheit immer gut ist, und somit indirekt, dass Veränderung und Innovation immer wünschenswert seien.

Im Begriff der Weltoffenheit steckt aber noch viel mehr drinnen. „Er bezeichnet die Entbundenheit des Menschen von organischen Zwängen (Trieben) und seiner unmittelbaren Umwelt und betont seine Öffnung hin zu einer von ihm selbst hervorgebrachten kulturellen Welt."[163] Wir

162 Carol Dweck, 2017, Mindset – Updated Edition: Changing the Way You Think to Fulfil Your Potential, Robinson.

163 Weltoffenheit auf Wikipedia: https://de.wikipedia.org/wiki/Weltoffenheit (am 7.2.2022).

Menschen können uns der offenen Welt aussetzen und uns entsprechend entwickeln. In der berühmten Rede über die Würde des Menschen hat *Pico della Mirandola*[164] folgende Thesen aufgestellt: *„Gott sagt zu Adam: Du wirst unter allen Geschöpfen dasjenige sein, das sich selbst erschafft. Dir gebe ich Würde als dein eigener Erfinder. Du selber wirst darüber entscheiden, was aus dir entsteht. Du wirst Ursache dafür sein, wenn du dich zum Göttlichen erhebst, doch wenn du dich zur Stufe des Tierischen herunterbildest, bist ebenfalls du selbst hierfür die Ursache.“* Der Mensch ist also frei, seine Eigenschaften zu entwickeln und muss sich keinen äußeren Zwängen ergeben. *Arnold Gehlen*[165] führt weiter aus: Der Mensch ist *„umweltenthoben“*. Wir können frei entscheiden, wie wir auf Reize aus der Umwelt (ein Problem ist ein Reiz aus der Umwelt, den ich nicht ignorieren kann[166]) reagieren. Wir Menschen sind deshalb weltoffen, weil wir frei – als Reaktion auf einen Reiz – über Freude, Akzeptanz, Ärger oder Wut entscheiden können. Es ist uns möglich, das eingelernte Reiz-Reaktionsschema zu erkennen und zu durchbrechen. Damit sind wir auch in der Lage, uns selbst Sinnstrukturen zu schaffen. In Zusammenhang mit der VUKA-Welt wird ein weltoffener Mensch sich den Entwicklungen und Herausforderungen zumindest mit Akzeptanz stellen und an die Problemlösung machen. Dabei schafft sich der Mensch im Zusammenspiel mit anderen die passenden Strukturen und Sinnkonstruktionen.

Achtsamkeit: Wer hat nicht schon von Achtsamkeit gelesen, gehört, darüber Seminare besucht und Achtsamkeitstrainer:innen zur Rate gezogen. Der Widerspruch unseres Lebens heißt Werden ⇔ Sein. Wenn wir im Werden gut sind und uns immer weiterentwickeln und besser werden wollen, so bedarf es im Leben auch den Gegenpol des Seins. Die Kultivierung des Seins setzt im ersten Schritt die Achtsamkeit voraus, mit der wir den Situationen in unserem Leben begegnen. Achtsamkeit meint, jeder

164 August Buck, Giovanni Pico della Mirandola, 1990, Philosophische Bibliothek, Band 427: De hominis dignitate. Über die Würde des Menschen, Meiner F.

165 Siehe dazu Arnold Gehlen auf Wikipedia: https://de.wikipedia.org/wiki/Weltoffenheit (am 24.2.2022).

166 Gerhard Wohland, Matthias Wiemeyer, 2007, Denkwerkzeuge der Höchstleister, Murmann Verlag.

Situation im Leben mit Konzentration entgegenzugehen und ihr Beachtung und Wertschätzung zu schenken. Das beginnt bei den Begegnungen mit Menschen, bei Gesprächen und führt uns weiter zu all unserem Tun. Kein Tun soll achtlos und nebenbei geschehen. Wenn Sie Ihren Kaffee trinken, dann genießen Sie den Augenblick voll und ganz und starren Sie nicht nebenbei auf Ihr Handy. Zur Achtsamkeit gehört auch die Meditation, das bewusste Atmen, die Notwendigkeit der Pausen und der Zeit nur für sich selbst. Unsere ‚train the eight'-Spielregel ‚Setze Bewertungen aus' ist ebenso ein Achtsamkeitstraining. Der Situation offen zu begegnen und auf schnelle Bewertung zu verzichten, kann sehr heilsam wirken. Es sind oft nur unsere Bewertungen, die unsere Probleme erzeugen. Achtsamkeit kann helfen, die Bewertungen zu erkennen, zu entlarven und davon abzurücken. Nach einiger Übung dominieren unsere Vorurteile und Bewertungen nicht mehr unser Leben.

Vertrauen und Gelassenheit: Das bekannte aber sehr anspruchsvolle Buch von *Niklas Luhmann: Vertrauen, ein Mechanismus zur Reduktion sozialer Komplexität*[167] zeigt auf, wie bedeutsam Vertrauen in Gemeinschaften ist, wenn komplexe Herausforderungen zu meistern sind. Ohne Vertrauen in die anderen wäre die Komplexität schwer zu ertragen. Erst wenn ich die Sicherheit in mir spüre, dass auch die anderen ihren Beitrag leisten werden und ich nicht alleine der Offenheit und Ungewissheit begegne, kann ich entspannen und Stress abbauen. In einer opaken Umwelt kann die Gefahr überall lauern und wir könnten sie zu spät erkennen. Der Schutz der Gruppe, in der wir einander vertrauen, bringt ein Stück Gelassenheit in unser Leben zurück. Jede Führungskraft hat Situationen erlebt, in denen das unbedingte Vertrauen in das Team die einzige Möglichkeit war, ein Problem zu meistern. Wenn ein Team gemeinsam eine schwere Situation durchgestanden hat, dann ist das Vertrauen ineinander gestiegen, und das gibt uns ein gutes Gefühl. *Peter Sloterdijk*[168] meint, Gelassenheit ist eine Savannenerrungenschaft. Menschen konnten

167 Niklas Luhmann, 2014, Vertrauen: Ein Mechanismus der Reduktion sozialer Komplexität, UTB GmbH, 5. Auflage.

168 Bernhard Klein (Hrsg.) und Peter Sloterdijk, 2013, Ausgewählte Übertreibungen: Gespräche und Interviews 1993–2012, Suhrkamp, Seite 146.

in der Savanne am Baum sitzen und entspannen, weil die Feinde in der Ferne schon zu sehen waren. Es ist also leicht, bei guter Sicht und einer hohen Position, der nächsten Situation gelassen zu begegnen. Heute in der opaken Umwelt fehlt uns der Weitblick, und Gefahren können uns fast unbemerkt umschlingen. In solchen Situationen kann uns nur Vertrauen helfen, die unerträgliche Komplexität des Lebens zu vermindern. Wir müssen eine Kultur des Vertrauens schaffen, weil nur sie uns in eine heitere Gelassenheit bringen kann. Und Vertrauen ist immer eine Investition. Es entsteht nicht durch Abwarten und Bestätigung, es mehrt sich nur durch eine Vorinvestition und den Mut zum Risiko, am Ende des Tages enttäuscht zu werden. In vielen Fällen wird sich Ihre Investition in Vertrauen aber auszahlen und einen ‚Return on Trust Invested' (ROTI) bringen.

Empathie: In einer Welt, die von einer unkontrollierten Migration von künstlichen Intelligenzen und Robotern belastet wird, spielen menschliche Eigenschaften eine immer größere Rolle. Was Maschinen heute noch nicht ausreichend beherrschen, ist die Fähigkeit, sich in die Gefühlswelt eines Menschen einzufinden, sie zu erkunden, zu verstehen und bis zu einem gewissen Grad auch nachzuempfinden. Maschinen fehlt es an Empathie. Wir wissen nicht, wie lange wir diese These noch aufrechterhalten können, heute jedoch scheinen wir damit noch auf stabilem Boden zu stehen. Menschen haben im Laufe der Evolution emotionale Verbindungsmöglichkeiten geschaffen und entwickelt, die bis heute nur unzureichend verstanden werden. Die Neurobiologie versucht uns mit den Spiegelneuronen[169] diese metaphysische Verknüpfung von Menschen besser zu erklären. Ob wir es aber nun verstehen und erklären können, ist gar nicht die zentrale Frage. Wichtig ist nur, dass wir Menschen die Fähigkeit trainieren können, uns in andere Menschen hineinzufühlen. Statt dem Begriff der Empathie kann also das im Sprachgebrauch besser verständliche Einfühlungsvermögen dienen. Wenn Menschen miteinander interagieren, die ihre empathischen Fähigkeiten trainiert haben,

169 Joachim Bauer, 2006, Warum ich fühle, was du fühlst: Intuitive Kommunikation und das Geheimnis der Spiegelneurone, Heyne Verlag, aktualisierte Neuausgabe.

dann entstehen emotionale Bande, die keiner Erklärung bedürfen. Wir spüren dann, wie es anderen Menschen geht und wir können schnell auf Bedürfnisse reagieren. Das Training des eigenen Einfühlungsvermögens beginnt wie immer bei mir selbst. Achtsamkeit und Selbstwahrnehmung sind Grundbedingungen, sich in andere Menschen hineinzufühlen. Ein Führungsansatz, der die Empathie in den Mittelpunkt stellt, wurde von *Denis Mourlane*[170] unter dem Titel *Emotional Leading* präsentiert. Er bietet ein Trainingsprogramm für Führungskräfte auf Basis von fünf Grundbedürfnissen der Menschen an.

Wertschöpfung: Fast immer, wenn über Werte und Haltungen gesprochen wird, kommt ein wirtschaftlicher Wert etwas zu kurz: die Ausrichtung auf die Wertschöpfung. Wertschöpfung ist aber immer das Zentrum des Wirtschaftsuniversums. Es geht dabei ja um die Frage, wie wir aus Gütern mit niedrigem Geldwert durch eine Transformation Güter mit höherem Geldwert hervorbringen können. Damit wird Wertschöpfung zum Ziel jeder wirtschaftlichen Tätigkeit. Zu beachten ist in der neuen Wirtschaftswelt aber die Frage, unter welchen Bedingungen wir diese Wertschöpfung erzielen. Dabei gilt es, das Dreigestirn aus wirtschaftlicher Wertsteigerung, der damit verbundenen ökologischen Belastungen und der sozialen und gesellschaftlichen Auswirkungen zu berücksichtigen. Unternehmen, die ihren wirtschaftlichen Erfolg auf Kosten der Umwelt oder durch Entropieexport in Drittländer erzielen, zählen nicht mehr zu Heldinnen und Helden, sondern werden als schwarze Schafe gebrandmarkt.

Für die neue Führungswelt gilt es also, die Devise *Put Sustainability first* zu berücksichtigen. Nur eine ökologisch und sozial verträgliche Wertschöpfung ist eine brauchbare und zukunftsfähige Wertschöpfung. Natürlich gilt es auch in diesem Handlungsfeld, sich von dem Wunsch nach Perfektion zu verabschieden. Viel wichtiger ist es, die Herausforderung zu erfüllen, im Wertschöpfungsprozess immer besser zu werden und im-

170 Denis Mourlane, 2021, Emotional Leading: Unsere fünf Grundbedürfnisse oder wie wir die Kraft positiver Emotionen entfesseln, Business Village.

mer intensiver die *Sustainable Development Goals* (SDGs)[171] in die wirtschaftliche Tätigkeit einzubinden und zu berücksichtigen.

Mut und Zutrauen: *„Kühn betraten sie das unbekannte Land, entschlossen bewegten sie sich von einem Irrtum zum nächsten.“*[172] *Paul Feyerabend* hat mit dieser Aussage den Prozess des wissenschaftlichen Arbeitens beschrieben. Er gilt aber aus unserer Sicht punktgenau für die neue Form des Wirtschaftens in zunehmend agilen Welten. Es ist ein Wirtschaften, in dem das Ausprobieren auf der Tagesordnung steht. Dazu braucht es Mut, dem unweigerlichen Scheitern ins Auge zu blicken. In Bürokratien haben wir es geschafft, der Willkür einen Riegel vorzuschieben und über Anweisungen und Prozesse Sicherheit für alle Beteiligten zu erzeugen. Damit musste zwangsläufig der Fehler zum Feind des Guten werden. Wo richtiges Tun handlungsanleitend beschrieben ist, dort gelten Abweichungen als Fehler. Wenn wir über Fehler und Fehlerkultur sprechen, befinden wir uns in der komplizierten Domäne. In der komplexen Domäne hingegen ist der Lösungsweg a priori nicht beschreibbar. Wir können die Lösungen nur durch mutiges Ausprobieren finden. Jeder Versuch aber kann scheitern und es wird ein oftmaliges Scheitern brauchen, bis eine neue Lösung gefunden wird. Scheitern ist also grundlegend verschieden von der üblichen Art, einen Fehler zu machen. Scheitern, so es mit Reflexion und Lernen verbunden ist, wird wünschenswert und zum fixen Teil des Prozesses. Dennoch braucht es Mut, etwas auszuprobieren, was zuvor in unserem Kontext noch niemand versucht hat. Wenn auf der einen Seite der Beziehung zwischen Führungskraft und Mitarbeiter:in der Mut steht, so braucht es beim Gegenüber die Tugend des Zutrauens. Menschen werden nur den Mut entwickeln, neue Dinge kreativ auszuprobieren, wenn sie das Gefühl haben, die Führungskraft schenkt mir das Zutrauen, etwas Sinnvolles zu schaffen.

‚gut genug‘: Viele Menschen lieben Perfektion. Fehler sind weithin verhasst. Das Ideale ist rein und gut und daher anzustreben. Begonnen hat

171 SDGs Website: https://sdgs.un.org/goals (am 24.2.2022).

172 Paul Feyerabend, 1986, Wider den Methodenzwang, Suhrkamp Taschenbuch, Seite 382.

dieses Denken mit der Kugelgeometrie. Die Kugel ist das ideale Objekt, das Perfektion zum Ausdruck bringt. Wir wollen diese Perfektion und Klarheit in vielen Bereichen unseres Lebens wiederfinden. Die Planung ist hierzu ein gutes Beispiel. Erst wenn der Plan rein und perfekt durchdacht ist, können wir ihn präsentieren. Kein Makel darf ihm anhaften. Dieses Unperfekte hingegen ist das Schmutzige, das Verabscheuungswürdige. *„Denn nur das Nicht-Vollkommene – weil es geometrisch nicht konstruiert werden kann – ermöglicht und erfordert empirische Forschung; das reine Schöne darf man getrost den Idealisten überlassen, das Halbschöne und das Hässliche gibt Empiristen zu tun.*"[173] Lange schon sind wir zur Erkenntnis gekommen, in einer unvollkommenen Welt zu leben. Auch unser Leben bleibt bei allen Wundern unvollkommen. Und so ist es heute auch in der Welt der Organisationen. Wir haben uns vom idealen Plan verabschiedet, von idealen Produkten distanziert und lassen die Kunden die Halbfertigprodukte testen und ausprobieren. Kurzum: Wenn wir unter komplexen Bedingungen zum Experimentieren aufgerufen sind, dann kann uns nur eine Abkehr vom fehlerlosen Idealbild noch helfen. Wir nennen diese Grundhaltung ‚gut genug'. Wir brauchen nicht gleich eine Lösung für die nächsten Jahre, wir brauchen eine passable Lösung für den Augenblick, die wir ohnehin laufend überarbeiten und verbessern können. Es wird kein unnötiger Aufwand in Perfektion gesteckt, die keinen Nutzen bringt. Eine solche Haltung muss man sich erarbeiten. Sie braucht Mut zum Scheitern und die Konsequenz zur iterativen Wiederholung, um ständig zu lernen. Klar brauchen wir auch das genaue Gegenteil davon überall dort, wo wir uns kein Scheitern leisten können. Im Kontext der ‚High Reliability Organizations (HRO)' ist ein Scheitern unter allen Umständen zu vermeiden. ‚*Gut genug*' gilt als Grundhaltung also nur dort, wo wir nach neuen Lösungen suchen und mit dynamischen Umwelten konfrontiert werden: eine Situation, die wir in vielen Organisationen heute vorfinden.

Übung und Konsequenz: Alles, was wertvoll ist, eignen wir uns durch Lernen und durch Übung an. Führung ist immer schon ein Übungsfeld

173 Peter Sloterdijk, 1999, Sphären II, Globen, Suhrkamp, Seite 354.

gewesen und der Führungsalltag ein Trainingscamp. Weil die individuellen Kompetenzen immer wichtiger werden, muss das Training alle Teammitglieder umfassen. Besonders aber die Führungskraft braucht ein innerliches ‚Commitment', um immer besser zu werden und die ‚Himmelsleiter' nach oben zu nehmen. Der Trainingsweg ist anstrengend und verbietet es, den Aufzug zu benutzen. Führungsarbeit braucht eine Art Meisterschaft, ein lebenslanges Üben und Trainieren. *Peter Sloterdijk*[174] hat in seinem umfassenden und eindrucksvollen Buch *Du musst Dein Leben ändern* von einem Leben als Übung geschrieben. Je komplexer unsere Aufgaben werden, umso mehr müssen wir uns der Übung hingeben. Machen Sie Ihren Führungsalltag zur Übung. Das kann eine der besten Gewohnheiten Ihres Lebens werden.

Fokussierung: *Energie folgt der Aufmerksamkeit*, das wird meist im ersten Seminar der systemischen Beratung als Prinzip verkündet. Dahinter steckt die Frage, ob wir als Menschen durch unseren Aufmerksamkeitsfokus unsere Energien lenken können. Wenn uns das gelingt, können wir unseren Geist wie eine Taschenlampe einsetzen. Wir richten unseren gebündelten Lichtstrahl genau dort hin, wohin wir unsere Energie bringen wollen. Damit sind wir wieder ein Stück mehr in die Freiheit entlassen, selbst zu wählen. Worüber wir uns Gedanken machen, was uns bewegt und Sorge bereitet, entscheiden wir durch unseren Fokus. Wenn ein Problem in unserem Geist herumwandert wie ein Gespenst, das nicht zu vertreiben ist, dann brauchen wir unseren Fokus nur auf etwas anderes zu lenken und schon folgt uns unsere Energie. Einfache Versuche bestätigen diese Annahme. Wenn Sie sich gerade mit Ihrer Familienplanung beschäftigen und auf Ihren Nachwuchs vorbereiten, dann werden Sie an jeder Straßenecke Menschen mit Kinderwagen und Kleinkindern sehen. Mit dem Fokus ist immer auch eine Entscheidung verbunden. Sie richten Ihren Aufmerksamkeitsstrahl auf etwas und Sie lassen viele andere Optionen im Dunkeln. Zu viel Fokus ist also nicht uneingeschränkt gut. Was wir hier meinen, ist von einfacher Natur. Als Führungskraft müssen Sie Orientierung geben, für Ziele sorgen, gemeinsame Projekte definie-

---

174 Peter Sloterdijk, 2009, Du musst dein Leben ändern: Über Anthropotechnik, Suhrkamp.

ren. Das alles sind Tätigkeiten, die Fokus brauchen. Fokus ist eine Übung der selektiven Enthaltsamkeit und der Nichtteilnahme. Sie wenden Ihre Energie für etwas Bestimmtes auf und bleiben dabei. Der Fokus in der komplexen Welt liegt auf dem Lernprozess.

Selbstverpflichtung: *Hannah Arendt*[175] hat uns mit Weisheiten beschenkt. Eine davon bezieht sich auf die Vorhersagbarkeit der Zukunft. Sie meinte: Es gibt nur eine Möglichkeit, die Zukunft vorauszusehen, indem man ein Versprechen abgibt und dieses auch einhält. Damit ist bereits alles über die Selbstverpflichtung gesagt. Ich verpflichte mich selbst, meine Versprechen einzuhalten, meinen Teil der Verantwortung zu tragen und meinen Beitrag in der Gemeinschaft zu leisten. Dazu ist es hilfreich, mit sich selbst einen fiktiven Vertrag abzuschließen. Ich schließe mit mir ein *nichtverhandelbares Übereinkommen* ab, meine Ziele zu verfolgen und mein Bestes zu geben. In einem Team, dessen Mitglieder Selbstverpflichtung und Verantwortung leben, kann sich eine wertvolle Vertrauenskultur ausbilden. Je öfter wir im Wechselspiel miteinander erleben, dass Menschen sich an Vereinbarungen halten und ihren vollen Einsatz bieten, wenn es einmal enger wird, desto öfter wird dieses Verhalten einen positiven Eintrag im Gedächtnis der Organisation erhalten. Der Wert der Selbstverpflichtung und auch der Wert des Vertrauens werden unter solchen Verhältnissen zur Wertekultur.

175 Vera Ohlendorf, 2011, Der Begriff des Versprechens bei Hannah Arendt und Paul Ricoeur, GRIN Verlag.

Dritter Quadrant: BEWEGUNG – Neues Führungshandeln
Alle Aspekte, die wir im ersten Quadranten als neue Denkansätze der Führung beschrieben haben, müssen im neuen Führungshandeln konkret umgesetzt werden. Dazu können die vier ,train the eight'-Spielregeln und die ,train the eight'-Prinzipien eine sichere Basis bilden. An anderer Stelle haben wir sie eingehend beschrieben (Seite 85). Hier wiederholen wir sie nur in der Kurzform.

Abbildung 34: Die neue ,train the eight'-Führungswelt – BEWEGUNG (Neues Tun und Handeln, 3. Quadrant). Die Abbildung zeigt wichtige Tendenzen auf. Ohne Anspruch auf Vollständigkeit.

Die Spielregeln für die neue Führungswelt:

- Beobachte zuerst immer das größere Spiel.
- Setze vorschnelle Bewertungen aus.
- Entscheide nicht gleich, initiiere einen Prozess und kommuniziere.
- Halte inne, bis alle gelernt haben.

Und die wichtigsten Prinzipien, die Orientierung geben:

- Prinzip Anfang und Ende
- Prinzip Polarität
- Prinzip Wiederholung
- Prinzip Resonanz

Die Übersetzung der neuen Denkansätze in der Führung lässt sich am besten über ein Führungssystem darstellen, das die Grundsätze der Führung, die Führungsaufgaben und die Führungsinstrumente umfasst. Ergänzend macht es Sinn, auch die dafür notwendigen neuen Führungskompetenzen kurz anzusehen.

Die Führungsgrundsätze bilden die Leitlinien der Führung, die immer Gültigkeit haben und die invariant gegenüber den jeweiligen Herausforderungen sein müssen. Die Grundsätze können aus den Werten und Haltungen abgeleitet werden. Wir präsentieren Führungswerte und Haltungen für die neue Führungswelt, aus denen Sie Ihre Führungsgrundsätze leicht ableiten können. In unserem Buch: *Das innere Spiel* (2018)[176] machen wir für Führungsgrundsätze folgenden Vorschlag, von dem Sie sich inspirieren lassen können:

176 Kurt Völkl, Heinz Peter Wallner 2018, Das innere Spiel: Wie Entscheidung und Veränderung spielerisch gelingen, BusinessVillage, 2. Auflage, Seite 178.

Das Ausgangs-Ensemble für neue **‚train the eight'-Führungsgrundsätze:**

- Umgang mit Wahrnehmung, mit Gegensätzen, mit Optionen und mit Störungen
- Grundhaltung zum Selbst, zu Menschen, zum Ganzen und zur Zukunft
- Arbeit mit Mustern, an Resonanz, mit Intelligenz und an Stärken
- Wichtigkeit von Sinn, von Lebendigkeit, von Gesundheit und von Erfolg

Daraus können Sie etwa folgendes Set an Führungsgrundsätzen ableiten:

Wahrnehmung schärfen – Optionen erkennen – Eigenverantwortung stärken – Vertrauen aufbauen – Resonanz erzeugen – Intelligenz vernetzen – Lebendigkeit fördern – Erfolg sichern.

Nun gleich zu den Führungsaufgaben und den Führungsinstrumenten.

Führungsaufgaben bei hoher Komplexität

Führungsaufgaben in der neuen Führungswelt, die zusätzlich zum klassischen Management auf die Agenda der Führungskräfte gehören, wenn die Komplexität und Instabilität zunehmen:

- Perspektivenvielfalt nutzen und den Dialog am Laufen halten
- Partizipation unterstützen sowie Intelligenz moderieren und vernetzen
- Widersprüche erkennen und gemeinsam bearbeiten
- Gemeinsame Reflexion üben und lernen
- Attraktive Zukunftsbilder entwickeln und gemeinsam Sinn konstruieren
- Bedingungen für Entwicklung schaffen und Menschen coachen.

Peter Kruse[177] stellt in einem Video nur vier Führungsaufgaben der Zukunft vor. Dabei nennt er das Organisieren, im Sinne des Optimierens, und das Coachen, im Sinne der Teamentwicklung, als die klassischen Führungsaufgaben. Für das Management der Instabilität empfiehlt er die Führungsaufgabe der Sinnstiftung, um eine gemeinsame Antwort auf das Warum zu erarbeiten, und die Moderation von Intelligenz, um die übersummative Intelligenz des Netzwerks nutzen zu können. Wir können die Führungsaufgaben noch mit Führungsinstrumenten hinterlegen. Die Instrumente unterstützen dabei, die Aufgaben zu erfüllen.

Führungsaufgabe bei Komplexität und Instabilität	Führungsinstrumente zur Aufgabenbewältigung
Perspektivenvielfalt nutzen und den Dialog am Laufen halten	Der Dialog, Six Thinking Hats
Partizipation unterstützen und Intelligenz moderieren und vernetzen	Gemeinsame Entscheidungsprinzipien entwickeln und Methoden einüben
Widersprüche erkennen und gemeinsam im Dialog halten	Konfliktlösung mit Synthesekompetenz
Gemeinsame Reflexion üben und lernen	Iterative Lösungsfindung, Moderation
Attraktive Zukunftsbilder entwickeln und gemeinsam Sinn konstruieren	Visionsworkshops, Purpose Quest, The Future Backwards
Bedingungen für Entwicklung schaffen und Menschen coachen	Fragetechniken und Scaffolding Methoden

Tabelle 5: Führungsaufgaben und Führungsinstrumente für komplexe Herausforderungen und instabile Situationen.

Wir möchten den Blick noch auf ein Bündel an neuen Kompetenzen legen und damit das Trainingsspektrum für die neue Führungsarbeit abstecken.

177 Video mit Dr. Peter Kruse: https://youtu.be/YTY8JKHjufY (DATUM).

Einige wichtige Führungskompetenzen für die neue Führungswelt:

Self-Leadership: Jede gute Führungsarbeit beginnt mit Self-Leadership. Zu diesem Thema haben wir mit dem Buch ‚*Fokus Self-Leadership – Gesunde und wirkungsvolle Selbstführung in Zeiten hoher Komplexität*'[178] einen ganzheitlichen Entwicklungsweg und ein Trainingsprogramm vorgestellt. Wir haben dazu auch einen eigenständigen Online-Kurs ‚*Fokus Self-Leadership*'[179] entwickelt, der Sie in Ihren Self-Leadership-Bemühungen sehr unterstützen wird. Wir verstehen unter Self-Leadership Ihren ganz persönlichen ‚Zug nach oben'. Unsere Definition von Self-Leadership ist dabei ganzheitlich: „*Self-Leadership ist die bewusste Beeinflussung der eigenen Gedankenwelt, der inneren Haltungen und der Gefühlswelt, des gesamten Handlungsspektrums und der Lernprozesse, um die eigenen kreativen Potenziale zur vollen Wirkung zu bringen.*"[180]

Resilienz: Dieser Begriff ist sehr populär geworden. Das ist auch kein Wunder, weil die vier genannten VUKA-Herausforderungen Menschen belasten und in krisenhafte Situationen stürzen können. In solchen Fällen ist es naheliegend, sich die zentrale Frage, wie gut ich als Mensch mit Störungen und Irritationen umgehen kann, zu stellen. Wie sicher stehe ich in meiner Lebensspur? Welche Intensität an Störung halte ich aus, ohne aus der Spur zu fallen oder zumindest schnell wieder auf Spur zu kommen? Das Training der Resilienz ist aus unserer Sicht wieder ein Self-Leadership-Trainingsthema. Eine eigene Betrachtung der Resilienz[181] macht aber Sinn, weil dazu sehr viele Konzepte entwickelt wurden, die große Beachtung fanden. Häufig wird dabei das Sieben-Säulen-Modell als Basis beschrieben. Demnach gründet sich die Resilienz auf ein Bün-

178 Heinz Peter Wallner, Kurt Völkl, 2017, Fokus Self-Leadership – Gesunde und wirkungsvolle Selbstführung in Zeiten hoher Komplexität, Edition Summerhill.

179 Online-Kurs: Fokus Self-Leadership auf dem freien Lernportal UDEMY (https://www.udemy.com/course/fokus-self-leadership-gesunde-wirkungsvolle-selbstfuhrung/) oder auf Anfrage bei den Autoren unter: https://hpwallner.com/online-selfleadership/

180 Heinz Peter Wallner, Kurt Völkl, 2017, Seite 35.

181 Denis Mourlane, 2017, Resilienz: Die unentdeckte Fähigkeit der wirklich Erfolgreichen, Business Village.

del an Eigenschaften und Fähigkeiten, die trainiert werden können[182]: Akzeptanz, Optimismus, Selbstwirksamkeit, Verantwortung, Netzwerkorientierung, Lösungs- und Zukunftsorientierung. Hinzu kommt noch die Ambiguitätstoleranz, die Veränderungsaffinität und die schon oft erwähnte Achtsamkeit.

Antifragilität: Der Begriff der Antifragilität ist eine Neuschöpfung von *Nassim Nicholas Taleb*[183]. Wir kennen das Gegensatzpaar fragil ⇔ robust. Ist ein System fragil, dann ist es anfällig für Störungen, ist es robust, dann kann es bis zu einem gewissen Belastungspunkt einer Störung entgegenhalten. Mit dem Begriff der Resilienz sind wir aber schon weiter gegangen. Ein System ist resilient, wenn es gut mit Störungen umgehen kann und nach der Störung wieder in seinen üblichen Betriebsmodus zurückfindet. *Nassim Nicholas Taleb* geht noch einen wesentlichen Schritt weiter. Antifragil ist demnach eine Person oder eine Organisation, wenn sie aus einer Krise gestärkt hervorgeht. *Taleb* meint, es reicht nicht aus, nach einer Krise noch zu existieren, es ist wichtig, dass wir aus Krisen Stärke gewinnen. Auch wenn das nicht immer möglich sein wird, weil es Dinge gibt, die größer sind als wir, so sollten wir es nicht unversucht lassen. Die meisten Bewältigungsstrategien für hohe Komplexität, die wir hier darstellen, sind zugleich Strategien, um die Antifragilität zu stärken. In unserem Calendarium ‚*Antifragil durch jede Krise*'[184] beschreiben wir zwölf einfache Strategien, die Ihre Antifragilität erhöhen werden.

Emotionale, intuitive Kompetenzen (Mustererkennung): Wir wissen, dass unter hoher Komplexität unsere rationalen Fähigkeiten nicht ausreichen, die Situationen zu verstehen und zu durchdringen. Eine der wichtigsten menschlichen Fähigkeiten ist die Mustererkennung, die eine Leistung unserer unbewussten Intelligenz darstellt. Die Mustererkennung kann mit einem einfachen Beispiel erklärt werden. Wenn eine sehr

182 Karen Reivich, Andrew Shatté, 2003, The Resilience Factor. 7 Keys to Finding Your Inner Strength and Overcoming -Life´s Hurdles. Broadway Books.

183 Nassim Nicholas Taleb, 2018, Antifragilität: Anleitung für eine Welt, die wir nicht verstehen, Pantheon Verlag; 3. Auflage.

184 Heinz Peter Wallner, Dodo Kresse, 2020, Antifragil durch jede Krise, Edition Summerhill.

erfahrene Person im Katastropheneinsatz bei der Feuerwehr in eine kritische Situation kommt und plötzlich das Gefühl entwickelt, dass etwas an dieser Situation nicht stimmt, dann ist Mustererkennung am Werk. Oft erlebte Situationen hinterlassen in uns Erinnerungsspuren, die dann als unbewusste Intelligenz zur Verfügung stehen. Wir agieren dann aus einem Gewohnheitsmuster. Wenn aber in einer Situation irgendeine Störung auftritt, die vom üblichen Muster abweicht, dann entsteht das Gefühl der Unstimmigkeit. Dieses Gefühl kann lebensrettend sein. Diese Form der Mustererkennung nennen wir eine emotional-intuitive Kompetenz. Beispiele von Mustererkennung gibt es aber in nahezu allen Wirtschaftsbereichen, in denen erfahrene Menschen arbeiten. Wenn Sie als Steuerprüferin in ein Unternehmen kommen und die ersten Prüfungen der Bücher keine Unstimmigkeiten erkennen lassen, so kann es trotzdem sein, dass die Prüferin ein Gefühl entwickelt, dass hier irgendetwas nicht passt. Dieses Gefühl kommt plötzlich und ist nicht erklärbar. In den meisten Fällen wird dann eine genauere Prüfung einige bisher unentdeckte Manipulationen ans Tageslicht bringen. Ein anderes Beispiel finden wir in der Medizin. Ein erfahrener Arzt erkennt oft auf den ersten Blick die Krankheit einer Patientin, die eben zur Tür hereinkommt. Diese Intuition will in unserem Gesundheitssystem dann mit technischen Analysen untermauert werden. Mustererkennung als Fähigkeit braucht ein Trainingsprogramm. Es beginnt wieder mit der Achtsamkeit, die wir den Situationen entgegenbringen, und der Achtsamkeit, mit der wir unsere inneren Regungen, Gefühle, somatischen Marker und oft leisen inneren Stimmen wahrnehmen. Häufig machen wir die Erfahrung, schon in der ersten Minute in der Situation ein Gefühl für die richtige Lösung zu haben, um aber dann doch einen anderen Weg zu verfolgen. Wir können lernen, auf unsere inneren Stimmen zu hören und somit auch unsere Mustererkennung zu entwickeln.

Systemkompetenz: Die Systemkompetenz nach *Günter Schiepek*[185] meint die Fähigkeit von Menschen und Systemen, mit komplexen Situ-

185 Günter Schiepek, Herbert Spörkel (Hrsg.), 1993, Verhaltensmedizin als angewandte Systemwissenschaft, Mackinger.

ationen gut umgehen zu können. Damit ist auch klar, was Systemkompetenz alles umfasst. Wir haben es mit einem Kompetenzbündel zu tun. Die wichtigsten dieser Kompetenzen, wie die Resilienz, die Ambiguitätstoleranz oder Mustererkennung, haben wir schon kurz beschrieben. Für die Systemkompetenz kommen aber noch einige Aspekte hinzu, die wir kurz ansprechen möchten.

Der Systemtheoretiker und Berater *Peter Kruse*[186] hat aufgezeigt, welche Kompetenzen in komplexen Umwelten für die Führungskräfte besonders relevant sind. Wer den kulturellen Wandel herbeiführen und unterstützen will, muss zunächst lernen, die Komplexität im eigenen System zu erhöhen. Ein Ansatzpunkt dazu ist die Erhöhung der internen Vernetzungsdichte. Die Vernetzung findet dabei auf mehreren Ebenen statt. Zunächst geht es um die Vernetzung in Teams, die sich aus den Interaktionen von einander vertrauenden Menschen ergibt. Auf der nächsten Ebene kommt die Netzwerkintelligenz der Organisation ins Spiel. Dabei werden Menschen auf einer freiwilligen Basis mit ihren unterschiedlichen Kompetenzen anlassbezogen vernetzt. Beispielsweise wird für ein Change-Vorhaben ein dynamisches Netzwerk organisiert, das den Change vorantreibt und umsetzt.

Daher unterscheidet sich Netzwerkintelligenz sehr von der Teamintelligenz. Im organisationalen Netzwerk finden wir die Basis in der Aufgabe und im unmittelbaren Projektauftrag, nicht aber in den persönlichen Beziehungen. Damit ein organisationales Netzwerk wirklich funktionieren kann, braucht es eine Übereinstimmung in den tragenden Werten und Normen. Komplexität erfordert ein höheres Bewusstsein im Umgang mit allen normativen Prämissen.

Wir haben auch die Widerspruchskompetenz eingehend beschrieben. Es ist sehr wichtig zu verstehen, dass Wandel und Transformation eine treibende Spannung brauchen und daher Dissens und unterschiedliche

---

186 Peter Kruse, 2004, next practice. Erfolgreiches Management von Instabilität, Gabal, 8. Auflage.

Sichtweisen die Bedeutung der Harmonie in den Schatten stellen. Die gegensätzlichen Kräfte bringen den Wandel voran. Damit ist die Widerspruchskompetenz ein Beitrag zur Systemkompetenz.

Wenn wir uns aus einem stabilen Bereich in Richtung Instabilität bewegen wollen – im Cynefin®-Framework also der Move aus der komplizierten in die komplexe Domäne – dann können wir mit der Reduktion von Regeln und Rahmenbedingungen beginnen. Je offener wir das System gestalten, desto eher wird es in einen komplexen, kreativen Zustand übergleiten. Dieser Wechsel ist metaphorisch mit einem Chaospendel darstellbar. *Hans Peter Dürr*[187] hat das Chaospendel als Symbol für starre und dynamische Systeme eingeführt. Dabei wird ein einfaches mechanisches Pendel in ein komplexes Mehrfachpendel verwandelt, indem zwei Bolzen aus der Mechanik entfernt werden. Damit gewinnt das Pendel an Freiheitsgraden, also Bewegungsfreiheit, und zeigt plötzlich ein dynamisches, nicht mehr vorhersehbares Verhalten. Die Bolzen symbolisieren dabei die Regeln im System, die es zu lockern und zu entfernen gilt.

Professionalisierung 2. Ordnung: Wir sprechen von der Professionalisierung 1. Ordnung, wenn es um einen souveränen Umgang mit Stabilität im Management geht. Im Zentrum des Managements von Stabilität steht das Steuern und das Regeln, also die Kybernetik 1. Ordnung. Wir wissen bereits, wie wichtig diese Profession auch heute ist, und dennoch brauchen wir eine weitere Ebene der Professionalisierung. *Peter Kruse*[188] spricht von der Professionalisierung 2. Ordnung, wenn wir Komplexität und Instabilität managen müssen. Alle hier dargestellten Kompetenzen, die wir als Bündel auch Systemkompetenz nennen können, führen uns zur Professionalisierung 2. Ordnung. Diese gilt es, in Unternehmen nun anzustreben.

187 Hans Peter Dürr, Chaospendel, Video auf YouTube: https://youtu.be/6xQwigln05Q (am 24.2.2022).

188 Peter Kruse, 2004, next practice. Erfolgreiches Management von Instabilität, Gabal, 8. Auflage.

Vierter Quadrant: FORM – Neues Lernen und Trainieren

Schon seit sehr langer Zeit ist das gemeinsame Lernen in Organisationen ein wichtiger Beitrag zur Zukunftsfähigkeit. Konzepte wie die lernende Organisation von *Peter Senge*[189] werden schon seit 1990 viel beachtet. Dort finden wir als eine von fünf Disziplinen der lernenden Organisation das Teamlernen. Doch die Frage, die sich Führungskräfte sehr berechtigt stellen, lautet: Wie lernt eigentlich ein Team?

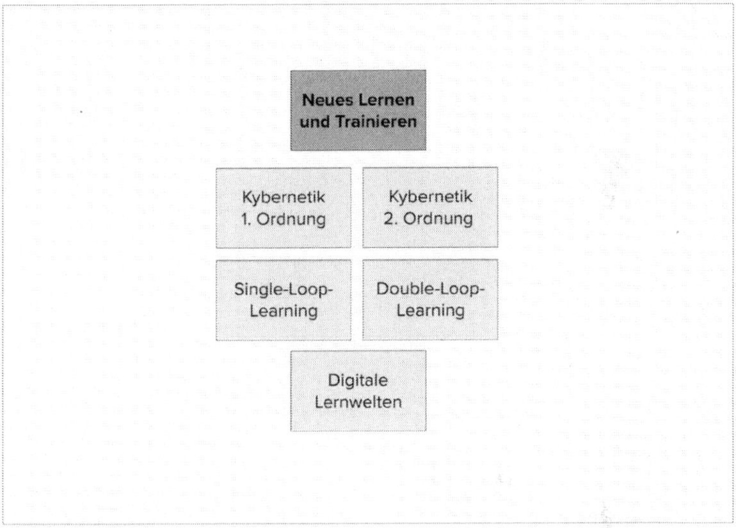

FORM: Neue Erkenntnis

Abbildung 35: Die neue ‚train the eight'-Führungswelt – FORM (Neue Erkenntnis, 4. Quadrant). Die Abbildung zeigt wichtige Tendenzen auf. Ohne Anspruch auf Vollständigkeit.

Um wirklich tiefe Einsichten aus dem Zusammenspiel des Teams zu gewinnen, müssen wir etwas Unmögliches möglich machen. Wir sind Teil des Teams, was in gewisser Weise auch auf die Führungskraft zutrifft, und gleichzeitig agieren wir als Beobachter:in. Wir brauchen also ein Arran-

189 Peter M. Senge, 2001, Die fünfte Disziplin. Kunst und Praxis der lernenden Organisation, Klett-Cotta.

gement mit einem bzw. einer doppelten Beobachter:in. Es geht um eine Beobachtung im Inneren und eine Beobachtung aus dem Äußeren. Dieses Arrangement ist nicht wirklich neu, sondern schon seit Jahrzehnten bekannt. Die Wissenschaft, die sich Kybernetik nennt, hat sich über Beobachtungen Gedanken gemacht. Ausgangspunkt war die neutrale Beobachtung eines Systems von außen. Dabei wird eine klare Objekt- (das Beobachtete) und Subjekt- (die Beobachter:innen) Trennung vorausgesetzt. Wenn wir uns auf diese Zugeständnisse einlassen, dann sprechen wir von der *Kybernetik erster Ordnung*[190]. Eine Beobachtung hat aber auch Rückwirkungen auf das beobachtete System, es kommt zu Interaktionen und damit zu Beeinflussungen. Um diese aber zu erkennen, müssen wir die Beobachter:innen beobachten. Und schon wird unser Fall erheblich komplexer. Wir sprechen jetzt von der Kybernetik der Kybernetik – oder von der *Kybernetik zweiter Ordnung*[191].

Bei der *Kybernetik erster Ordnung* geht es um das klassische Management, um das Steuern und Regeln, um Ziele und Zielerreichung. Was wir mit der Kybernetik erster Ordnung erreichen wollen, ist eine Art quasi-stabiler Zustand, der zwar hochdynamisch ist, das System aber konstant auf einem gewünschten Level hält. Denken wir dabei an die Körpertemperatur vieler Lebewesen. Unser System regelt die Körpertemperatur auf einen möglichst gleichmäßigen und konstanten Wert (Homöostase[192]). Im Körper mögen dazu hochkomplexe, dynamische Prozesse erforderlich sein, aber das System wird auf einem Level gehalten. Im Kern geht es um die Aufrechterhaltung eines gewünschten Zustandes in einem offenen, komplexen System.

Bei der *Kybernetik zweiter Ordnung* handelt es sich um die Veränderung

190 Norbert Wiener, 2013, Cybernetics: Second Edition: Or the Control and Communication in the Animal and the Machine, Martino Fine Books, 2. Auflage; oder: Fredmund Malik, 2015, Strategie des Managements komplexer Systeme. Ein Beitrag zur Management-Kybernetik evolutionärer Systeme, Haupt Verlag, 11. Auflage.

191 Heinz v. Förster, Bernhard Pörksen, 2016, Wahrheit ist die Erfindung eines Lügners, Carl-Auer, 11. Auflage.

192 Homöostase: Für eine kurze Beschreibung siehe Wikipedia https://de.wikipedia.org/wiki/Hom%C3%B6ostase (25.2.2022).

und die Entwicklung des Systems, das die Beobachter:innen beobachten. Die Beobachter:innen sind an dieser Entwicklung nicht unbeteiligt. Im Gegenteil, wir müssen den Einfluss als erheblich einschätzen. Die Beobachtung kann Systeme stabilisieren, verändern und sogar erschaffen. Der Akt der Beobachtung wird ein Akt der Konstruktion. Die Kybernetik der Kybernetik, die Kybernetik zweiter Ordnung, untersucht also die Wechselwirkungen zwischen dem erkennenden Subjekt und dem Objekt, dem Gegenstand seiner Erkenntnis.

Doch nun zurück zur Frage des Teamlernens und unserem doppelten Arrangement. Wie kann uns die Kybernetik dabei unterstützen? Wir können mit der Hilfe der Kybernetik 1. Ordnung lernen und mit der Kybernetik 2. Ordnung das Lernen lernen. Wenn wir beobachten, dann wollen wir Unterschiede erkennen. Dabei wird es uns gelingen, einige Unterscheidungen zu erkennen, aber andere nicht. Unsere Beobachtung zeigt einen ‚blinden Fleck'. Gewisse Dinge bleiben uns verborgen und wir wissen nicht, dass wir sie nicht sehen. Dazu die kleine Metapher ‚*Das hier ist Wasser*' von *David Foster Wallace*[193]: „*Schwimmen zwei junge Fische des Weges und treffen zufällig einen älteren Fisch, der in die Gegenrichtung unterwegs ist. Er nickt ihnen zu und sagt: ‚Morgen, Jungs. Wie ist das Wasser?' Die zwei jungen Fische schwimmen eine Weile weiter und schließlich wirft der eine dem anderen einen Blick zu und sagt: ‚Was zum Teufel ist Wasser?'*"

Wenn wir im Team gemeinsam reflektieren, dann stehen unsere Beobachtungen im Mittelpunkt. Wir teilen, was wir wahrgenommen haben. Das sind aber keine Fakten, sondern vielmehr unsere Konstruktionen, die in einem selbstreferentiellen Prozess entstanden sind. Alle Beteiligten entwickeln ein Grundinteresse an den Beobachtungen und Konstruktionen der anderen, was wiederum unsere Kommunikation nährt. In der Reflexion geht es nicht um die Frage, wie die Dinge wirklich sind, sondern eher wie wir gemeinsam unsere Wirklichkeit erschaffen und ständig weiterentwickeln können. Dazu ist der Dialog eine sehr geeignete Zu-

193 David Foster Wallace, 2012, Das hier ist Wasser / This is Water, Anstiftung zum Denken, KIWI Band 1272, Kiepenheuer & Witsch.

gangsweise. Niemand will Recht haben oder anderen unterstellen, etwas falsch wahrgenommen zu haben. Im Begriff der ‚Wahr-nehmung' steckt die Wahrheit bereits drinnen. Wir nehmen wahr, weil wir nichts ‚falschnehmen' können. Wenn wir dabei nicht vergessen, unsere Wahrnehmung als unsere hoch subjektive Selbstschöpfung zu sehen, ist es allen erlaubt, ihre Wahrheiten vorzutragen.

Das Lernen im Sinne der Reflexion im Team orientiert sich zunächst an den Zielen und an der Frage, wie es uns gelungen ist, diese Ziele zu erreichen. Bei dieser Frage sind wir wie die Fische im Wasser. Wir beobachten, was wir sehen, aber wir nehmen das Wasser nicht wahr. Diese Form des Lernens wird ‚Single-Loop-Learning' genannt. Wir konzentrieren uns auf Ziele, Zielerreichung, unsere operative Zusammenarbeit und die Prozesse. Das ist der erste und sehr wichtige Teil der Teamreflexion.

Wenn wir eine Ebene höher gehen, dann erkennen wir, dass wir im Wasser schwimmen. Dem Wasser in der Metapher entspricht die Kultur der Organisation. Wir reflektieren dann, was wir nicht automatisiert wahrnehmen. Es ist ein Eintauchen in die Kultur, in die gelebten Werte, in die normativen Prämissen, unsere Haltungen und das Gelingen unseres Miteinanders. Dabei fühlen wir unseren Grundannahmen auf den Zahn. Was setzen wir unausgesprochen voraus? Was glauben wir über uns und die Organisation? Welche Verhaltensmuster lassen sich erkennen? Die Form des Lernens wird ‚Double-Loop-Learning' genannt[194].

Mit dem Single-Loop-Learning kommen wir in stabilen Phasen des Unternehmens ausreichend gut voran. Es gibt keinen Grund, die Kultur zu hinterfragen. Viel wichtiger ist die Optimierung des vorhandenen Systems und dessen weitere Stabilisierung auf dem gewünschten Niveau. Das Double-Loop-Learning gewinnt erst in komplexen Situationen unter hoher Dynamik, also in instabilen Situationen, an Bedeutung. In der komplexen Domäne (siehe dazu das Cynefin®-Framework auf Seite 53)

194 Chris Argyris, Donald A. Schön, 2018, Die lernende Organisation: Grundlagen, Methode, Praxis, Schäffer-Poeschel.

geht es um den Wandel der Systeme und um die kulturelle Transformation. Hier ist das Double-Loop-Learning gefragt.

Lernstrategien erster Ordnung

Einfache Lernstrategien für Teams sind weithin bekannt. Ursprünglich von der US-Armee entwickelt, wurde die *After Action Review* (AAR)[195] auch in der Wirtschaft ein bekanntes Review-Instrument. Nach jeder Aktion, nach jedem Projekt, findet unter Teilnahme aller Beteiligten eine strukturierte Nachbesprechung statt. Ziel dabei ist es, gemeinsam zu erarbeiten, was hätte besser laufen können und was die Führung daraus lernen kann. Am Ende geht es immer um eine Kultur der Verantwortlichkeit und einer ständigen Verbesserung. Mit fünf Fragen wird das Meeting klar strukturiert und moderiert:

1. Was war der Plan, was sollte also passieren?
2. Wie sah die Umsetzung in der Realität aus?
3. Was lief dabei gut?
4. Was lief dabei nicht gut?
5. Was kann beim nächsten Mal geändert, angepasst, verbessert werden?

Auch aus der bekannten *Blue-Ocean-Strategie*[196] ergibt sich ein Reflexionsmuster für Teams, das um vier Fragen kreist:

1. Was von dem, was wir bisher getan haben, wollen wir in Zukunft noch verstärken?
2. Was von dem, was wir bisher getan haben, werden wir reduzieren?
3. Was brauchen wir neu, um noch besser zu werden?
4. Was können wir über Bord werfen, weil es uns nicht nützt?

195 Michael A. Roberto, 2011, Transformational Leadership: How Leaders Change Teams, Companies, and Organizations, Course Guidebook, The Great Courses.

196 Kim W. Chan, Renée Mauborgne, 2016, Der Blaue Ozean als Strategie: Wie man neue Märkte schafft, wo es keine Konkurrenz gibt, Carl Hanser Verlag, 2. Auflage.

Lernstrategien zweiter Ordnung
Ansätze für das Lernen zweiter Ordnung sind aus unserer Sicht nicht durch einfache Methoden und Handlungsanleitungen abzubilden. Es geht bei dieser Form des Lernens immer um die Kultur und den Wandel des Systems. Somit handelt es sich dabei immer um komplexe Entwicklungsprozesse. Die Kommunikationsstrategien, die zum Einsatz kommen können, haben wir im Kapitel *Kommunikationsstrategien* (Seite 130) beschrieben. Der Dialog, die Übung der freischwebenden Aufmerksamkeit, die Dissens- und Widerspruchsarbeit eignen sich sehr gut als Reflexionsstrategien für das Lernen 2. Ordnung.

Wir setzen für solche Prozesse als Orientierungshilfe immer das ‚train the eight'-Modell ein. Entlang der liegenden Acht bietet sich eine umfassende Reflexionsstruktur an, die unsere Denkwelten (Geist), unsere Haltungen und Werte (Herz), unsere Handlungsspektren (Bewegung) und unsere Lernstrategien (Form) hinterfragt und uns gemeinsam prozesshaft, iterativ durcharbeiten lässt. Mit ‚train the eight' geht es nicht um eine einmalig erzielte Erkenntnis, sondern um die wiederholte Reflexion mit dem Team, woraus sich ein Lern- und Wandelprozess ergibt. Wir erzielen kein finales Ergebnis, sondern wir arbeiten gemeinsam an der Weiterentwicklung des Systems, in diesem Fall des Teams.

Sie können für die laufende Reflexion folgende Fragen einsetzen:

Neues Denken:
• Wie können wir unseren gemeinsamen Denkraum erweitern? • Welche neuen Themen können wir erkunden? • Welche neuen Ideen sollten wir integrieren?
Neue Werte und Haltungen:
• Wie können wir unsere Werte im Alltag besser leben? • Welche Haltungen sind für uns hinderlich geworden? • An welchen Grundhaltungen und Prinzipien sollten wir uns morgen ausrichten?
Neues Führungshandeln:
• Wie können wir unser Handlungsspektrum erweitern? • Wie überwinden wir Hemmungen und fördern das mutige Ausprobieren? • Welche neuen Methoden werden wir austesten?
Neue Erkenntnis:
• Welche Lernstrategien sollten wir einsetzen? • Was haben wir in Bewegung gebracht und will verstärkt werden? • Was müssen wir erneuern und was müssen wir hinter uns lassen?

Tabelle 6: Teamreflexion mit dem ‚train the eight'-Zyklus.

Diese Fragen stellen nur eine erste Skizze für Sie dar. Nutzen Sie die Fragen als Starterset und entwickeln Sie sie weiter, bis ein Fragenset (iterativ) entstanden ist, das bestmöglich für Ihre Situation passt.

Digitale Lernwelten

Sprechen heißt, mit dem Körper des anderen spielen[197]. Das persönliche Gespräch ist die komplexeste Form der Kommunikation, die wir kennen. Es gibt also keine wirksamere Form des gemeinsamen Arbeitens als in einem Präsenzformat. Die technologische Transformation aber hat uns mit virtuellen Lernwelten und Formen der Zusammenarbeit konfrontiert, die aus unserer Arbeitswelt nicht mehr wegzudenken sind. Und, so zeigt die Erfahrung, diese digitalen Welten haben uns extrem bereichert. Es ist längst kein Entweder-oder, sondern nur mehr ein Sowohl-als-auch. Für das Teamlernen gibt es heute jede Form und jede Methode in Online-Formaten, die über Videoplattformen und Plattformen für die digitale Interaktion umgesetzt werden können. In den agilen Organisationswelten sind Reflexionen und Retrospektiven im Online-Format schon ein Standard geworden. Dafür werden fertige Templates angeboten, die sich als so praktisch erweisen, dass Onlineworkshops den Präsenzworkshops ebenbürtig geworden sind.

Die Online-Welt bietet aber auch effiziente Wege des digitalen Lernens auf individueller Ebene. Auch wenn wir hier auf das Teamlernen fokussieren, so wollen wir doch die Lernplattformen kurz erwähnen. Das Lernen der Individuen erhält auf Lernplattformen eine neue Dimension. Wir verstehen diese Plattformen als Scaffolding-Angebote. Sie bringen die Eigenverantwortung auf eine höhere Ebene, weil Menschen individuell, zeitlich und örtlich unabhängige Lernangebote erhalten und nach eigenem Ermessen nutzen können. Wir nennen hier absichtlich keine offenen Plattformen beim Namen, weil der Markt hochdynamisch ist und sich die Plattformangebote entwickeln und verändern. Nur so viel: Wir selbst setzen derzeit die Lernplattform *Blink.it* für unsere Projekte

197 Zitat von Alfred Tomatis, in: Peter Sloterdijk, 2016, Sphären I, Blasen, Suhrkamp, 13. Auflage, Seite 269.

ein. Letztlich wollen wir im vierten Quadranten der Reflexion noch das *Lernen in Netzwerken* ansprechen. Den Aufbau der Netzwerkintelligenz haben wir an anderer Stelle beschrieben. Eine weitere Vertiefung würde den Rahmen sprengen.

Wenn Sie Interesse an unseren Online-Lernangeboten haben, dann können Sie mit diesem LINK Informationen erhalten:
https://hpwallner.com/train-the-eight-leadership-online-akademie/

Mehr Information über Online-Lernangebote unter:
wallner@trainthe8.com

Bin ich jetzt dran?
Darf ich jetzt mitspielen, es einfach einmal versuchen?

Am Fluss des Lebens

13 train the eight-Zyklus – Schritt 1

Mein Führungssystem neu ausrichten:

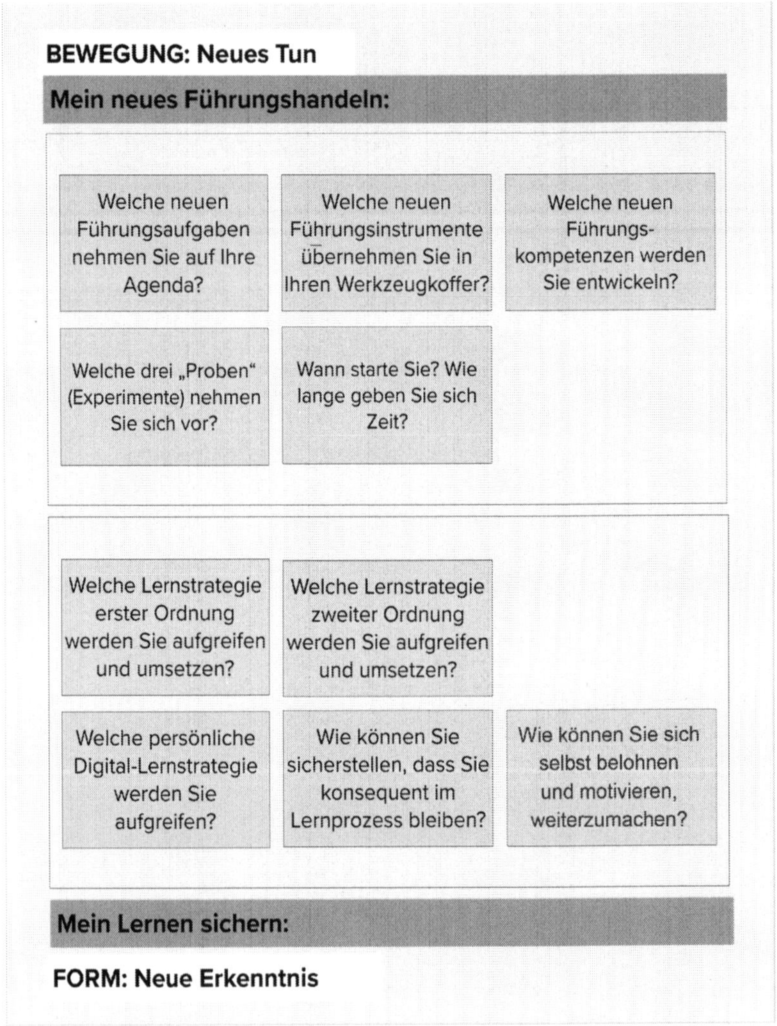

Abbildung 36: ‚train the eight'-Zyklus: Meine neue Führungswelt skizzieren.

GEIST: Neues Denken

Mein Führungssysteam neu denken:

Welche Inspirationen der neuen Führungswelt nehme ich in meine auf?

Welche konkreten Anregungen möchten Sie aufnehmen und weiter vertiefen?

Welcher ethische Imperativ spricht Sie an? Wie möchten Sie ihn formulieren?

Welche Führungswerte und Führungs-haltungen sollen Ihre Führungs-arbeit bestimmen?

Wie wollen Sie Ihren Führungsraum mit Bedeutung füllen?

Welche Spielregeln möchten Sie aufstellen?

Meinen Führungsraum mit Bedeutung füllen:

HERZ: Neue Haltung

Wenn wir das ‚train the eight'-Modell als ZYKLUS verwenden, dann können wir in den vier Quadranten entlang der liegenden Acht die Weiterentwicklung unseres Führungssystems beschreiben. ‚train the eight' wird dabei ein Entwicklungsmodell und eine Art *Zyklus der Manifestation.* Es gibt eine Antwort auf die Frage, wie der Entwicklungsprozess abläuft und wie wir aus unseren ersten Ideen konkrete neue Formen und Handlungsmuster in die Umsetzung bringen.

Entwicklung meines Führungssystems

Wir beginnen einen ersten ‚train the eight'-Zyklus mit dem Titel: *Mein Führungssystem – meine neue Führungswelt.* Damit laden wir Sie ein, sich zunächst alleine Ihre neue Führungswelt zu erarbeiten und aus allen Inspirationen, Ideen und Anregungen aus diesem und aus anderen Büchern Ihre persönlichen Highlights herauszugreifen und aufzuschreiben. Beim Schreiben aber soll es nicht bleiben. Wir laden Sie im 3. und 4. Quadranten bereits zur konkreten Übung ein. Machen Sie erste Umsetzungsversuche!

Im zweiten Schritt empfehlen wir einen ‚train the eight'-Zyklus mit dem Titel: *Das Führungssystem mit dem Team weiterentwickeln.* Damit fordern wir Sie auf, sich gemeinsam mit Ihrem Team in einem partizipativen Prozess auf eine neue Führungswelt einzulassen und sich darin einzufinden. Üben Sie gemeinsam und schaffen Sie eine neue Atmosphäre.

Hoffentlich sind Sie kein:e Regenmacher:in

Wir beginnen mit folgender Aussage: Lassen Sie sich nicht zum Regenmacher machen! Sie kennen die historische Figur des Regenmachers und vielleicht ist Ihnen *Hermann Hesses Glasperlenspiel*[198] bekannt. Dort berichtet er über den vor etlichen tausend Jahren lebenden Regenmacher: eigentlich ein Knecht mit einer bestimmten Rolle, aber trotzdem mit hohem Ansehen bei seinem Stamm oder in der dörflichen Gemeinschaft. In normalen Zeiten wendet der Regenmacher seine langjährige Erfahrung

198 Hermann Hesse, 2012, Das Glasperlenspiel: Versuch einer Lebensbeschreibung des Magister Ludi Josef Knecht samt Knechts hinterlassenen Schriften, Suhrkamp Verlag, 7. Auflage.

und seine Sachkenntnis an, um die besten Aussaattermine zu bestimmen. Aber, wie es der Name schon vermuten lässt, zu seinen Aufgaben gehört auch eine bedeutsame Intervention, wenn es die Umwelt den Dorfbewohnerinnen und Dorfbewohnern schwer machte. Bei außergewöhnlichen Wetterbedingungen, einer langen Trockenheit, die bereits die Ernte gefährdet, wird der Regenmacher zur Person der Stunde. Mit seinen erworbenen, über lange Traditionen hinweg erlernten Fähigkeiten und Werkzeugen wird er aufgerufen, die Trockenheit zu beenden und für Regen zu sorgen. Er kennt die Opferrituale, die Beschwörungen, die Gesänge, die Tänze und Bittgebete, die nun wichtig sind, und er weiß sie zu inszenieren und deren Intensität langsam zu steigern. Er ist Meister in seiner Disziplin. Wenn seine Rituale aber alle aufgebraucht sind und sich noch immer kein Tropfen bildet, kommt es zum letzten, finalen Schritt. Das allerletzte Mittel, das nun die Stammesgemeinschaft noch hat, ist die Opferung des Regenmachers selbst. Und er fügt sich seinem Schicksal.

Warum erzählen wir Ihnen das? Bedenken Sie, welchen großen Wert der Regenmacher für die Gemeinschaft darstellt. Immerhin konnte die große Ungewissheit, die das Wetter bringt, in etwas scheinbar Beeinflussbares umgewandelt werden. Ob es nun regnete oder nicht, war nicht mehr alleinige Sache der unberechenbaren Umwelt. Am Ende konnte sogar die Gemeinschaft noch etwas für den Regen unternehmen und den Regenmacher opfern. Das ist eine Form der Eigenverantwortung, die zwar auf einer Illusion beruht, sich aber gut angefühlt hat. Niemand blieb allein dem Schicksal ausgeliefert, alle konnten es beeinflussen.

Sie können kurz reflektieren, ob die Figur des Regenmachers Parallelen zur Führungskraft eröffnet. Werden nicht auch Führungskräfte oft geholt, wenn die Not schon sehr groß ist? Und wird nicht auch eine Führungskraft mit oft illusorischen Erwartungshaltungen konfrontiert? Und sollte sich der Erfolg nicht einstellen, ist selbst die Opferung, im Sinne einer Vertreibung, einer Degradierung oder einer anderen disziplinären Maßnahme nicht selten. Der Unterschied besteht heute, Gott sei Dank, in der milderen Form der Disziplinierung.

Und warum sollten Sie sich nun nicht zum Regenmacher oder zur Regenmacherin machen lassen? Dafür gibt es viele Gründe. Wir wollen den Zusammenhang zur VUKA-Welt herstellen. Als Führungskraft sind Sie wie der alte Regenmacher mit Ungewissheit, Unberechenbarkeit, Unsteuerbarkeit der Systeme konfrontiert. Wenn Sie eine komplexe Situation meistern müssen, sind Sie von der Situation des Regenmachers nicht so weit entfernt. Im Komplexen verlieren Sie die Möglichkeit, durch eine Intervention ein bestimmtes Ergebnis zu erzielen. Sie wären in heutiger Zeit ein bzw. eine Regenmacher:in, wenn Sie unter VUKA-Bedingungen mit den Ansätzen und Werkzeugen aus der komplizierten, stabilen Welt arbeiteten. Es wären dann sinnlose Tänze, Gesänge und Rituale, die Sie inszenierten. Alle sehen zu, warten auf den sicheren Regen (das erreichte Ziel) und es passiert nichts, weil Sie die Komplexität nicht meistern können.

Verweigern Sie die Rolle der Regenmacherin bzw. des Regenmachers! Machen Sie sich nicht zu sehr von einer vielleicht gnädigen Umwelt abhängig.

Damit Sie beste Chancen haben, mit der Komplexität einen guten Umgang zu finden und mehr leisten können, als Tänze um das Lagerfeuer aufzuführen, laden wir Sie ein, zu beginnen, Ihr zukünftiges Führungssystem zu skizzieren. Dabei können wir auf der ‚train the eight'-Landkarte aufbauen, die eine weit ausholende Reflexion der neuen Führungswelt anbietet.

Domäne des Geistes – Meine Führungswelt neu denken

Wenn Sie die ‚train the eight'-Landkarte auf Seite 168 ansehen und die nachfolgenden Ausführungen als Basis nehmen, dann können Sie nun mit Ihrem Führungssystem beginnen. Die Idee dahinter ist eine Entwicklung in kleinen Schritten. Womit wollen Sie starten? Welche Versuche initiieren Sie? Es muss kein perfektes neues System werden, das alle denkbaren Varianten einschließt. Zunächst reichen ein paar Essenzen, das eben, was bei Ihnen Resonanz erzeugt und was Ihre Führungswelt bereichern wird. Dazu leiten wir Sie mit einigen Fragen an.

Wir machen Ihnen einen konkreten Vorschlag:
Nehmen Sie sich Stifte und Papier und setzen Sie sich mit diesem Buch an einen ruhigen Ort, wo Sie zumindest eine Stunde ungestört denken und arbeiten können. Verwenden Sie leere Blätter und skizzieren Sie frei. Sie können aber auch gleich hier im Buch die einfachen Tabellen ausfüllen oder Sie gehen auf unsere Webseite https://hpwallner.com/train-the-eight-leadership/ und machen einen Download der Arbeitsunterlagen.

Welche konkreten Anregungen möchten Sie aufnehmen und weiter vertiefen?
Was hat Sie bisher besonders angesprochen? War es eine Geschichte? War es eine Metapher? War es ein Konzept oder eine Strategie? Was davon ist es wert, aufgegriffen und vertieft zu werden?

Anregungen, die ich umsetzen möchte:
Beispiele: *Mehr auf die Dynamik in der Arbeitswelt achten* *Beschäftigung mit ‚Komplexität' vertiefen* *Die ‚Dancing Landscape': Wo erlebe ich sie?* *Die Paradoxien und die Widersprüche: neu bewerten und positiv besetzen*

Welche Inspirationen der neuen Führungswelt nehme ich in meine auf?
Lassen Sie sich von den Skizzen auf Seite 94 leiten. Was spricht Sie an? Was kann Ihnen hilfreich sein? Was macht Sie und Ihr Führungssystem zukunftsfähig?

Meine Inspirationen:
Beispiele: *Vision als attraktives Zukunftsbild* *Ko-Kreativität als neues Arbeitsprinzip* *Scaffolding als Führungsansatz* *Vernetzung von Intelligenz*

Domäne des Herzens – Meine Führungswerte neu ausrichten
Wenn Sie die *‚train the eight‘-Landkarte* ansehen und die nachfolgenden Ausführungen als Basis nehmen (Seite 169), dann können Sie nun beginnen, die Führungswerte, die Ihnen wichtig sind, auszuwählen und eine Skizze zu machen.

Welcher ethische Imperativ spricht Sie an? Wie möchten Sie ihn formulieren?
Lassen Sie sich von den Ideen auf Seite 179 inspirieren!

Meine Imperative des Handelns (Sie können hier auch Führungsgrundsätze formulieren):
Beispiele: *So handeln, dass die Bereitschaft zur Veränderung zunimmt* *Den Menschen etwas zumuten, sie aber nicht überfordern* *So handeln, dass unser Handlungsspielraum größer wird* *Gemeinsam Kompetenzen ausbilden und unsere Lösungsorientierung erhöhen*

Welche Führungswerte und Führungshaltungen sollen Ihre Führungsarbeit bestimmen?
Lassen Sie sich von den Skizzen auf Seite 178 inspirieren!

Meine Werte und Haltungen, die ich zum Leben erwecken möchte:
Beispiele: *Wertschöpfung im Fokus* *Orientierung am Sinn* *Achtsamkeit üben* *Ausprobieren und Experimentieren* *Mit Konsequenz zum Erfolg* *Gemeinsames Üben und Lernen*

Welche Spielregeln möchten Sie aufstellen?
Lassen Sie sich von den Skizzen auf Seite 85 inspirieren!

Spielregel für unser neues Spiel:
Beispiele: *Brainstorming: Ideen in der Schwebe halten, Bewertungen aussetzen* *Lernen: Gemeinsam reflektieren, den Menschen Zeit geben* *Zusammenarbeit: Vernetzung im Team ist wichtiger als Einzelleistung* *Entscheidung: Immer mehr Perspektiven einholen, wenn möglich, gemeinsam entscheiden*

Wie wollen Sie Ihren Führungsraum mit Bedeutung füllen?
Lassen Sie sich von den Skizzen auf Seite 184 inspirieren!

Wie gehe ich an das Thema ‚Sinn' heran? Erste Ideen?
Beispiel: *Schritt 1: eigene Skizzen machen* *Schritt 2: das Team einladen und gemeinsam brainstormen* *Schritt 3: iterativ vorgehen und die Sinnkonstruktion immer wieder aufgreifen, vertiefen, schärfen*

Beim Übergang von der Domäne des Herzens in die Domäne der Bewegung geht es nun um die Frage des konkreten Handelns. Das ist immer eine Frage der Enthemmung zur Tat!

Domäne der Bewegung – Mein Führungshandeln neu ausrichten

Wenn Sie die ‚train the eight'-Landkarte ansehen und die nachfolgenden Ausführungen (Seite 194) als Basis nehmen, dann können Sie nun beginnen, Ihr Führungshandeln anzupassen, zu erweitern und zukunftsfähig zu machen.

Welche neuen Führungsaufgaben nehmen Sie auf Ihre Agenda?
Lassen Sie sich von den Skizzen auf Seite 196 inspirieren!

Meine Führungsaufgaben für die Transformation:
Beispiele: *Widersprüche und Konflikte bearbeiten und lösen* *Entwicklungsoptionen anbieten (Scaffolding)* *Menschen für den Change gewinnen* *Die Mitarbeiter:innen in den Dialog bringen* *Reflexion als Lernstrategie umsetzen*

Welche neuen Führungsinstrumente übernehmen Sie in Ihren Werkzeugkoffer?
Lassen Sie sich von den Skizzen auf Seite 197 inspirieren!

Meine Führungsinstrumente für die Transformation:
Beispiele: *Dialog als Kommunikationsform* *Six Thinking Hats für Diskussionen* *Iteration als Lösungsansatz* *Teamentscheidungen*

Welche neuen Führungskompetenzen werden Sie entwickeln?
Lassen Sie sich von den Skizzen auf Seite 198 inspirieren!

Meine neuen Kompetenzen, die ich entwickeln werde:
Beispiele: *Selbstführung (Self-Leadership) als meine Basis* *Systemkompetenz entwickeln*

Welche drei ‚Proben' (Experimente) nehmen Sie sich vor?
Womit wollen Sie starten? Es ist wichtig, sich einen ‚kleinen Plan' zu machen und konkrete Vorhaben aufzuschreiben. Nehmen Sie sich kleine erste Schritte vor!

Meine ersten Versuche und Proben für die neue Führungswelt:
Beispiele: *Dialog im Sesselkreis: Den Dialog vorstellen und erstmals einsetzen.* *Mehr Raum für Diskussionen einplanen, unterschiedliche Meinungen einholen und wertschätzen.* *Six Thinking Hats: Im nächsten Teammeeting für ein wichtiges Thema einsetzen und ausprobieren.*

Wann starten Sie? Wie lange geben Sie sich Zeit?
Nun ganz konkret:

Meine konkreten Vorhaben:		
WAS?	**Ab wann?**	**Wie lange?**

Beispiele:		
WAS?	**Ab wann?**	**Wie lange?**
Vorbereitung und Einlesen: Dialog und Six Thinking Hats	Sofort	Ein Monat Zeit nehmen
Bei Teammeeting Diskussion zu unserem Kernthema: ‚Teamzusammenarbeit' Einladung, die Meinung zu sagen und zu diskutieren	Meeting am: Datum	Raum für 45 Minuten einplanen
Erste DIALOG-Runde: Sesselkreis vorbereiten, Dialog vorstellen und erklären Ein Thema zur Reflexion: Projektabschluss	Meeting am: Datum	Raum für 90 Minuten einplanen

Domäne der Form – Mein neues Lernen und Trainieren

Wenn Sie die ‚train the eight'-Landkarte ansehen und die nachfolgenden Ausführungen (Seite 168) als Basis nehmen, dann können Sie nun beginnen, eine neue Lern- und Trainingsstrategie zu skizzieren.

Welche Lernstrategie erster Ordnung werden Sie aufgreifen und umsetzen?

Lassen Sie sich von den Skizzen auf der Seite 203 inspirieren!

Meine Lernstrategien und Reflexionsmethoden:
Beispiele: *AAR (After Action Review)*

Welche Lernstrategie zweiter Ordnung werden Sie aufgreifen und umsetzen?

Lassen Sie sich von den Skizzen auf Seite 208 inspirieren!

Meine Lernstrategien und Reflexionsmethoden:
Beispiele: *Dialog als Reflexionsraum eröffnen und* *‚train the eight' als Reflexionsansatz*

Welche persönliche digitale Lernstrategie werden Sie aufgreifen?
Lassen Sie sich von den Skizzen auf Seite 210 inspirieren!

Meine digitale Lernstrategie und Lerntools:
Beispiele: *Nutzung von z. B. Udemy oder LinkedIn Learning* *YouTube Videokanäle und Podcasts zum Thema Leadership*

Wie können Sie sicherstellen, dass Sie konsequent in einem Lernprozess bleiben?
Was könnte Sie davon abhalten, konsequent zu lernen und zu trainieren? Niemand kennt Sie besser, als Sie selbst es tun. Meistens wissen wir Menschen ganz genau, welche unüberwindlichen Hindernisse auftreten werden und welche Gründe wir nennen, etwas nicht mehr zu tun. Nutzen Sie dieses Wissen und gehen Sie taktisch klug mit sich selbst um!

Meine Strategie, um im Fluss des Lernens zu bleiben:
Beispiele: *Lernzeiten als Termine im Kalender eintragen oder eine App einsetzen* *Attraktive Lerntools und kreative Materialien anschaffen* *Lerntagebuch (Logbuch) schreiben*

Wie können Sie sich selbst belohnen und motivieren, weiterzumachen?

Was bereitet Ihnen Freude und wie können Sie diese Sache mit Ihrem Lernfortschritt verbinden? Welche Kleinigkeiten des Lebens gönnen Sie sich, wenn Sie sich etwas Gutes tun wollen?

Damit werde ich mich selbst belohnen, wenn ich erfolgreich bin:
Beispiele: *Nach einem kleinen Schritt mache ich einen Eintrag in mein Logbuch und gönne mir eine Pause mit Spaziergang.* *Nach einem großen Lernschritt gönne ich mir einen freien Tag.*

Abbildung 37: ‚train the eight'-Zyklus Beispiel – Meine neue Führungswelt (1.Skizze).

GEIST: Neues Denken

Mein Führungssystem neu denken:

- Mehr auf die Dynamik in der Arbeitswelt achten
- Beschäftigung mit „Komplexität" vertiefen
- Vision als attraktives Zukunftsbild
- Co-Kreativität als neues Arbeitsprinzip
- Die „dancing Landscape": Wo erlebe ich sie?
- Die Paradoxien und die Widersprüche: neu bewerten und positiv besetzen
- Scaffolding als Führungs-ansatz
- Vernetzung von Intelligenz

- So handeln, dass die Bereitschaft zur Veränderung zunimmt
- Den Menschen etwas zumuten, sie aber nicht überfordern
- Wertschöpfung im Fokus
- Orientierung am Sinn
- Achtsamkeit üben
- Ausprobieren und experimentieren
- So handeln, dass unser Handlungs-spielraum größer wird
- Gemeinsam Kompetenzen ausbilden und unsere Lösungs-orientierung erhöhen
- Gemeinsames Üben und Lernen
- Mit Konsequenz zum Erfolg

Führungsraum mit Bedeutung füllen:

HERZ: Neue Haltung

Spielen wir jetzt gemeinsam?
Ist es am Ende doch ein Teamspiel?

Immer noch am Fluss des Lebens

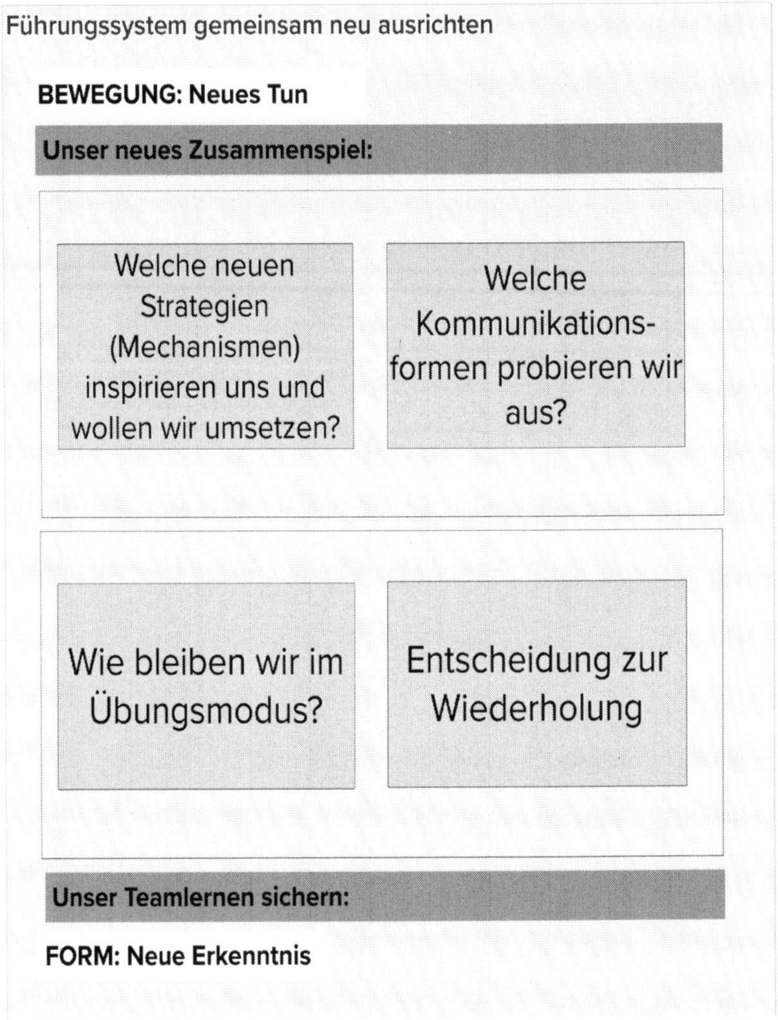

Abbildung 38: ‚train the eight'-Zyklus – Unser Führungssystem gemeinsam neu gestalten.

GEIST: Neues Denken

Unser Führungssystem neu denken:

Wie machen Sie den Anfang? (Prinzip Anfang)

Bilden Sie ein Projektteam, eine Allianz für Ihr Vorhaben.

Erarbeiten Sie gemeinsam eine Change-Vision und eine Strategie.

Wie können wir unseren Teamspirit neu entfachen?

Welche Werte bestimmen unsere Zukunft?

Unsere Teamkultur gemeinsam gestalten:

HERZ: Neue Haltung

Im ersten ‚train the eight'-Zyklus mit dem Titel *Mein Führungssystem – meine neue Führungswelt* (ab Seite 214) haben Sie sich als Führungskraft alleine Gedanken über Ihre neue Führungswelt gemacht. Das ist ein erster und sehr wichtiger Schritt! Wir gratulieren Ihnen, wenn Sie den ersten Zyklus abgeschlossen haben und zu konkreten Ergebnissen gekommen sind! Wenn das noch nicht der Fall ist, wäre jetzt ein guter Zeitpunkt, Schritt 1 nachzuholen, bevor Sie mit Schritt 2 weitermachen.

Veränderung gelingen lassen

Wir haben viel von Vernetzung und der Intelligenz der Gruppe gehört. An anderer Stelle haben wir ko-kreatives Arbeiten empfohlen. Es gibt keinen Grund, das neue Führungssystem, das Sie in nächster Zeit umsetzen möchten, nicht gleich mit dem Team zu besprechen und zu bearbeiten. Solange in Ihrer Organisation die Führungskraft als Rolle für eine Person (mit Stellvertretung) definiert ist, also keine Führung auf mehreren Schultern im Team, schlagen wir vor, auf jeden Fall den Lead in dieser Frage zu übernehmen und das Team durch einen Prozess zu führen.

Sie als Leader:in haben sich Gedanken gemacht und eine neue Führungswelt skizziert. Sie wissen nun genau, in welche Richtung die Entwicklung gehen soll. Lassen Sie im ersten Schritt das Team wissen, warum Ihnen das wichtig ist! Warum wollen Sie das Führungssystem neu ausrichten? Was ist Ihr wirklich guter Grund dazu? *Start with Why* – eine sehr bekannt gewordene Idee, die der Speaker *Simon Sinek*[199] empathisch in die Welt hinausruft, sollten Sie in diesem Fall umsetzen. Wenn dem Team klar wird, dass Ihnen dieses Thema bedeutsam ist und Sie gut erklärt haben, was Sie damit verbinden und welche Chancen Sie sehen bzw. welche Gefahren drohen, wenn Sie es nicht versuchen, dann wird Verständnis entstehen und die Unterstützung wichtiger Menschen im Team wird Ihnen sicher sein. Im Hinterkopf für die Umsetzung tragen wir das einfache Change-Modell von *John Kotter*[200].

199 Simon Sinek: Start with Why – How Great Leaders Inspire Action, TEDxPugetSound, Link zum Video: https://youtu.be/u4ZoJKF_VuA, (gesehen im April 2022).

200 John Kotter, 2011, Leading Change: Wie Sie Ihr Unternehmen in acht Schritten erfolgreich verändern, Vahlen.

Er empfiehlt folgende acht Schritte im Change[201]:

1. Dringlichkeit klar machen
2. Eine Koalition bilden
3. Eine Vision und Strategie entwickeln
4. Begleitend kommunizieren
5. Hindernisse beseitigen und Menschen befähigen
6. Kleine Erfolge ermöglichen
7. Mehr Energie aufbringen und weitere Veränderungen initiieren
8. Die neuen Strukturen konsolidieren und beschließen

In Ihnen werden beim ersten Blick auf diese acht Schritte sofort einige Fragen auftauchen. Diese acht Schritte sind sequenziell gedacht! Sollten wir nicht besser iterativ vorgehen? Können die Schritte in der Praxis überhaupt sinnvoll in eine solche Reihenfolge gebracht werden? Sehr gute Fragen! Wir werden diese acht Schritte im ‚train the eight'-Zyklus zwar abbilden, diese aber über den Zyklus entlang der liegenden Acht auflösen und zu einem iterativen Prozess in kleinen Schritten machen.

Domäne des Geistes: Unser Führungssystem gemeinsam neu ausrichten

Sie wollen das Führungssystem neu ausrichten und zukunftsfähig machen. Der erste Schritt besteht daher in der Kommunikation mit dem Team, indem Sie Ihr Anliegen emotional vorbringen und die Bedeutung für Sie und das Team klarmachen.

Wie machen Sie den Anfang?

Warum ist Ihnen eine neue Führungswelt wichtig? Welche Probleme werden damit gelöst? Was ist Ihre persönliche Motivation? Was ist der Vorteil für das Team und für Ihre gemeinsame Zukunft? Mit welchen Nachteilen ist zu rechnen, wenn Sie das nicht in Angriff nehmen?

201 Siehe dazu auch das Video-Tutorial: https://hpwallner.com/train-the-eight-leadership-die-videos/

So könnten Sie es angehen:

Bereiten Sie eine Präsentation vor. Nutzen Sie analoge und digitale Medien und vor allem kommunizieren Sie als Mensch mit Ihrer Stimme (‚auf die Bühne gehen')

Präsentieren Sie folgende Punkte:

WARUM wir das in Angriff nehmen sollten

Was ich mir vorstelle (kurze Vorstellung Ihres neuen Führungssystems; neues Denken, neue Werte und Haltungen, neues Führungshandeln, neues Lernen – verwenden Sie das ‚train the eight'-Modell)

Zeigen Sie auf, was sich für Sie und das Team konkret
verändern wird. Was kommt neu? Was wird es nicht mehr geben?

Bringen Sie ein paar Beispiele, wie das neue Zusammenspiel aussehen kann.

Lassen Sie eine Diskussion zu und beantworten Sie die Fragen.

Nehmen Sie alle Beiträge auf, bedanken Sie sich für Feedback und für Verbesserungsvorschläge. Besonders wichtig sind kritische Punkte, die Sie bei einer Überarbeitung des Führungssystems berücksichtigen können.

Meine Anmerkungen:

In agilen Organisationsformen, beispielsweise in der *Soziokratie*[202] oder in deren amerikanischer ‚Neuer-Schlauch-Version', der *Holacracy*[203], wird bei Initiativen wie Change-Vorgaben oder Projektideen, die eine Person gerne in Angriff nehmen will, ein Entscheidungsmeeting abgehalten. Dabei kommt die integrative Entscheidung, der Konsent, zum Einsatz. Ohne auf den genauen Ablauf der Methode hier einzugehen[204], soll ein wichtiges Prinzip hervorgehoben werden. Stellen Sie sich vor, Sie präsentieren Ihre Idee für ein neues Führungssystem, das Sie bestens durchdacht und vorbereitet haben. Jetzt möchten Sie einerseits natürlich kritische Stimmen aus dem Team hören, weil Sie ja Denkfehler, mögliche Nebenwirkungen oder negative Auswirkungen auf andere Bereiche unbedingt ausschließen wollen. Sie wissen aber auch, was Sie nicht wollen: die individuellen und teils emotionalen Gegenargumente, die wenig Substanz haben, die Widerstände, die sich aus fehlender Motivation ergeben oder aus Angst, etwas verändern zu müssen. Und genau für diese Situation bietet der Konsent eine gangbare Lösung an. Sofern Sie das anstreben, müssen Sie dem Team die Methode ‚Konsent-Entscheidung' schon zuvor einmal erklären und alle Beteiligten damit vertraut machen.

Und so können Sie dabei prinzipiell vorgehen:

1. Sie machen Ihre ***Präsentation.***
2. Lassen Sie Raum für ***Verständnisfragen*** (das sind Fragen, die wirklich nur dem Verständnis dienen und keine Meinungen, die in Fragen eingehüllt sind).
3. Laden Sie nun zu einer ***Reaktionsrunde*** ein: Jedes Teammitglied darf seine Reaktion auf das neue Führungssystem vorbringen. Am besten in einer klaren Reihenfolge, sodass alle einmal zu Wort kommen.

---

202 Christian Rüther, 2018, Soziokratie, S3, Holakratie, Frederic Laloux' "Reinventing Organizations" und New Work, Books on Demand, 5. Auflage; mehr über die Soziokratie bei: Christian Rüther, https://www.soziokratie.org/.

203 Brian J. Robertson, 2016, Holacracy: Ein revolutionäres Management-System für eine volatile Welt, Vahlen.

204 Mehr über den Konsent, Link zum Video: https://www.soziokratie.org/elemente/konsent/ (am 25.2.2022).

4. Nehmen Sie sich Zeit, die vorgebrachten ***Sichtweisen in Ihr System zu integrieren***. Vielleicht gelingt es Ihnen, möglichst viele der Beiträge aus dem Team zu berücksichtigen, natürlich nur jene, die sich sinnvoll integrieren lassen. Präsentieren Sie Ihre Überarbeitungen.
5. Jetzt folgt die sogenannte ***Einwandrunde***. Jedes Teammitglied darf aus der eigenen Rolle heraus (das wird meist die Mitarbeiter:innen-Rolle sein) einen substanziellen Einwand vorbringen. Nehmen Sie alle Einwände am Flipchart sichtbar auf. Wer keinen Einwand vorbringt, unterstützt die Idee.
6. Wenn ein wirklich substanzieller Einwand eingebracht wird, der auch im Team so gesehen wird, dann müssen Sie diesen ***Einwand berücksichtigen und in Ihr System integrieren***. Erst dann können Sie mit der Umsetzung beginnen. Wenn kein substanzieller Einwand eingebracht wird, gilt für Ihre Initiative ein *Go!* Dieses *Go* ist aber nur temporär zu verstehen, denn Sie werden laufend gemeinsam reflektieren und prüfen, ob das System wirksam ist und was zu verbessern wäre.

Bilden Sie ein Change-Team, eine Allianz für Ihr Vorhaben

Für eine erfolgreiche Umsetzung Ihrer Ideen für eine neue Führungswelt braucht es Unterstützung aus dem Team. Sprechen Sie Menschen an, die Sie gerne in einer Allianz hinter sich sehen möchten und jene, die einen wichtigen Beitrag leisten werden. Sie können, sofern Ihr Team größer ist, für die Umsetzung ein kleines Change-Team bilden. Wir empfehlen dafür Teams von bis zu sechs Personen.

So könnten Sie es angehen:

Machen Sie sich eine Liste Ihrer Teammitglieder.

Schätzen Sie deren Potenzial, das Vorhaben zu unterstützen, ein.
Wer kann wesentlich beitragen? Wen möchte ich dabeihaben?

Informieren Sie Ihr gesamtes Team in einem Teammeeting, dass Sie ein Change-Team ausbilden wollen. Laden Sie ein, auf freiwilliger Basis mitzuwirken. Vielleicht meldet sich ein Teammitglied, an das Sie bisher nicht gedacht haben.

Sprechen Sie dann Ihre Wunschkandidat:innen persönlich an und laden Sie sie ein, Sie in einem Change-Team zu unterstützen.

Organisieren Sie ein Meeting mit Ihrem Change-Team (‚Prinzip Anfang') und inszenieren Sie einen guten Start.

Informieren Sie das gesamte Team, wer im Change-Team mitwirkt.

Halten Sie das gesamte Team immer informiert und laden Sie alle zum Dialog ein!

Meine Anmerkungen:

Erarbeiten Sie gemeinsam eine Change-Vision und eine Strategie

Auf Basis Ihrer Überlegungen und ersten Skizzen können Sie mit dem Change-Team nun das Zukunftsbild konkreter ausgestalten.

So könnten Sie es angehen:

Laden Sie das Change-Team zu einem Workshop (oder eine Klausur) ein.

Präsentieren Sie erneut Ihre Ideen, diesmal etwas ausführlicher.

Gestalten Sie einen Workshop, um die ersten Ideen zu bearbeiten. Am besten gehen Sie dabei iterativ vor. Konkret könnten Sie das so umsetzen:

- Bereiten Sie vier Tische vor (je einen für die vier Quadranten des ‚train the eight'-Modells – Neues Denken, Neue Haltung, Neues Tun, Neue Erkenntnis.
- Legen Sie auf den Tischen Ihre Vorbereitungen auf bunte Karten geschrieben auf.
- Laden Sie ein, an Tisch 1 zu beginnen: Vorhandene Karten ansehen, besprechen, ordnen.
- Neue Karten schreiben! Alle sind eingeladen, beizutragen.
- Nach 20 bis 30 Minuten zum nächsten Tisch wechseln und dort das Prozedere wiederholen. Auf diese Weise machen Sie gemeinsam einen Rundgang durch die vier Domänen entlang der liegenden Acht.
- Nach einer Pause können Sie eine zweite Runde durchlaufen.
- Wieder von Tisch zu Tisch wandern. Die Ergebnisse clustern, mit Punkten bewerten, Ergänzungen anbringen, wenn erforderlich. Diesmal reichen 10 bis 15 Minuten pro Tisch.
- Am Ende gemeinsam die Ergebnisse ansehen. Die Karten strukturiert auf je eine Pinnwand bringen und die Ergebnisse finalisieren.
- Version 1.0 Ihres neuen Führungssystems wertschätzend betrachten und gemeinsam feiern, dass Sie einen guten Start hingelegt haben.

Option: Bereiten Sie eine Landkarte vor (mit den vier Quadranten); diese kann wie eine fiktive Landkarte aussehen. Kleben Sie Texte auf Karten und Bilder aus Zeitschriften auf die Landkarte, damit Ihr neues Führungssystem eine visuelle Gestalt erhält.

Sie können gemeinsam auch einige ‚train the eight'-Innans generieren (siehe dazu die Anregungen auf Seite 260).

Legen Sie gemeinsam für die Umsetzung eine erste Strategie fest. Definieren sie aber nur die ersten Ziele und Wege.

Überlegen Sie gemeinsam, wie Sie die Ergebnisse dem gesamten Team präsentieren werden. Legen Sie die Kommunikation fest!

Meine Anmerkungen:

Domäne des Herzens: Unsere Führungswerte gemeinsam neu ausrichten

Sie haben bereits im ersten Quadranten das gesamte Führungssystem bearbeitet. Dabei sind Sie entlang der liegenden Acht im ‚train the eight'-Zyklus vorgegangen. Wahrscheinlich haben Sie dabei nicht nur die Führungsethik besprochen, sondern auch bereits einen Dialog über Ihre neue Führungswertewelt geführt. Wir wissen bereits, wie schwierig es ist, neue Werte ins Leben zu bringen. Es braucht Konsequenz und Training, die neuen Verhaltensweisen als Werte im Gedächtnis der Organisation abzuspeichern. Wir nähern uns nun in der Domäne des Herzens erneut diesem Thema und beginnen mit der Frage nach dem *Spirit*. Welchen Spirit möchten Sie verwirklichen? Welchen Spirit will das Team initiieren, spüren, erleben?

Wie können wir unseren Teamspirit neu entfachen?

Welche Werte sollen Ihre Zukunft bestimmen? Welche Verhaltensweisen wollen Sie heute dazu trainieren und verankern? Wir schlagen vor, sich dem Wertethema ebenso iterativ zu nähern und dabei das gesamte Team einzubinden. Die Vorbereitungen des Change-Teams können Sie als Input bringen, damit ein Impuls in eine gute Richtung gegeben wird. Wenn Sie die Iteration einsetzen, so können Sie sich darauf verlassen, dass die Entwicklung eine gute Richtung nimmt. Sie wird fast wie von Zauberhand dafür sorgen, die Werte, die das Team gemeinsam teilt und leben möchte oder bereits lebt, als Ergebnis auf das Tapet zu bekommen. Die Vorgangsweise ist ähnlich, wie wir sie bei der Entwicklung der Change-Vision bereits vorgeschlagen haben (Seite 242).

So könnten Sie es angehen:

Bereiten Sie ein Team-Meeting vor. Bringen Sie den Team-Spirit auf die Agenda mit ausreichend Zeit.

Laden Sie das Team zu einem Brainstorming zur Frage ein:
Wie können wir unseren Teamspirit neu entfachen?

Nutzen Sie das Modell der ‚Six Thinking Hats' für ein umfassendes Brainstorming.

Beginnen Sie mit der Sachperspektive (weißer Denkhut): Wie steht es um unseren Team-Spirit? Welche Fakten können wir bringen?

Fragen Sie kritisch (schwarzer Denkhut): Was spricht dagegen, unseren Teamspirit zu entfachen? Woran könnten wir scheitern?

Fragen Sie optimistisch (gelber Denkhut): Was spricht dafür? Welche Vorteile kann es uns bringen?

Fragen Sie emotional (roter Denkhut): Wie fühlt sich für mich diese Frage zum Teamspirit an? Was freut mich? Was ärgert mich?

Fragen Sie nun ‚kreativ' (grüner Denkhut): Wohin kann uns diese Frage führen? Was fällt uns zum neuen Teamspirit ein? Wie können wir ihn entfachen? Was können wir konkret unternehmen und was sollten wir unbedingt versuchen?

Abschließend müssen Sie die Ergebnisse ordnen (blauer Denkhut): Was nehmen wir aus dieser Diskussion mit? Erkennen wir einen gemeinsamen Auftrag? In welche Richtung kann es weitergehen?

Meine Anmerkungen:

Welche Werte bestimmen unsere Zukunft?

So könnten Sie es angehen:

1. Laden Sie das gesamte Team zu einem Workshop (oder eine Klausur) ein.
2. Präsentieren Sie die Skizzen des Change-Teams zu den neuen Werten und Haltungen (Ergebnisse: 2. Quadrant) Diese sind ein Anfangsimpuls für den heutigen Dialog.
3. Gestalten Sie einen Workshop, um gemeinsam an Ihren neuen Werten zu arbeiten. Am besten gehen Sie dabei wieder iterativ vor. Konkret könnten Sie das so umsetzen:

- Bereiten Sie Tische für Kleingruppen vor (Gruppen von 4-5 Personen; daraus ergibt sich die Anzahl der Tische).
- Legen Sie auf den Tischen bunte Karten (Moderationskarten genügen) und einige Stifte auf.
- Laden Sie die Gruppen ein, an ihrem Tisch einen Dialog über Werte zu beginnen. Frage im Raum: Welche Werte sollen unsere Zukunft bestimmen?
- Die Werte der Gruppen werden auf PIN-Karten geschrieben und am Tisch aufgelegt.
- Nach 20 bis 25 Minuten lassen Sie die Gruppen im Uhrzeigersinn zum nächsten Tisch wechseln und dort das Procedere wiederholen.
- Die am Tisch liegenden Karten und für die weitere Diskussion berücksichtigen. Welche Werte liegen schon auf? Welche fehlen noch? Was fällt uns, angeregt von den Ergebnissen der Vorgruppe, noch dazu ein? Nach 20 Minuten wieder einen Tisch weiterwandern.
- In der dritten Runde können Sie die Aufgabe stellen, die Ergebnisse(Karten mit Werten) am Tisch zu clustern und in Struktur zu bringen. Weiters bitten Sie um Bewertungen mit Punkten. Vergeben Sie grüne und schwarze Punkte (je 5 bis 8 Punkte), um jene Werte-Karten zu markieren, die der jeweiligen Gruppe extrem wichtig sind (grüne Punkte) und die sie eher ablehnen (schwarze Punkte). Mehrfache Punkte pro Karte sind erlaubt.
- Nach einer Pause laden Sie zur letzten Runde ein.
- Lassen Sie die Gruppen zuerst frei um die Tische wandern und die Ergebnisse ansehen.
- Dann geht jede Gruppe zum Anfangstisch zurück. Aufgabe: Ergebnisse ansehen und besprechen. Was ist aus unserem Impuls heraus entstanden? Welche Werte sind die Top-Werte? Wie sehen wir das?
- Lassen Sie die Gruppen unter Berücksichtigung der Bewertungen maximal fünf Top-Werte auf neue Karten schreiben. (ideal sind DIN A5 Post-it-Klebekarten).
- Laden Sie die Gruppen ein, ihre Top-Werte auf eine gemeinsame weiße Wand zu kleben.

- Dann lassen Sie je ein bis zwei Personen aus jeder Gruppe die „Wertewand" gemeinsam gestalten und die Klebekarten gruppieren und verschieben. Weiter oben meint wichtiger, weiter unten weniger wichtig. Die Auswahl der Personen kann diese Übung „ohne verbale Kommunikation" durchführen, d.h. nur Interaktion durch Tun, miteinander an der Wand die Werte ordnen und bewerten. Dieser intuitive Prozess funktioniert meist viel besser und bringt schneller Ergebnisse als eine Diskussion.
- Die restlichen Mitglieder beobachten das Geschehen. Wenn die Auswahl der Personen auf der Wertewand ein Ergebnis erzielt hat, können die Beobachtenden kommentieren, wie sie den Prozess erlebt haben.
- Laden Sie zum Dialog über die inhaltlichen Ergebnisse ein. Sind klare Werte herausgekommen? Sind sie stimmig für uns? Fehlt uns etwas Wichtiges?

4. Wenn bereits die erste Iteration ein klares Ergebnis für Ihre Werte gebracht hat, können Sie den Workshop schließen.Es braucht zu diesem Zeitpunkt kein finales Ergebnis mit Beschluss. Lassen Sie die Ergebnisse wirken und greifen Sie diese beim nächsten Meeting wieder auf.
5. Wenn das Ergebnis nicht ausreichend konkret ist, die Werte nicht stimmig zueinander passen oder das Team noch kein gutes Gefühl hat, arbeiten Sie in einer weiteren Iteration am bisherigen Ergebnis weiter.
6. Sie werden im Team gemeinsam erkennen und spüren, wann die neuen Werte reif für einen Beschluss sind.
7. Erst dann können Sie die weitere Umsetzung in einem Trainingsprogramm, gespickt mit neuen Verhaltensweisen, initiieren.

Meine Anmerkungen:

Domäne der Bewegung: Unser Zusammenspiel aus ‚Führen und führen lassen'

Im dritten Quadranten des ‚train the eight'-Zyklus geht es nun in das konkrete TUN. Wie möchten Sie das Zusammenspiel zwischen Führung und Team gestalten? Welches neue Führungshandeln passt zu den Herausforderungen und zum Team? Welches Tun kommt in Resonanz mit den neuen Werten? Welches neue Tun unterstützt die Vision und die Strategie? Wir haben Ihnen im Kapitel ‚Mechanismen' (Seite 94) einige Möglichkeiten präsentiert. Aus der Fülle dieser Optionen haben Sie schon in Schritt 1 (‚train the eight'-Führungs-Landkarte) Ihre individuelle Auswahl getroffen. Auch das Change-Team hat mit Ihnen bereits darüber diskutiert. Nehmen Sie wieder diese Ergebnisse als Ausgangspunkt für ein Meeting mit dem gesamten Team.

Welche neuen Strategien (Mechanismen) inspirieren uns und wollen wir umsetzen?

So könnten Sie es angehen:

Bereiten Sie eine Präsentation vor (‚auf die Bühne gehen') und präsentieren Sie Ihre Ideen für neue Führungsstrategien und die ersten Ergebnisse aus dem Change-Team.

Sie können die ausgewählten Strategien, beispielsweise ‚The future, backwards' (Seite 123), vorstellen und einen ersten Überblick geben.

Dann die Strategien einzeln genauer diskutieren. Folgende Fragen können Ihre Diskussion leiten:

a) Welchen Zweck erfüllt die Strategie (oder das Tool)?

b) Für welche Problemstellungen kann sie eingesetzt werden?

c) Wie könnten wir sie sinnvoll nutzen?

d) Haben wir konkrete Beispiele für die Anwendung?

Nachdem alle relevanten Strategien besprochen und erläutert wurden, können Sie gemeinsam auswählen, welche als erste in die Umsetzung gehen soll.

Am besten Sie wählen gemeinsam ein Thema aus und legen einen Termin fest, wann Sie mit der ‚Probe' starten werden.

Meine Anmerkungen:

Neben den Mechanismen (Seite 94), die eher grundsätzliche Ansätze und Strategien umfassen, haben wir Ihnen auch konkretere Kommunikationsstrategien (Seite 130) beschrieben und in die Hand gegeben. Auch dafür konnten Sie in Schritt 1 (‚train the eight'-Führungslandkarte, Seite 168) bereits eine erste Auswahl treffen und mit dem Change-Team besprechen. Sie können, wenn Sie das möchten, an dieser Stelle den gleichen Weg einschlagen wie bei den Mechanismen. Der Ablauf kann aus unserer Sicht ident sein.

Welche Kommunikationsformen probieren wir aus?

So könnten Sie es angehen:

Bereiten Sie eine Präsentation vor (‚auf die Bühne gehen').

Sie können Kommunikationsstrategien wie Dissens und Widerspruchsarbeit (Seite 130) nun einzeln genauer diskutieren.

Nachdem alle Kommunikationsstrategien besprochen und erläutert wurden, können Sie gemeinsam auswählen, welche als erste in die Umsetzung gehen soll.

Am besten Sie wählen gemeinsam ein Thema aus und legen einen Termin fest, wann Sie mit der ‚Probe' starten werden.

Meine Anmerkungen:

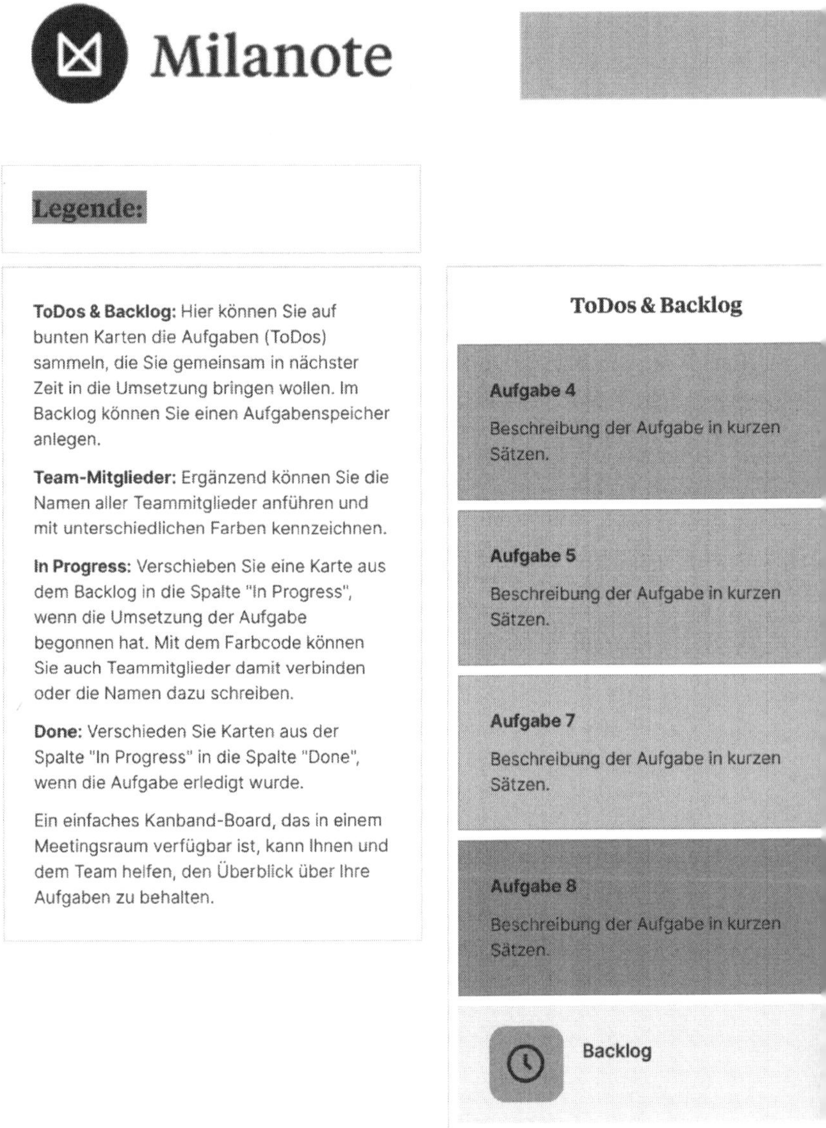

Abbildung 39: Einfaches Kanban-Board, um Ihre Aufgaben im Blick zu behalten

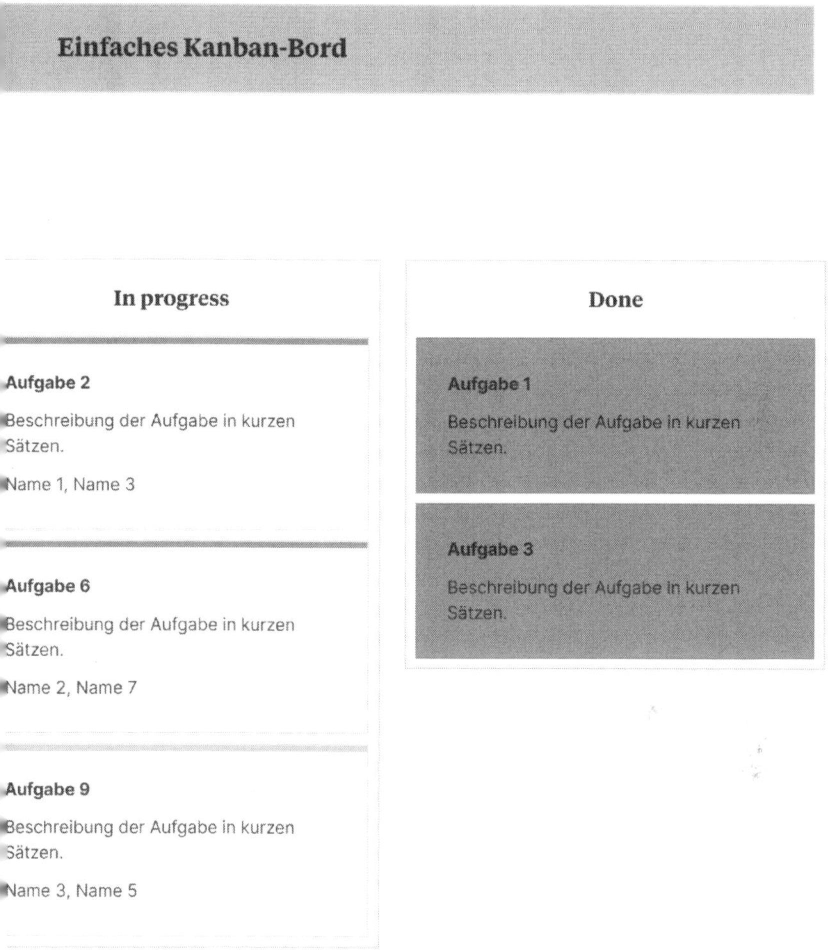

(erstellt mit MILANOTE).

Aus den acht Schritten von *John Kotter* (Seite 237) können wir zwei wichtige Punkte aufgreifen. Halten Sie erstens als Führungskraft das Projekt ‚Neue Führungswelt' immer in Kommunikation. Nutzen Sie häufig Gelegenheiten, das Thema anzusprechen und zu berichten, was geschafft wurde und was auf der Agenda steht. Und zweitens, wenn Sie als Führungskraft neue Methoden einsetzen und ausprobieren, dann dürfen Sie nicht darauf vergessen, dass Sie die Mitarbeiter:innen qualifizieren müssen. Hierzu bieten sich gemeinsame Seminare an, in denen Sie neue Kommunikationsformen, Entscheidungsmethoden oder agile Tools kennenlernen und üben. Auch ein Peer-Learning kann sich bewähren. Je ein(e) Mitarbeiter:in vertieft sich in eine Methode mit Büchern und eLearnings, gibt das Wissen intern weiter und begleitet die Übung.

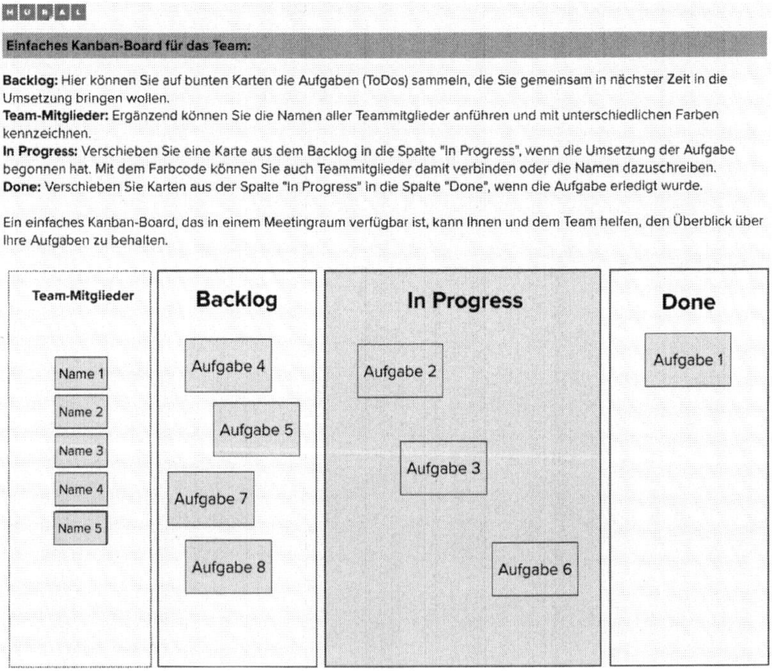

Abbildung 40: Einfaches Kanban-Board, um Ihre Aufgaben im Blick zu behalten (erstellt mit MURAL).

So könnte also ein einfaches Kanban-Board aussehen. Um die Umsetzung konkret zu gestalten und somit die Wahrscheinlichkeit für einen Erfolg zu erhöhen, raten wir Ihnen, entweder eine klassische Tabelle mit ToDos auszuarbeiten (wie Sie es bereits oft gemacht haben, vgl. Seite 225) oder Sie erstellen gemeinsam ein solches Kanban-Board mit Ihren wichtigen To-dos.

Ein weiterer Hinweis aus den acht Schritten von *John Kotter* (Seite 237) ist an dieser Stelle angebracht. Wenn Sie gemeinsam mit dem Team neue Dinge ausprobieren, mutig experimentieren und üben, dann ist neben der Reflexion besonders das Gefühl des Erfolges wichtig. Sie als Führungskraft müssen immer wieder die kleinen Erfolge wahrnehmen, etwas ausschmücken und gemeinsam feiern. Kleine Erfolge erhalten nicht nur die Motivation, weiterzumachen, sie sind auch als wiederholte, emotionale Erfahrungen kulturbildend.

Domäne der Form: Wie bleiben wir im Training, wie lernen wir?
Im vierten Quadranten des ‚train the eight'-Zyklus geht es nun in das gemeinsame Lernen. Spielregel: *Halte inne, bis alle gelernt haben* (Seite 85). Wie können Sie und Ihr Team das Risiko reduzieren, den Faden zu verlieren und in alte Gewohnheiten zurückzufallen? Wie halten Sie sich ‚in Form' und schaffen neue Muster?

Wie bleiben wir im Übungsmodus?
Wir raten zu einer Lernroutine, wie beispielsweise die gemeinsame Reflexion oder die After Action Review, die Sie als Führungskraft zum fixen Punkt auf der Agenda des Teammeetings machen können.

Meine Gedanken dazu, wie wir im Trainingsmodus bleiben:

Beispiele:
Wir machen die After Action Review (AAR, Seite 207) zum fixen Bestandteil unserer Meetings. Nach jeder Initiative, nach jeder Aktion und jeder ‚Probe', mit der wir Neuland betreten, machen wir eine gemeinsame Reflexion.
Die fixe Struktur schafft das Milieu für neue Gewohnheiten.

Wir sind jetzt im ‚train the eight'-Zyklus im vierten und letzten Quadranten angekommen. Was jetzt ansteht, ist die Entscheidung, weiterzumachen. Es braucht die Entscheidung zur guten Wiederholung! Beginnen Sie immer wieder einen neuen Durchlauf durch den Zyklus mit den vier Quadranten. Durch die Wiederholung mit Reflexion wird die Wiederholung zu einer guten Wiederholung. Die Iteration leistet dabei unbewusst wertvolle Hilfe. Bleiben Sie auf Kurs!

Auch das Modell von *John Kotter* (Seite 237) mit den acht Schritten im Change bringt am Ende die neuen Dinge ‚in Form'. Im 7. Schritt geht es um weitere Veränderungen, die Sie nun gleich noch mit auf die Reise in die neue Führungswelt nehmen können. Wenn das Team im Modus des Veränderns und Trainierens ist, dann können Sie die Gunst der Stunde nutzen und gemeinsam entscheiden, was Sie noch angehen und wie der Prozess noch weitergehen kann.

Im 8. Schritt geht es um neue Strukturen. Sie müssen die neuen ‚Emergenzen', die Ergebnisse, das Wertvolle, das sich in der Probe bewährt hat, schützen und in Formen gießen. Im Cynefin®-Framework (Seite 53) entspricht dieser Vorgang der Überführung der neuen Muster aus der komplexen in die komplizierte Domäne.

Darf ich jetzt noch ein Symbol in den Sand schreiben?
Was bleibt am Ende von der Komplexität übrig?

Im persönlichen Habitat

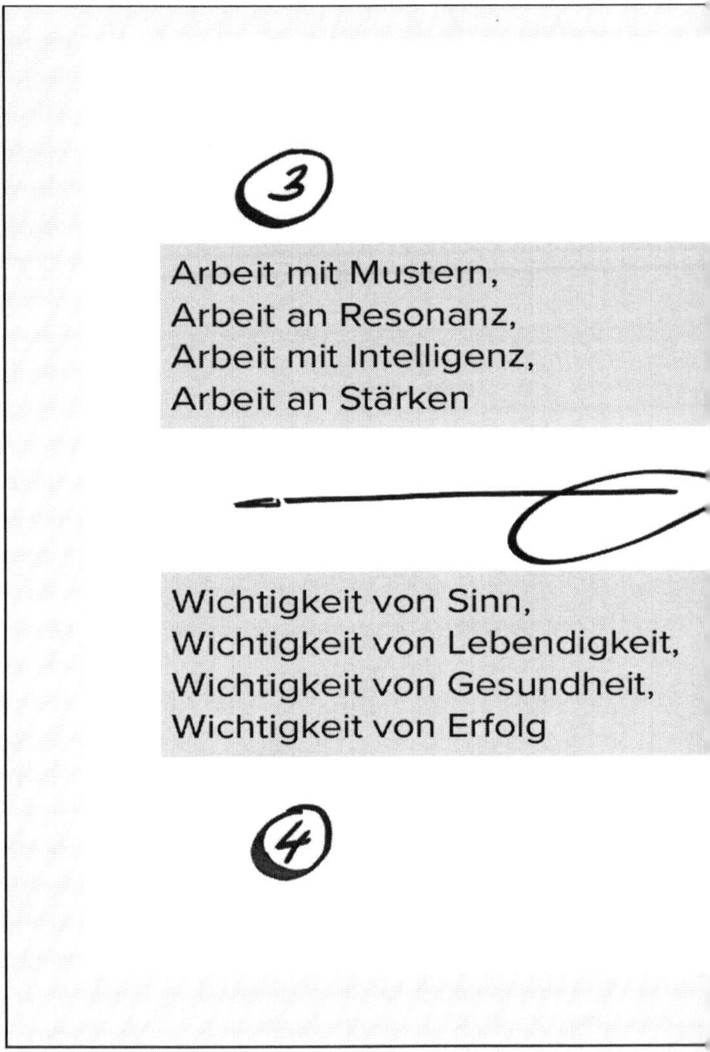
3
Arbeit mit Mustern,
Arbeit an Resonanz,
Arbeit mit Intelligenz,
Arbeit an Stärken
Wichtigkeit von Sinn,
Wichtigkeit von Lebendigkeit,
Wichtigkeit von Gesundheit,
Wichtigkeit von Erfolg
4

1

Umgang mit Wahrnehmung,
Umgang mit Gegensätzen,
Umgang mit Optionen,
Umgang mit Störung

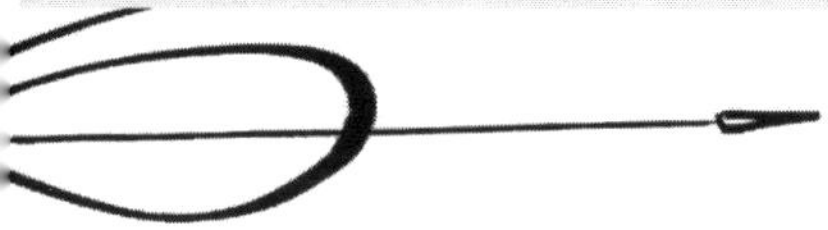

Grundhaltung zum Selbst,
Grundhaltung zu Menschen,
Grundhaltung zum Ganzen,
Grundhaltung zur Zukunft

2

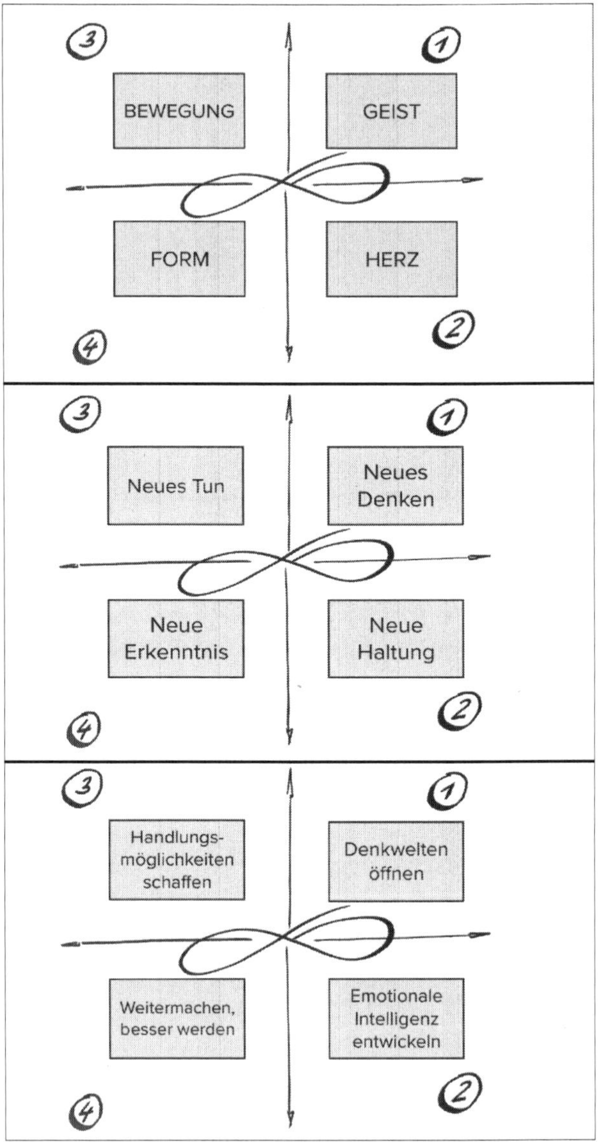
3
1
BEWEGUNG
GEIST
FORM
HERZ
4
2
3
1
Neues Tun
Neues Denken
Neue Erkenntnis
Neue Haltung
4
2
3
1
Handlungs-möglichkeiten schaffen
Denkwelten öffnen
Weitermachen, besser werden
Emotionale Intelligenz entwickeln
4
2

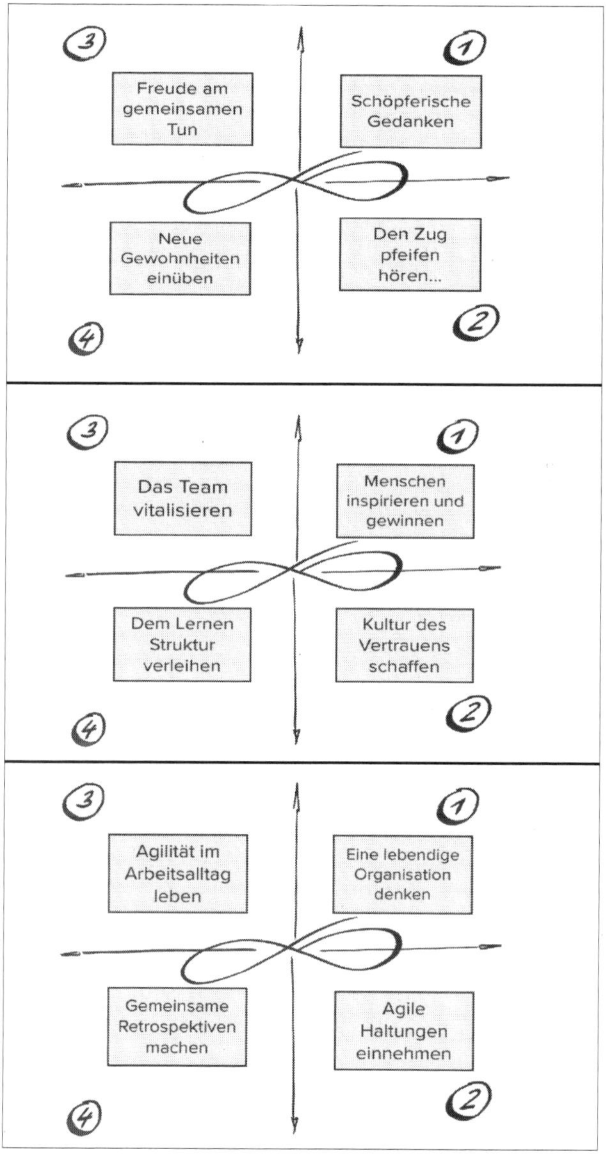
3
Freude am gemeinsamen Tun
1
Schöpferische Gedanken
Neue Gewohnheiten einüben
Den Zug pfeifen hören...
4
2
3
Das Team vitalisieren
1
Menschen inspirieren und gewinnen
Dem Lernen Struktur verleihen
Kultur des Vertrauens schaffen
4
2
3
Agilität im Arbeitsalltag leben
1
Eine lebendige Organisation denken
Gemeinsame Retrospektiven machen
Agile Haltungen einnehmen
4
2

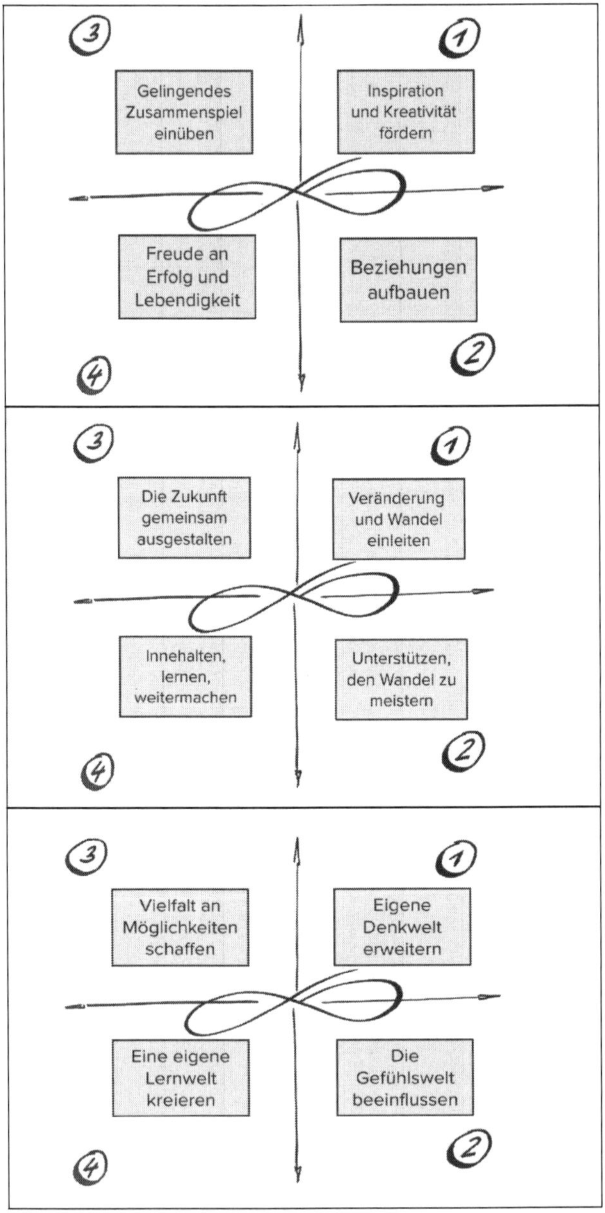
3
1
Gelingendes Zusammenspiel einüben
Inspiration und Kreativität fördern
Freude an Erfolg und Lebendigkeit
Beziehungen aufbauen
4
2
3
1
Die Zukunft gemeinsam ausgestalten
Veränderung und Wandel einleiten
Innehalten, lernen, weitermachen
Unterstützen, den Wandel zu meistern
4
2
3
1
Vielfalt an Möglichkeiten schaffen
Eigene Denkwelt erweitern
Eine eigene Lernwelt kreieren
Die Gefühlswelt beeinflussen
4
2

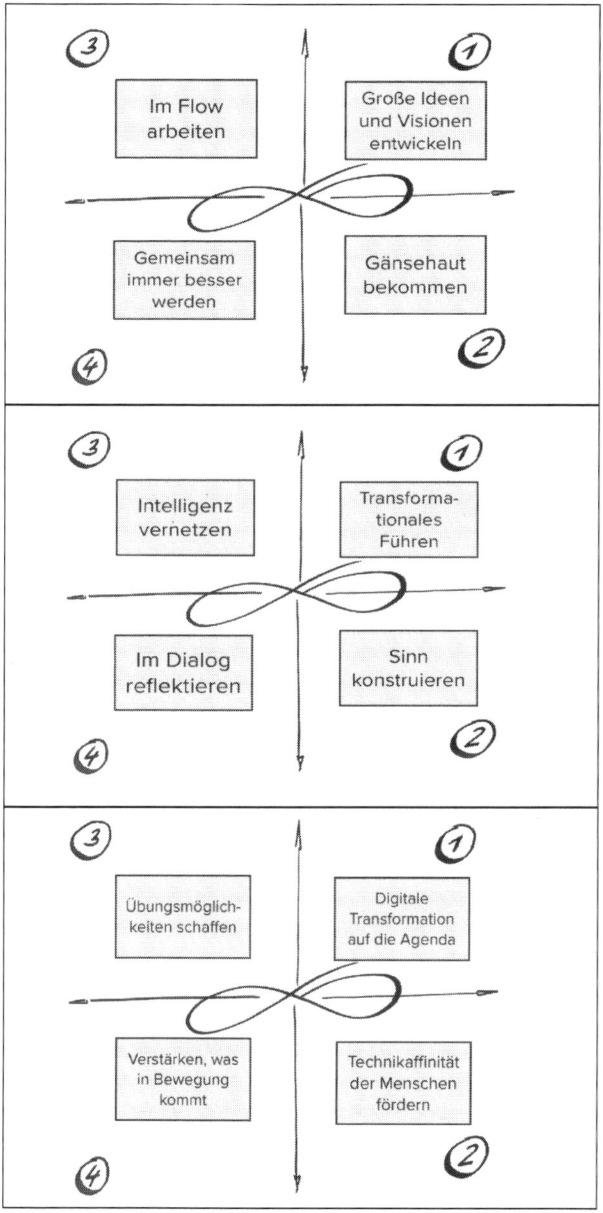
3
1
Im Flow arbeiten
Große Ideen und Visionen entwickeln
Gemeinsam immer besser werden
Gänsehaut bekommen
4
2
3
1
Intelligenz vernetzen
Transformationales Führen
Im Dialog reflektieren
Sinn konstruieren
4
2
3
1
Übungsmöglichkeiten schaffen
Digitale Transformation auf die Agenda
Verstärken, was in Bewegung kommt
Technikaffinität der Menschen fördern
4
2

Darf ich kurz zurückblicken?
Welche Landschaften haben wir gemeinsam durchquert?
Welche Antworten auf unsere Fragen haben wir gefunden?

Auf der Heimreise!

16 Reisebericht des Kaninchens

Jetzt haben wir sie erkundet, die Welt der Komplexität. Diese Welt ist noch viel größer und weiter, als es unsere Rundreise vermuten lässt – haben wir uns doch auf ein Gebiet beschränkt, wo sich die Führungskräfte aufhalten. Nicht, dass wir es hier mit einer engen Welt zu tun hätten, im Gegenteil, die Komplexität ist ein Türöffner, der unseren Horizont erweitert und neue Freiheiten gewährt. Dennoch hätte diese Welt der Komplexität noch mehr zu bieten. Als Ihr Reisebegleiter aber habe ich mich für selektive Partizipation mit einem klaren Fokus entschieden. Viele der besuchten Gebiete sind Ihnen bekannt vorgekommen, vielleicht haben Sie diese ja schon zuvor bereist. Neu war vielleicht der gesamte Zusammenhang, den wir über unsere ‚Wurmlöcher' hergestellt haben. Wir haben ein Netzwerk von Lokalitäten geschaffen und freischwebende Themen verknüpft. Sie können sich nun der Welt in ihrer Offenheit stellen.

Das *Meer der Transformation* haben wir vom sicheren Ufer aus betrachtet. Jetzt, wo Sie wissen, wie dynamisch sich Wasser verhalten kann, können Sie sich ein Boot ausborgen und eine erste kleine Ausfahrt wagen.

Übergang von Landweg zum Meer der Transformation:
Frage: Ist Führung denn keine Konstante und invariant gegenüber allen Umweltentwicklungen?

Wir haben klar erkannt, wie sich Führung in Abhängigkeit zur Situation in der Umwelt verändern und anpassen muss. Stabile Umwelten verlangen gutes Management, instabile und komplexe Umwelten verlangen Management und transformationales Leadership. Wir sind eingeladen, eine neue Führungswelt auszugestalten.

Die wahre *Wildnis* haben wir im tiefen, fast unberührten Dschungel erlebt. Die unüberblickbaren Zusammenhänge, die Gefahren und die zauberhafte Kreativität haben uns alle sehr beeindruckt.

Mitten in der Wildnis und im Dschungel:
Frage: Verlieren wir die Möglichkeit zur Vorhersagbarkeit? Stehen wir vor einem Aufbruch ins Unbekannte?

An dieser Stelle angekommen, haben wir es akzeptieren müssen. Die Welt und ihre Entwicklung wollen sich nicht in die Karten blicken lassen. Und ja, wir stehen vor einem Aufbruch und die neue Welt wird sich nur langsam zu erkennen geben. Wir sind wieder zu Entdecker:innen geworden. Der große Vorteil nach dem Aufenthalt in der Wildnis liegt auf der Hand: Nun schrecken Sie vor dem Wort Komplexität nicht mehr zurück, weil Sie sie kennen gelernt haben. Sie können unterscheiden, was auf dieser Welt zwar verwirrend, mühsam und aufwendig, dennoch aber eine komplizierte Angelegenheit ist, für die Sie bekannte und gut eintrainierte Werkzeuge haben. Und Sie können an einigen Eigenschaften erkennen, wann das Problem wirklich komplex ist. Ganz wunderbar ist nun die Tatsache, dass Sie sich den komplexen Herausforderungen mit mehr Freude und Zuversicht nähern können. Es ist verdammt gut zu wissen, welche Herausforderungen besonders belasten. Vielleicht ist es die Volatilität, vielleicht die Ungewissheit, die Vernetzung oder die Widersprüchlichkeit. Gut, die vier Denkwerkzeuge der VUKA-Herausforderungen als Souvenir in der Reisetasche zu haben. Einer Durchquerung des Führungs-Jungle steht nun nichts mehr im Wege.

Am Ausgang des nächsten Wurmlochs kamen wir auf eine eigenwillige neue Landschaft. Können Sie sich an diese ***Cynefin®-Landschaft*** erinnern? Sie dient Ihnen ab sofort als Navigationshilfe in der offenen, oft stürmischen Welt.

Cynefin®-Landschaft:
Frage: Müssen wir zwischen Stabilität und Instabilität unterscheiden? Muss ich mich auf die Komplexität der Welt einlassen?

Uns ist klar geworden, wie wichtig die Unterscheidung zwischen stabilen und instabilen Phasen in Unternehmen für die Führungsarbeit ist. Und ja, wir müssen uns als Führungskräfte immer mehr der offenen Welt aussetzen und uns mit Komplexität bewusst konfrontieren. Der Besuch des Cynefin®-Frameworks hat Antworten auf viele Fragen gebracht. Wo befinde ich mich? Was kann ich in dieser Situation tun? Ist Analyse die erste Wahl oder ist es das Experiment? Wo liegt Ihr momentaner Standort? Können Sie ihn auf der Landkarte verorten? Als Ihr persönliches Kaninchen rate ich dazu, diese Landkarte immer bei sich zu tragen. Man weiß nie, was für eine Gefahr hinter dem nächsten Busch lauert.

An den Besuch des ***Tempels der Rationalität*** werden Sie sich sicher gut erinnern. Zu sehen, was unser Gehirn alles so leistet, war beeindruckend. Dass es uns aber auch täuscht, in die Irre führt und uns dabei glauben lässt, alles richtig zu machen, wenn wir doch in der Sackgasse stecken, war auf der anderen Seite schon gehörig beunruhigend.

Tempel der Rationalität:
Frage: Wie kriege ich das mit meinem Kopf hin? Reicht meine Rationalität nicht mehr aus?

Das nächste Wurmloch hat uns in eine neue Galaxie befördert. Wir sind in die Welt unseres Gehirns eingedrungen und haben den Neurobiolog:innen zusehen dürfen. Die hatten uns einiges zu sagen! Bei allen Verzerrungen und Denkfehlern, die unser Gehirn macht, es ist ein wahnsinnig komplexes, unvorstellbar leistungsfähiges Organ. Die Kenntnis der beiden Systeme, System 1 und 2, wird uns im Führungsalltag helfen und das Schlimmste verhindern. Wir haben die Grenzen unserer Rationalität erkannt und können sie bewusster einsetzen. Und wir haben die Macht der Intuition kennengelernt. Auch sie wird uns in der Führungsarbeit eine Hilfe sein. Wichtig: Achten Sie auf den Elefanten, auf dem Sie reiten und trainieren Sie das Zusammenspiel mit ihm. Er trägt Sie durch das Leben, aber er will üben und trainieren.

Hoffentlich schmerzen Ihre Beulen nicht mehr. Es war nicht gerade lustig, immer wieder gegen das Glas zu rennen und wie die Fliegen keinen Ausweg zu finden. Diese kleine Erlebnisübung ist aber immer Teil der

Reise. Die ***Korridore der Bürokratie*** haben wir nur gestreift, weil wir uns einige Spielregeln, Normen und Werte abholen mussten.

Korridore der Bürokratie
Frage: Was kann helfen, mit Komplexität einen guten Umgang zu finden? Gibt es wirklich hilfreiche Strategien?

Was haben wir in diesen Korridoren erhalten? Wir kennen nun die vier grundlegenden Spielregeln, wir haben die Prinzipien diskutiert und die Werte und Haltungen kurz am Lagerfeuer besprochen. Es sind ganz schön viele Normen, die wir hier mitnehmen müssen. Wir wissen alle ganz genau, wieviel Ordnung und Struktur unsere neue Freiheit braucht. Wir haben uns neue Freiheiten erworben und mit der Münze der Strukturen und Ordnungen bezahlt. Sie alle zielen darauf ab, mit der Komplexität einen guten Umgang zu finden. Ob es wirklich hilfreiche Strategien gibt, blieb an dieser Stelle offen. Das haben wir uns für unser nächstes Reiseziel aufgehoben.

Das große ***Spielfeld des Complexity-Games*** haben Sie sich anders vorgestellt. Ein Spielfeld muss doch eben, exakt begrenzt und schön gepflegt sein. Diesen Einwand haben Sie gebracht und Ihrer Enttäuschung Luft gemacht. Wir haben im Gegenteil eine unperfekte, schmutzige, holprige Spielwiese betreten. Erschwerend ist hinzugekommen, dass sich die ganze Fläche bewegt hat und zu tanzen begann.

Spielfeld des Complexity-Games
Frage: Das Kaninchen war als Immanuel K. verkleidet und stellt Fragen: Was kann ich wissen? Was soll ich tun? Was darf ich hoffen? Und lauert jetzt die Beute auf den Jäger?

Unsere nächste Station war eine Tankstelle des Wissens. Es gab viel, was wir nun zumindest wissen können. Die Anregungen, etwas zu tun, sind an dieser Stelle noch zu kurz gekommen, aber wir haben das nur auf später verschoben. Die Vielzahl der Mechanismen aber hat uns allen Hoffnung bereitet. Sie alle sind nun auf unseren Landkarten vermerkt. Wir tragen die Karten in unserem Reisegepäck nun spazieren und können Sie im Alltag nutzen, wenn wieder Nebel aufzieht und unsere Welt opak wird. Diese Strategien für den Umgang mit Komplexität bieten einen guten Einblick in diese Welt und sie eröffnen uns sinnvolle Handlungsmöglichkeiten. Seit wir diese Welt bereist haben, stehen wir der Komplexität nicht mehr ahnungslos und ohne Einfluss gegenüber. Niemand ist dazu verdammt, ein Regenmacher bzw. eine Regenmacherin zu sein. Im Gegenteil. Wir haben nun das Werkzeug, uns auf der ‚Dancing Landscape' zu bewegen und mit einiger Übung eine gute Figur dabei zu machen. Wenn das kein Hoffnungsschimmer ist? Die Frage, wer eigentlich Jäger und wer Beute ist, hat uns mehr verwirrt als Klarheit gebracht. In der Welt der Komplexität ist nur wenig, wie es scheint. Wir müssen uns von unseren starren Annahmen befreien und uns einer Welt öffnen, die viele Überraschungen bereithält. Die Welt der Komplexität ist etwas für die Empiristen unter uns, die mit dem Unperfekten kein Problem haben und die alle Ideale der Schönheit und der reinen Geometrie hinter sich gelassen haben. Das Spiel selbst aber war ein aufregendes Erlebnis. Schritt für Schritt haben wir neue Strategien erlernt und erfolgversprechende Mechanismen studiert. Zum Profi ist es noch ein weiter Weg, aber das Training hat begonnen.

Das ***Schweigekloster*** hat uns seine Geheimnisse offenbart. Wir können nicht nicht kommunizieren, auch Schweigen ist Kommunikation. Wichtiger aber ist die Erkenntnis, dass Kommunikation immer ein Nicht-Verstehen ist. Wenn wir einen gemeinsamen Raum des Verstehens schaffen wollen, dann müssen wir darum ringen. Verstehen ist kein Geschenk. Beim Lauschen der Ruhe des Schweigens sind die Gedanken ins Schweben gekommen.

Kloster des Schweigens
Reden, reden, reden? Ist Reden der neue Alleskleber? Wäre Schweigen nicht manchmal besser?

Die Kommunikationsstrategien haben uns andächtig gestimmt. Die neuen Dialoge haben alte, vergessene Traditionen wieder erweckt und uns mit unserer Herkunft verbunden. Die freischwebende Aufmerksamkeit werden wir wahrscheinlich nicht vergessen. Und den Dialog am Lagerfeuer haben wir sicher als emotionales Erlebnis in System 1 abgespeichert. Die Aufforderung, zu streiten und den Dissens zu pflegen, ja sogar den Teufel an den Tisch zu bitten, um unsere Ideen nach den Regeln der finsteren Kunst zu zerlegen, ist dann doch etwas viel verlangt gewesen. Am Ende aber bleibt die Erzählkunst als neues Element, mit der wir mehr erreichen können als mit der Kunst des Schreibens. Wir können immer viel mehr denken als sagen und viel mehr sagen als schreiben.

Der kleine Abstecher in die ***Hochebene der Systeme*** hat Ihnen zu einem ambidextren Verhalten verholfen. Sie können nun an die Aufgaben mit beiden Händen herangehen. Jetzt macht es Sinn, auch den linken Ärmel hochzukrempeln, sofern Sie rechtshändig veranlagt sind; oder eben den rechten Ärmel, wenn es andersherum ist.

Systemische Hochebene
War's das oder kommt noch was? Bin ich schon ausreichend gerüstet? Was steckt in den Strukturen? Können wir darauf eine neue Welt errichten?

Wir haben das Erkunden und Forschen geübt und das Ausnutzen vorhandener Ressourcen. Diese Widersprüchlichkeit hat sich dabei aufgehoben, je tiefer wir in sie eingedrungen sind. Wenn wir etwas nicht vergessen, dann sind es die drei Säulen (3 Pillars) für die ‚Traveling Organization'. Das war schon beeindruckend!

Am meisten gelacht haben Sie im ***Vergnügungspark*** auf der ***Achterbahn.*** Jetzt werden Sie die Acht nicht mehr los. Als liegende Acht hat die 8 die Macht, sich in die Bahnen Ihres Gehirns einzunisten und zu bleiben. Warum sollte es auch anders sein? Sie können nun mit der liegenden Acht durch jede Veränderung und durch jede Entwicklung navigieren.

Vergnügungspark Achterbahn
Geht's jetzt endlich los? Wird jetzt in die Hände gespuckt? Entdecken wir eine neue Schwerkraft?

Dieses ‚train the eight'-Modell hat es in sich. An dieser Station waren alle sehr beeindruckt, meint Ihr Kaninchen. Die vier Domänen entlang der liegenden Acht bilden eine Abfolge von Phasen, die schnell in Fleisch und Blut übergehen. Der EntwicklungsZyklus ist klar und nach einiger Zeit so selbstverständlich wie das Wirken der Schwerkraft. Die Anwendung des Modells als Landkarte zur Reflexion unserer neuen Führungswelt war die Hauptattraktion auf unserer Reise. Hier haben sich alle Fäden verknüpft und alle offenen Stränge vernetzt. Dieses Bild der Landkarte der neuen Führung werden sich sicher viele zu Hause aufhängen und mit Freude immer wieder betrachten. Es ist wie ein Foto eines beeindruckenden Sonnenuntergangs, das wir aus unserem Urlaub mitbringen. Die neue Führungswelt hat sich als Denkwelt, als Wertewelt, als Handlungs- und als Lernraum vor unseren Augen manifestiert.

Mit dem ‚train the eight'-Zyklus haben wir den ***Fluss des Lebens*** erreicht. Neues Denken, neue Haltung, neues Tun und neue Erkenntnis, verbunden mit der guten Wiederholung, weisen den Weg nach oben. Das Trainieren der Acht bringt Sie mit dem ‚Zug nach oben' in Kontakt und führt zur Meisterschaft, wenn Sie das möchten.

Fluss des Lebens
Bin ich jetzt dran? Darf ich jetzt mitspielen, es einfach einmal versuchen?

An dieser Station unserer Reise waren wir eingeladen, selbst Hand anzulegen und uns zur Tat zu enthemmen. Und es ist vielen von uns gelungen! Diejenigen, die in das neue Spiel eingestiegen sind und sich ihre persönlichen Landkarten gezeichnet haben, wirkten so fröhlich und zuversichtlich. Die Aufforderung war klar und deutlich: Nutzen Sie die liegende Acht als Trainingstool. Auch dieses Souvenir findet sich in Ihrer Reisetasche, nur dass Sie dieses nicht verschenken, sondern auf Ihrem Schrein platzieren sollten.

Nochmal am Fluss des Lebens
Spielen wir jetzt gemeinsam? Ist es am Ende doch ein Teamspiel?

Zuerst haben wir alle alleine gespielt und Karten gezeichnet. Dann sind wir in die Teamarbeit übergegangen, was den Spaß noch weiter gesteigert hat. Das neue Führen ist und bleibt ein Teamspiel. Diese Erkenntnis hat sich eingebrannt.

Ihr ***persönliches Habitat,*** das Innan, ist wie eine Menükarte.

Persönliches Habitat
Darf ich jetzt noch ein Symbol in den Sand schreiben? Was bleibt am Ende von der Komplexität übrig?

Sie können sich am Ende der Reise so viele Innans in die Tasche packen, wie Sie möchten. Vielleicht aber nutzen Sie die Heimreise für kreative Innans aus eigener Hand?

Also, was meinen Sie? War es die Reise wert? Als Ihr persönliches Kaninchen verabschiede ich mich von Ihnen und ziehe mich in meinen Bau zurück. Dort finde ich Schutz vor der Komplexität der Welt und kann mich ausruhen. Ihnen aber wünsche ich Freude an der Komplexität des Lebens und bestes Gelingen, wenn Sie mit den VUKA-Welten ringen und nach neuen Lösungen suchen.

Als kleines Dankeschön an mich als Reisebegleiter erhoffe ich mir keine Münzen. Erzählen Sie Ihren Freunden und Freundinnen und in Ihrem Netzwerk von Ihrer Reise. Bitte empfehlen Sie mich weiter. Gerne komme ich wieder aus meinem Bau und begleite neue Gruppen bei Ihren Erkundungen. Die Wurmlöcher machen die Reise über weite Distanzen ja doch sehr kurzweilig!

17 Literatur

Unsere Bücher

Fokus Self-Leadership – Gesunde und wirkungsvolle Selbstführung in Zeiten hoher Komplexität,
Heinz Peter Wallner, Kurt Völkl, 2017, Edition Summerhill,
www.selfleadership.pro

Fokus Self-Leadership ist ein Navigationsbuch für Führungskräfte, die sich in der Selbstführung profilieren wollen. Selbstführung ist die Basis einer wirkungsvollen Führungskraft, so die Botschaft des Buches. Lassen Sie sich auf ein Übungs- und Trainingsprogramm ein und arbeiten Sie an Ihrer ‚Personal Mastery'.

Take Five – Die fünf Schlüssel zu mehr Lebendigkeit und innerer Stärke,
Heinz Peter Wallner, 2016, Edition Summerhill,
www.take-five-for-life.de

‚Take Five' ist ein ganzheitlicher Leitfaden für das Self-Leadership. Er eröffnet Ihnen, wie Sie zu mehr innerer Stärke und Lebendigkeit finden. Dieses Buch ist zwar auf einer spirituellen Ebene angelegt, überzeugt jedoch durch seinen hohen praktischen Wert.

Das innere Spiel – Wie Entscheidung und Veränderung spielerisch gelingen,
Kurt Völkl, Heinz Peter Wallner, 2018, BusinessVillage, 2. Auflage,
http://www.businessvillage.de/Das-innere-Spiel/eb-923.html

Wenn es in Ihrem Führungsleben um Veränderungs- und Entscheidungsprozesse geht, dann empfehlen wir unser Buch ‚Das innere Spiel'. Dort finden Sie wertvolle Einblicke in komplexe Veränderungs- und Entscheidungsprozesse und in die Welt der Widersprüche. Es ist ein Change-Buch, das Ihnen ganz neue Einblicke bietet.

Coopers Welt – Leadership für eine neue Zeit,
Dodo Kresse, Kurt Völkl, Heinz Peter Wallner, 2016, Edition Summerhill, www.cooperswelt.de

Wenn Sie ein Fan von Business-Stories sind, dann haben wir ein besonders Buch für Sie. Eine unterhaltsame, bewegende Geschichte eines Personal- und Organisationsentwicklers, der sich auf eine ganz besondere Reise macht. Das Buch bietet Ihnen Einblicke in die neue Welt der agilen Organisationen. Es ist der Nachfolger des Buches ‚*Das LILA Management Prinzip*'.

Colours of Happiness – Die 5 Prinzipien erfolgreicher Veränderung,
Dodo Kresse, 2015, Edition Summerhill, www.coloursofhappiness.de

Wenn Sie ein Fan von Prinzipien sind und aus einer wundervollen Geschichte lernen wollen, dann ist dieses Buch für Sie geschrieben worden. Dodo Kresse verzaubert mit ihrer Sprache und mit ihren kunstvollen Illustrationen. In diesem Buch stecken viel Weisheit und Schönheit.

Das LILA Management Prinzip – Unternehmen neu denken und erfolgreich verändern,
Kurt Völkl, Heinz Peter Wallner, 2009, Amathea-SIGNUM, http://hpwallner.com/das-lila-management-prinzip/

Das allererste Buch aus unserer Reihe ist das ‚LILA Management Prinzip'. LILA steht dabei für ‚Lernen in der liegenden Acht'. In diesem Buch haben wir die Idee des Modells ‚train the eight®' erstmals beschrieben.

Zitierte Literatur

Chris Argyris und Donald A. Schön, 2018, Die lernende Organisation: Grundlagen, Methode, Praxis, Schäffer-Poeschel.

Bruce J. Avolio und Bernhard M. Bass, 1991, The full range of leadership development programs: Basic and advanced manuals, Bass, Avolio & Associates.

Joachim Bauer, 2006, Warum ich fühle, was du fühlst: Intuitive Kommunikation und das Geheimnis der Spiegelneurone, Heyne Verlag, Aktualisierte Neuausgabe.

David Bohm, 2014, Der Dialog: Das offene Gespräch am Ende der Diskussionen, Klett-Cotta, 10. Auflage.

Matthias zur Bonsen als Pionier der Großgruppenarbeit: Seine Website: https://www.all-in-one-spirit.de/.

Stephanie Borgert, 2018, Unkompliziert, Gabal Verlag. Dieses Buch bietet eine einfache Darstellung für den Umgang mit Komplexität und ergänzt unsere Bewältigungsstrategien.

Carsten Bresch, 1979, Zwischenstufe Leben: Evolution ohne Ziel?, Fischer Verlag.

Bazon Brock, 2012, Anthropologie des apokalyptischen Denkens, Seite 17, in: Bazon Brock, Konrad Paul Liessmann, 2012, Ein optimistischer Blick auf den Pessimismus, Edition Quer denken bei Wieser.

Bazon Brock: Audio-Transkript des Gesprächs über die (kritik)unwürdige Gesellschaft am 1. Juni 2017, angefertigt von Werner Meixner, TU München, https://wwwmayr.in.tum.de/personen/meixner/InterviewMitBazonBrock.pdf am 24.2.2022.

William Bridges, Susan Bridges, 2018, Managing Transitions: Erfolgreich durch Übergänge und Veränderungsprozesse führen, Vahlen, 4. Auflage.

Martin Buber, 2006, Das dialogische Prinzip: Ich und Du. Zwiesprache. Die Frage an den Einzelnen. Elemente des Zwischenmenschlichen. Zur Geschichte des dialogischen Prinzips, Gütersloher Verlagshaus, 10. Auflage.

August Buck, Giovanni Pico della Mirandola, 1990, Philosophische Bibliothek Band 427: De hominis dignitate. Über die Würde des Menschen, Meiner, F.

Kim W. Chan und Renée Mauborgne, 2016, Der Blaue Ozean als Strategie: Wie man neue Märkte schafft, wo es keine Konkurrenz gibt, Carl Hanser Verlag, 2. Auflage.

Rolf Dobelli, Birgit Lang, 2011, Die Kunst des klaren Denkens: 52 Denkfehler, die Sie besser anderen überlassen, Hanser.

Carol Dweck, 2017, Mindset – Updated Edition: Changing The Way You think To Fulfil Your Potential, Robinson.

Paul Feyerabend, 1986, Wider den Methodenzwang, Suhrkamp Taschenbuch.

Franziska Fink, Michael Moeller, 2018, Purpose Driven Organizations – Sinn Selbstorganisation Agilität, Schäffer-Poeschel.

Lens Fischer, 2010, Schwarmintelligenz: Wie einfache Regeln Großes möglich machen, Eichborn.

Heinz v. Förster, Bernhard Pörksen, 2016, Wahrheit ist die Erfindung eines Lügners, Carl-Auer Verlag, 11. Auflage.

Wolfgang H. Güttel, 2019, Performance Core: Führung, Wandel und Leistung, Seiten 27–59, in: Wolfgang Güttel (Hrsg.), 2019, Erfolgreich in turbulenten Zeiten – Impulse für Leadership, Change Managemet & Ambidexterity, 2. Auflage, Rainer Hampp Verlag.

Wolfgang Güttel (Hrsg.), 2019, Erfolgreich in turbulenten Zeiten – Impulse für Leadership, Change Managemet & Ambidexterity, 2. Auflage, Rainer Hampp Verlag.

Martin Heidegger, 2006 (1967), Sein und Zeit. Verlag De Gruyter, 19. Auflage

Hermann Hesse, 2012, Das Glasperlenspiel: Versuch einer Lebensbeschreibung des Magister Ludi Josef Knecht samt Knechts hinterlassenen Schriften, Suhrkamp Verlag, 7. Auflage.

Olaf Hinz, 2017, Segeln auf Sicht. Das Führungshandbuch für ungewisse Zeiten. Springer Verlag.

John H. Holland, 1995, Hidden Order – How Adaptation Buildes Complexity, Helix Books, Addison-Wesley.

Svenja Hofert, 2016, Agiler führen – Einfache Maßnahmen für bessere Teamarbeit, mehr Leistung und höhere Kreativität, Springer Gabler Verlag, Wiesbaden.

Philipp Hübl, 2012, Folge dem weißen Kaninchen, Rowohlt Verlag.

Gerald Hüther, 2014, Die Macht der inneren Bilder, Vandenhoeck & Ruprecht, 8. Auflage.

Marion Jonassen et al., 2019, Gestaltung der Beziehung zu einzelnen Mitarbeitenden, Seite 376 ff., in: Eric Lippmann, Andreas Pfister, Urs Jörg (Hrsg.), 2019, Handbuch Angewandte Psychologie für Führungskräfte, Band I, 5. Auflage, Springer Verlag.

Daniel Kahneman, 2016, Schnelles Denken, Langsames Denken, Penguin Verlag.

Michael Kempf, Frank Kühn (Hrsg.), 2022, Navigating a Traveling Organization – Insights, Ideas and Impulses from the 3-P-Model, Springer International Publishing.

Bernhard Klein (Hrsg.) und Peter Sloterdijk, 2013, Ausgewählte Übertreibungen: Gespräche und Interviews 1993–2012, Suhrkamp.

Roswita Königswieser, Marion Keil (Hrsg.), 2008, Das Feuer großer Gruppen:

Konzepte, Designs, Praxisbeispiele für Großveranstaltungen: Konzepte, Designs, Praxisbeispiele für Großveranstaltungen, Schäffer-Poeschel; 2. Auflage.

John Kotter, 2011, Leading Change: Wie Sie Ihr Unternehmen in acht Schritten erfolgreich verändern, Vahlen.

John Kotter, 2015, Accelerate: Strategischen Herausforderungen schnell, agil und kreativ begegnen, Vahlen.

Peter Kruse, 2004, next practice – Erfolgreiches Management von Instabilität; in der 5. Auflage, Verlag GABAL, Offenbach.

Frederic Laloux, Etienne Appert, et al., 2016, Reinventing Organizations visuell: Ein illustrierter Leitfaden sinnstiftender Formen der Zusammenarbeit, Vahlen.

Kurt Lewin, 2012, Feldtheorie in den Sozialwissenschaften: Ausgewählte theoretische Schriften, Hogrefe, 2. Auflage.

Eric Lippmann, Andreas Pfister, Urs Jörg (Hrsg.), 2019, Handbuch Angewandte Psychologie für Führungskräfte, Band I, 5. Auflage, Springer Verlag.

Lokale Agenda 21 auf Wikipedia: https://de.wikipedia.org/wiki/Lokale_Agenda_21 (am 19.2.2022).

Niklas Luhmann, 2000, Organisation und Entscheidung. 1. Aufl., Westdeutscher Verl.

Niklas Luhmann, 2014, Vertrauen: Ein Mechanismus der Reduktion sozialer Komplexität, UTB GmbH, 5. Auflage.

Oliver Mack, Anshuman Khare, Andreas Krämer, Thomas Burgartz (Hrsg.), 2015, Managing in a VUCA World, Springer.

Fredmund Malik, 2006, Führen Leisten Leben: Wirksames Management für eine neue Welt, Campus.

Fredmund Malik, 2015, Strategie des Managements komplexer Systeme. Ein Beitrag zur Management-Kybernetik evolutionärer Systeme, Haupt Verlag, 11. Auflage.

Manifest für Agile Softwareentwicklung: https://agilemanifesto.org/iso/de/manifesto.html (am 19.2.2022).

Odo Marquard und Franz Josef Wetz, 2020, Zukunft braucht Herkunft: Philosophische Essays, Reclam, Philipp, jun. GmbH.

Christian Müller-Roterberg, 2018, Praxishandbuch Innovationscontrolling, https://www.researchgate.net/publication/328392080.

Denis Mourlane, 2017, Resilienz: Die unentdeckte Fähigkeit der wirklich Erfolgreichen, Business Village.

Denis Mourlane, 2021, Emotional Leading: Unsere fünf Grundbedürfnisse oder wie wir die Kraft positiver Emotionen entfesseln, Business Village.

Oswald Neuberger, 2002, Führen und führen lassen, Lucius & Lucius, UTB, 6. Auflage.

Vera Ohlendorf, 2011, Der Begriff des Versprechens bei Hannah Arendt und Paul Ricoeur, GRIN Verlag.

Alexander Osterwalder, Yves Pigneur, 2011, Business Model Generation: Ein Handbuch für Visionäre, Spielveränderer und Herausforderer, Campus Verlag.

Georg Paulus, Siegfried Schrotta, 2020, Systemisches KONSENSIEREN: Der Schlüssel zum gemeinsamen Erfolg, Danke-Verlag, 5. Auflage.

Waldemar Pelz, 2016, Transformationale Führung – Forschungsstand und Umsetzung in der Praxis, Springer.

Herbert Pietschmann, 2002, Eris & Eirene, Ibera-Verlag.

Niels Pfläging, 2013, Organisation für Komplexität. Wie Arbeit wieder lebendig wird – und Höchstleistung entsteht, BetaCodexPublishing.

Karen Reivich, Andrew Shatté, 2003, The Resilience Factor. 7 Keys to Finding Your Inner Strength and Overcoming Life's Hurdles, Broadway Books.

Gerhard Roth, 1996, Das Gehirn und seine Wirklichkeit, Suhrkamp Taschenbuch, 5. Auflage.

Gerhard Roth, 2003, Aus der Sicht des Gehirns, Suhrkamp Taschenbuch.

Gerhard Roth, 2015, Persönlichkeit, Entscheidung und Verhalten, Klett-Cotta Verlag.

Otto Scharmer, 2020, Theorie U – Von der Zukunft her führen: Presencing als soziale Technik, Carl-Auer Verlag GmbH, 2. Auflage.

Edgar Schein, 1995, Unternehmenskultur. Ein Handbuch für Führungskräfte. Frankfurt/Main, New York: Campus.

Edgar Schein, Peter Schein, 2018, Organisationskultur und Leadership, Vahlen, 5. Auflage.

Günter Schiepek, Herbert Spörkel (Hrsg.), 1993, Verhaltensmedizin als angewandte Systemwissenschaft, Mackinger.

Stefan Schulz-Hardt, Gruppen als Entscheidungsträger in kritischen Situationen, 2007, in: Stefan Strohschneider (Hrsg.), 2007, Entscheiden in kritischen Situationen, Verlag für Polizeiwissenschaft; 2. Auflage.

Gerhard Schwarz, 2014, Konfliktmanagement, Springer Verlag, 9. Auflage.

Gert Scobel, Denken im Fliegenglas? Wittgenstein einfach erklärt, https://youtu.be/l0u485H6UJs.

SDGs Website: https://sdgs.un.org/goals (am 24.2.2022).

Peter M. Senge, 2001, Die fünfte Disziplin. Kunst und Praxis der lernenden Organisation, Klett-Cotta.

Richard Sennet, 2018, Die offene Stadt. Eine Ethik des Bauens und Bewohnens, Hanser Verlag.

Simon Sinek: Start with why – how great leaders inspire action, TEDxPugetSound, https://youtu.be/u4ZoJKF_VuA.

Peter Singer, 2016, Effektiver Altruismus: Eine Anleitung zum ethischen Leben, Suhrkamp Verlag.

Peter Sloterdijk, 1988, Zur Welt kommen – Zur Sprache kommen – Frankfurter Vorlesungen, Suhrkamp.

Peter Sloterdijk, 2009, Du mußt dein Leben ändern: Über Anthropotechnik, Suhrkamp.

Peter Sloterdijk, 2014, Die schrecklichen Kinder der Neuzeit, Suhrkamp.

Peter Sloterdijk, 2016, Sphären I, Blasen, Suhrkamp, 13. Auflage.

Peter Sloterdijk, 2017, Nach Gott, Suhrkamp.

David Snowden, Mary Boone, 2007, A Leader's Framework for Decision Making, HBR Nov. 2007, Reprint: R0711C.

Reinhard Sprenger, 2012, Radikal Führen, 1. Auflage, Campus Verlag.

Reinhard Sprenger, 2020, Magie des Konflikts: Warum ihn jeder braucht und wie er uns weiterbringt, Deutsche Verlags-Anstalt.

Stefan Strohschneider (Hrsg.), 2007, Entscheiden in kritischen Situationen, Verlag für Polizeiwissenschaft; 2. Auflage.

Jörg Sydow, 1992, Strategische Netzwerke. Evolution und Organisation, Gabler.

Brian J. Robertson, 2015, Holacracy: The New Management System for a Rapidly Changing World, Macmillan USA.

Brian J. Robertson, 2016, Holacracy: Ein revolutionäres Management-System für eine volatile Welt, Vahlen.

Christian Rüther über die Soziokratie: https://www.soziokratie.org/.

Christian Rüther, 2018, Soziokratie, S3, Holakratie, Frederic Laloux' 'Reinventing Organizations' und New Work, Books on Demand, 5. Auflage.

Nassim Nicholas Taleb, 2018, Antifragilität: Anleitung für eine Welt, die wir nicht verstehen, Pantheon Verlag; 3. Auflage.

Kurt Völkl, Heinz Peter Wallner, 2018, Das innere Spiel: Wie Entscheidung und Veränderung spielerisch gelingen, BusinessVillage, 2. Auflage.

David Foster Wallace, 2012, Das hier ist Wasser / This is Water, Anstiftung zum Denken, KIWI Band 1272, Kiepenheuer & Witsch.

Heinz Peter Wallner, Dodo Kresse, 2020, Antifragil durch jede Krise (Calendarium und eBook), Edition Summerhill.

Heinz Peter Wallner, Michael Narodoslawsky, Franz Moser, 1996, Islands of sustainability: A bottom-up approach towards sustainable development, in: Environment and Planning A (1996), 10.1068/a281763.

Gerhard Wohland, Matthias Wiemeyer, 2007, Denkwerkzeuge der Höchstleister, Murmann Verlag.

Peter Wollmann, Frank Kühn, Michael Kempf (Hrsg.), 2020, Three Pillars of Organization and Leadership in Disruptive Times. Navigating Your Company Successfully Through the 21st Century Business World, Springer Nature.

World Economic Forum Report, 2019, 'Digitally enabled ecosystems' und das GLOBAL PETER DRUCKER FORUM 2019

Norbert Wiener, 2013, Cybernetics: Second Edition: Or the Control and Communication in the Animal and the Machine, Martino Fine Books; 2. Auflage.

Ludwig Wittgenstein und Joachim Schulte, 1963, Tractatus logico-philosophicus: Logisch-philosophische Abhandlung, Suhrkamp.

Tyson Yunkaporta, 2021, Sand Talk: Das Wissen der Aborigines und die Krisen der modernen Welt, Matthes & Seitz.

Dank

Ein Buch zu schreiben ist immer eine neue Herausforderung. Wichtig dafür sind Zeit, Motivation und Inspiration. In unserem Fall ist auch ein lustvolles Zusammenspiel für das Gelingen eine Notwendigkeit.

Wir bedanken uns bei unseren Familien für die Geduld und Unterstützung, weil sie uns den Freiraum gelassen haben, intensiv zu an diesem Buch zu arbeiten. Für die zahlreichen Inspirationen unserer Kolleg:innen können wir gar nicht genug danken. Es gibt einigen Autor:innen, die uns mehr als andere bewegt, die uns ihre Gedankenwelt offen gelegt und uns zu ganz neuen Denkweisen und Formulierungen motiviert haben. Allen voran ist dies der große Denker, Philosoph und Schriftsteller, *Peter Sloterdijk*. Für ein konkretes Modell, das wir intensiv verwenden, danken wir *Dave Snowden* (CSO - The Cynefin® Company) und seinem Team. Er und sein Kollege *Jules Yim* (Senior Consultant - The Cynefin® Company) haben sich die Mühe gemacht, einen schnellen Quercheck unseres Kapitels über das Cynefin® Framework zu machen und uns die Freigabe, über deren Arbeit in diesem Buch aus unserer Perspektive und Erfahrung zu berichten, gegeben. Ebenso danken wir *Michael Kempf* und *Frank Kuhn* für die Durchsicht des Kapitels über deren „Three Pillars – Model" und für deren konstruktiven und wertvollen Anmerkungen.

Besten Dank an das Hernstein Institut für Management und Leadership für die intensive Zusammenarbeit und hier besonders an *Michaela Kreitmayer,* Leiterin des Institutes, für die Bereitschaft, ein Vorwort zu verfassen und das Manuskript zu kommentieren. Auch die Kolleg:innen im Hernstein-Netzwerk haben in zahlreichen Dialogen und verschiedenen Formen der Zusammenarbeit unsere Denkwelten mitbeeinflusst.

Meine Frau, *Dodo Kresse-Wallner*, hat - wie so oft - mit großer Sorgfalt und spritziger Feder unser Manuskript lektoriert und die Hasen-Illustrationen gezeichnet. Frau *Christa Berger* vom *Korrekturdienst* hat den Feinschliff übernommen.

Vordenker:innen, auf die wir in diesem Buch aufbauen

Unser besonderer Dank gilt den Menschen, die Großes geleistet und zu den Themen des Buches Meisterwerke geschrieben oder Pionierarbeit geleistet haben. Hier nur eine Auswahl:

David Bohm, Peter Drucker, Heinz von Förster, Gerd Gigerenzer, Charles Handy, Gerald Hüther, Daniel Kahneman, Roswita Königswieser, John Kotter, Peter Kruse, Niklas Luhman, Fredmund Malik, Herbert Pietschmann, Niels Pfläging, Gerhard Roth, Edgar Schein, Bernd Schmid, Gerhard Schwarz, Peter Senge, Fritz Simon, Peter Sloterdijk, Dave Snowden, Reinhard Sprenger, Nassim Nicholas Taleb, Paul Watzlawick, Gerhard Wohland u. a. m.

Autoren:

DI Dr. Heinz Peter Wallner, CMC, ist seit 1995 als Unternehmensberater und Trainer tätig. Er widmet sein Interesse und seine Energie den großen Fragen der Transformation und der komplexen Veränderungsprozesse. Im Rahmen seines Forschungsstipendiums für einen Auslandsaufenthalt forschte er während seiner Dissertation an der University of British Columbia, Vancouver, zu seinem Thema ‚Inseln der Nachhaltigkeit'. Es folgten mehrere EU-Forschungsprojekte und zahlreiche Veröffentlichungen. In seiner Beratungstätigkeit konzentrierte er sich auf Strategien für eine nachhaltige Entwicklung und auf komplexe Veränderungsprozesse. Heute bringt er als selbständiger Berater und Trainer seine Fähigkeiten als kreativer Konzeptionist, Moderator und Wissensvermittler in Führungstraining, in die Strategie- und Change-Beratung und in die Lehre an Universitäten und Fachhochschulen ein. Heinz Peter ist Autor zahlreicher Artikel und Bücher.

Prof. DI Kurt Völkl studierte technische Mathematik an der Technischen Universität Graz und absolvierte eine hochrangige Managementausbildung in St. Gallen. Im Jahr 1992 wurde er zum Generaldirektor der Sozialversicherung der Bergbauunternehmen in Österreich (VADÖB) ernannt. Im Jahr 2000 übernahm er die Verantwortung für das Controlling des Hauptverbandes der österreichischen Sozialversicherungsträger. Dies führte zu einem koordinierten Balanced Scorecard System für alle Sozialversicherungsträger in Österreich. Er begleitete eine Großfusion zweier Versicherungsträger in leitender Funktion und wurde zum Generaldirektor der Versicherungsanstalt für Eisenbahnen und Bergbau (VAEB) bestellt. Seine Forschungs- und Entwicklungsarbeit hat er in mehreren Büchern veröffentlicht.

EDITION
SUMMERHILL
Inspirationen für ein schöneres Leben

auf Wiederlesen!